</>

Processing 程序交互与动态视觉设计实战

路倩 李莹 王志新 编著

==

/*

{}

清华大学出版社
北京

内 容 简 介

Processing 是一款使用方便、灵活的创意编程工具，语法简洁易学，使用它可以非常高效地创作丰富多样的动态视觉效果和交互作品。本书重点引导读者学习 Processing 在动态视觉设计方面的基础知识和实践创作技能，同时也介绍 Processing 如何通过鼠标、键盘、摄像头等进行数据读取，从而创作程序交互的新媒体作品。

本书通过大量的编程范例，带领读者从基础的图形绘制开始学习，从创意文本到创建动画，直到生成各种令人惊艳的图案，或者定制用户界面，再重点讲解与鼠标、键盘的互动以及声音、图像读取等的控制程序，最后展示如何用编程创作互动海报招贴的实例，让读者在此基础上自行扩展，创作更多的互动效果作品。

本书附赠全部程序代码源文件和教学课件。读者可扫描前言中的二维码获取。

本书可作为新媒体、数字媒体、视觉艺术等相关专业的学习用书，也可供设计师、程序员和艺术工作者等阅读参考。

图书在版编目(CIP)数据

Processing 程序交互与动态视觉设计实战 / 路倩，李莹，王志新编著. —北京：清华大学出版社，2023.6（2025.1 重印）

ISBN 978-7-302-63741-7

Ⅰ. ① P… Ⅱ. ①路… ②李… ③王… Ⅲ. ①程序设计 Ⅳ. ① TP311.1

中国国家版本馆 CIP 数据核字 (2023) 第 103833 号

责任编辑：李 磊
封面设计：杨 曦
版式设计：孔祥峰
责任校对：马遥遥
责任印制：曹婉颖

出版发行：清华大学出版社
网 址：https://www.tup.com.cn, https://www.wqxuetang.com
地 址：北京清华大学学研大厦A座　　邮 编：100084
社 总 机：010-83470000　　邮 购：010-62786544
投稿与读者服务：010-62776969，c-service@tup.tsinghua.edu.cn
质 量 反 馈：010-62772015，zhiliang@tup.tsinghua.edu.cn
印 装 者：涿州市般润文化传播有限公司
经 销：全国新华书店
开 本：170mm×240mm　　**印 张：**19.75　　**字 数：**468千字
版 次：2023年8月第1版　　**印 次：**2025年1月第2次印刷
定 价：99.00元

产品编号：098391-01

前言

随着社会经济与文化的发展，人们在精神层面的需求也日益增加，信息传播越来越注重受众的互动体验，以受众意识为设计导向，体现人性化的交互设计已成为发展趋势。数字化新技术推动设计进入新时代，大数据、人工智能和可视化等技术革新改变了设计观念和设计方式。在传媒设计领域，有很多艺术家、设计师、程序员和教育工作者，通过不断探索现实世界和数字世界沟通的语言，创造出专为艺术家、设计师、学生等使用的数字交互编程工具，在艺术和设计领域被广泛应用，涉及生成艺术、互动视觉、数据可视化、交互设计等各个方面，探索各种可能性，甚至已经发展为新的理论体系，成为很多艺术院校的必修课程。

Processing就是一款在这个数字媒介时代被广泛应用的动态视觉创作工具。这样的开源工具对于艺术家和设计师来说有着突破性的意义，它超越了既定的商业游戏规则，让艺术家与设计师可以更自由地使用计算机语言，利用计算机高速运算处理的性能去表现自己对数字媒介的理解和创意。

Processing是一种具有革命性和前瞻性的新兴计算机语言，它使通过编程实现交互图形更加容易。该语言是以数字艺术为背景的程序设计语言，是Java语言的延伸，支持许多现有的Java语言架构，但语法更加简单。除了可以很方便地创作震撼的视觉效果及互动媒体作品外，还可以快速实现诸如图形处理和人工智能等高级应用。作者在多年学习和创作实践的过程中，在图形生成、创意文字、动画艺术、GUI设计、图像效果、数据可视化和体感交互领域进行了大量的探索和尝试，并汇集了一些经验和编程实例，创作了很多有趣的作品。

本书适合零基础的读者学习。读者可以从简单的图形绘制开始学习，进而学习创意文字、色彩应用和动画设计，逐渐具备能够绘制各种令人惊艳的图案的能力，创建各种动画或展现出独特的艺术视觉效果；然后通过学习位图应用、互动响应和GUI设计，掌握加载和排列位图，设计鼠标、键盘或摄像头交互的应用技能，将GUI控件与定制的用户界面结合，能够快速、便捷地完成图形交互作品的程序；最后学习并掌握实时动态影像，包括粒子和三维特效的表现技巧，结合书中实例的逻辑思维和创作流程，能够在越来越多的程序编码练习的基础上，举一反三，不断扩展，创建出更多更好的互动视觉作品。

为了便于读者学习和教师教学，本书附赠全部程序代码源文件和教学课件。读者可扫描右侧的二维码，将文件推送到自己的邮箱后下载获取全部的内容。

资源

本书由路倩、李莹、王志新编著。由于作者水平所限，书中难免有疏漏和不足之处，恳请广大读者批评指正，提出宝贵的意见和建议。

编　者

目

录

Responsible typo

第1章 创意编程入门

现代设计是更趋于多元化的艺术，其本身是一种创意思维实现的过程。在好的创意思维方式的引导下，我们能够更快速、更准确地找到思维实施的点，并目标明确地进入所设计的事物中，使作品能够在观者的心里留下记忆和触动情绪，从而提高设计的效率与效果，这就是我们应该遵循的设计原则与初衷。

随着科技对艺术的影响力越来越大，艺术家与设计师开始学习编程，这已经成为一种趋势。科技是以数据驱动的，而艺术则是以情感驱动的；科技以技术见长，而艺术通常以主观表达见长，新兴的创意编程恰到好处地将两者紧密地结合在一起，成为这个时代设计和艺术发展的一个风向标。

1.1 认识Processing

Processing是一种具有革命性、前瞻性的新兴计算机语言，能充分展现数字艺术的概念，为生成艺术作品和图像处理提供开源的编程语言和环境，方便艺术家、设计师、研究人员、学生和爱好者学习及使用，让他们能够创作出动画和互动视觉作品。

互联网的兴起激起了许多设计师和艺术家学习计算机语言的热情，无论是静态的图像和文字，还是动态的互动模式，都可以成为他们全盘掌控的表现工具。一般的数字艺术家或设计师会以现有的软件(如Photoshop、Illustrator、After Effects、Animate等)从事创作，如果他们拥有编写计算机语言程序的能力，就可以丰富创意思路和执行手段，将图形、图像、音视频等完美地结合感应器和交互程序，打造兼具互动体验感和信息传播作用的艺术作品。

1.2 运行环境

Processing的源代码是开放的，用户可以依照自己的需要选择最合适的使用模式，可以在Windows、macOS、Linux等操作系统上使用。Processing已经逐渐成为PC端构建互动界面原型的首选工具，一旦规划好传达需求的功能，交互设计师就可以通过大量现有的函数库或开源项目代码的帮助，快速完成原型验证。

Processing是Java语言的延伸，并支持许多现有的Java语言架构，不过在语法上简易许多，并将其运算结果“感官化”，具有许多贴心及人性化的设计，让用户能够很快享有声色兼备的交互式多媒体作品。

在使用Processing之前，用户可以打开其官方网站http://processing.org(也可以从网络上直接搜索Processing，进入其官方网站)，在打开的窗口中单击Download(下载)按钮下载安装，如图1-1所示。

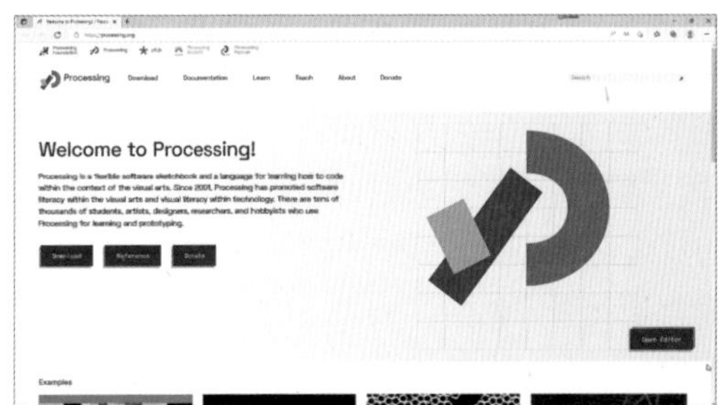

图1-1

在该窗口Learn(学习)｜Tutorials(教程)界面下还有从零开始的详细教程。用户在开始编写程序之前，可以跟着教程动手编写其中的范例，如图1-2所示。

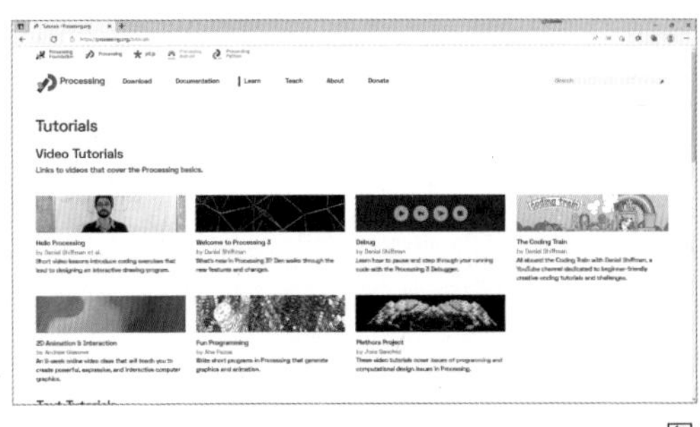

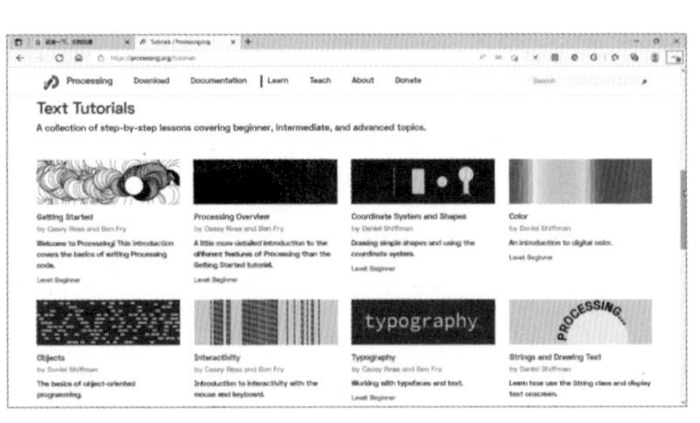

图1-2

为了方便用户在编程过程中快速解决问题，在该窗口Documentation(文档)｜Reference(参考)界面下有完整的文档可供参考，用户可从中找到系统变量和函数的使用方法，如图1-3所示。

为了方便用户学习，在该窗口Learn(学习)｜Examples(范例)界面下提供了大量的范例，如图1-4所示。

图1-3

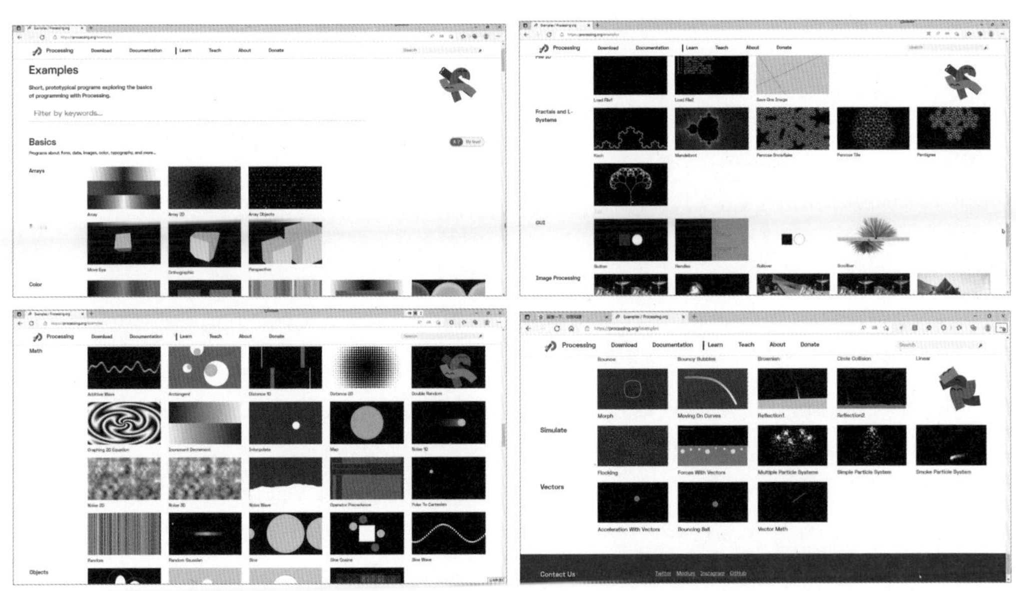

图1-4

安装Processing之后，执行菜单【文件】|【范例程序】命令，用户可以打开这些范例查看代码进行学习和编辑，如图1-5所示。

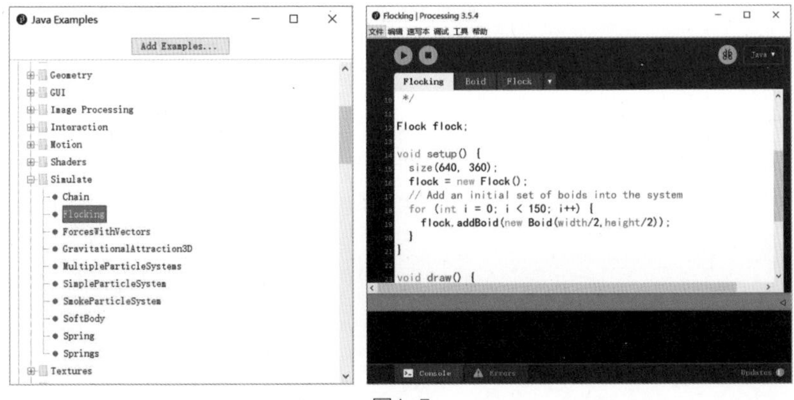

图1-5

用户要想深入地学习编程，可以在官方网站窗口Learn(学习)｜Books(书籍)界面下购买一些推荐的书籍，如图1-6所示。

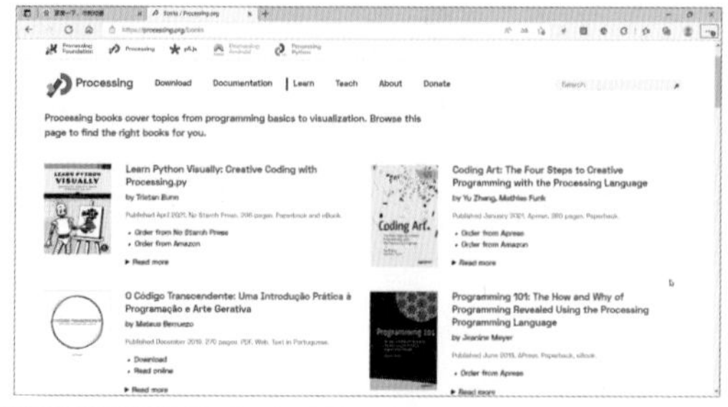

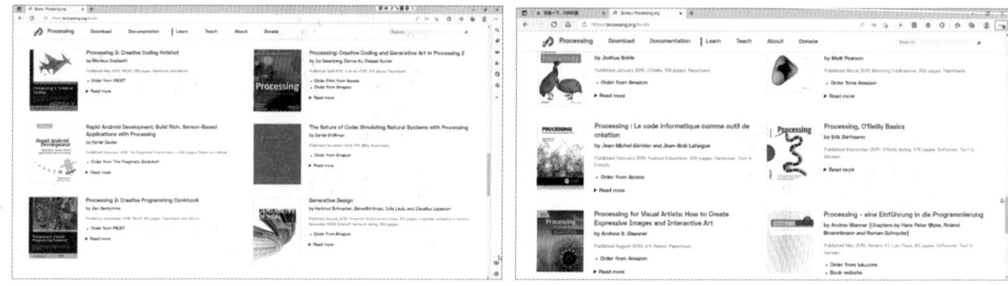

图1-6

由于Processing的开放性，在官方网站窗口Documentation(文档)｜Libraries(库)界面下提供了大量的扩展库，供用户下载和学习，大大提高创建交互作品的效率，其涉及动画、数据、几何体、物理模拟、输入/输出、DMX控制及音视频等多个方面，如图1-7所示。

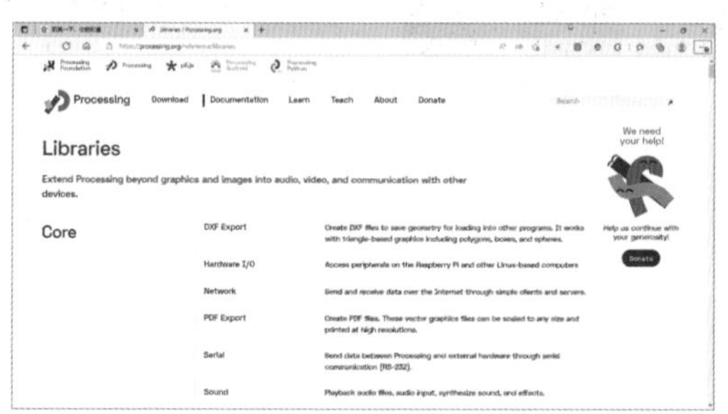

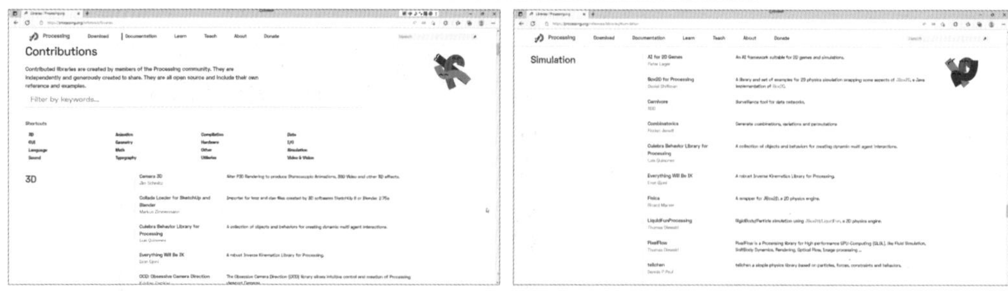

图1-7

安装Processing之后，用户通过菜单【速写本】|【引用库文件】命令可以查看库文件，或者执行【速写本】|【添加文件】命令根据需要进行下载和安装，如图1-8所示。

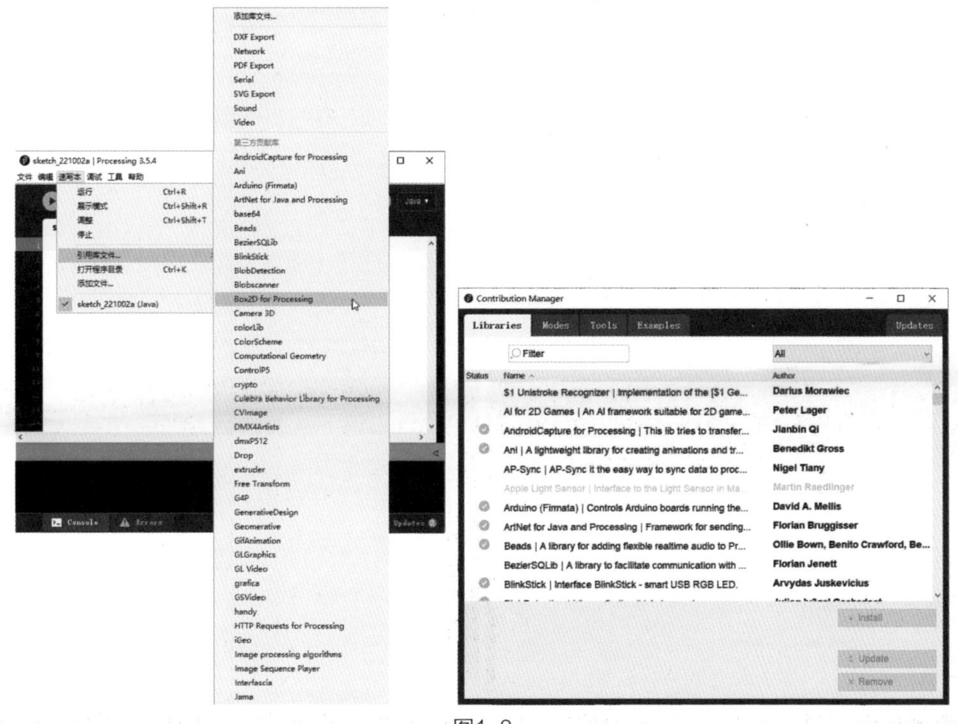

图1-8

Processing主要包括运行窗口和编辑窗口。运行窗口用于运行编辑完成的程序效果，编辑窗口用于编辑代码和发布程序。编辑窗口包括工具栏、标签栏、代码编辑区、消息区和控制台，如图1-9所示。

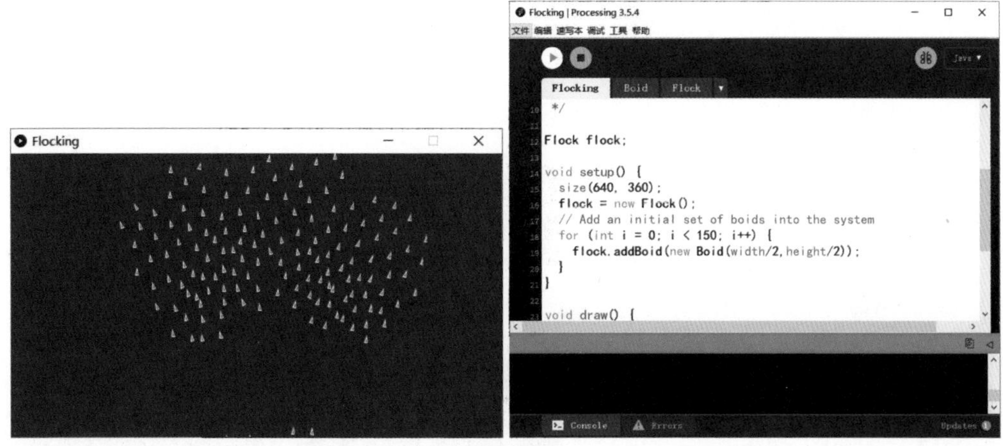

图1-9

1. 工具栏

工具栏中包括【运行】、【停止】等按钮。

- 运行：单击【运行】按钮可以运行编写的程序，并弹出运行窗口。用户可以通过运行窗口观察程序的视觉效果和交互效果。
- 停止：单击【停止】按钮可以关闭运行窗口。
- **开发模式**：单击【Java】按钮可以切换开发模式。Processing支持很多种开发模式。用户可以通过选择【Manage Modes(管理模式)】选项，在打开的窗口中添加其他模式(如JavaScript、Android、Python等)，添加后需要重新运行Processing才能显示。

2. 标签栏

单击标签栏中的向下箭头按钮，弹出下拉菜单，选择【新建标签】命令，可以用于扩展程序，或者定义一个单独的类，如图1-10所示。

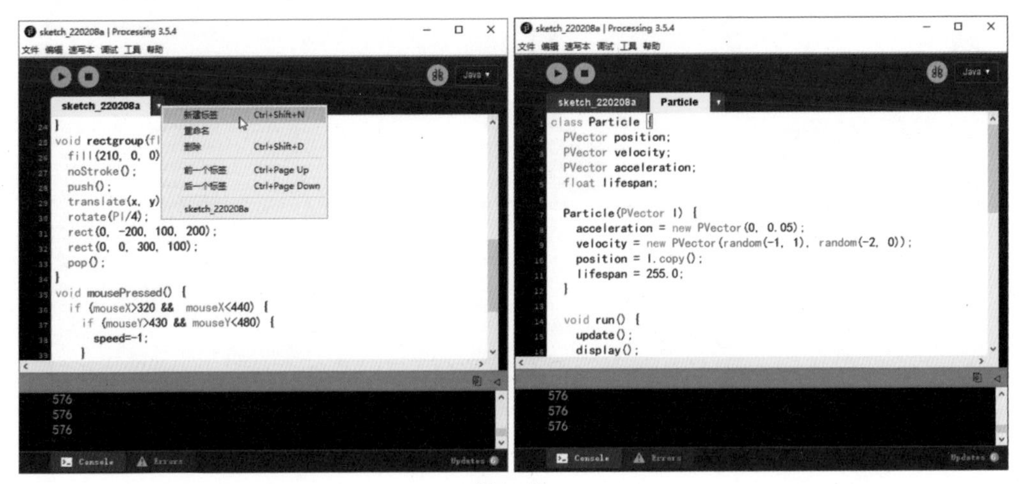

图1-10

3. 代码编辑区

所有的程序代码都在代码编辑区进行编辑，系统会用不同的颜色区分数据类型、系统变量、系统常量、系统函数、语句等。

4. 消息区

消息区显示程序编译时的错误(语法错误)，还有一些提示消息，如图1-11所示。

5. 控制台

控制台显示程序运行时的错误，还可以用print()或println()函数在这里输出信息，如图1-12所示。

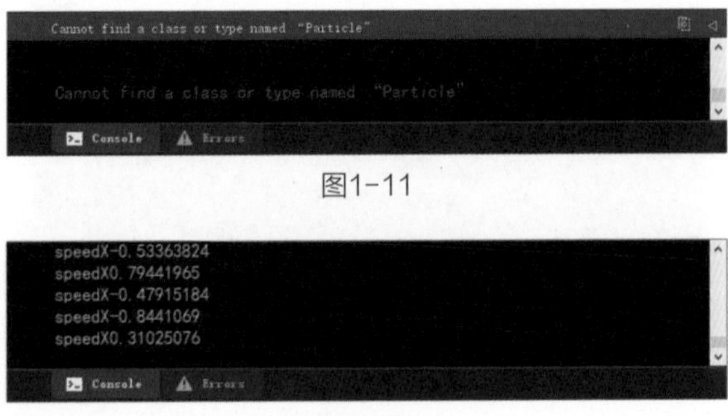

图1-11

图1-12

在Processing中所有的图形都具有位置属性，通过坐标可以描述图形的具体位置，所以在开始创作图形之前，先了解一下坐标系。Processing中的坐标系与数学中的坐标系有些差别，它的原点在画布的左上角，x 轴方向与数学中的一致，都是左为负，右为正，而y 轴方向与数学中的相反，上为负，下为正，如图1-13所示。

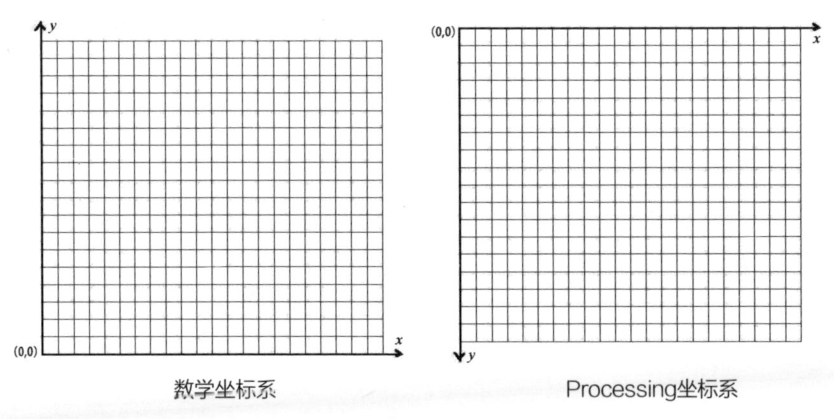

图1-13

大家都知道Photoshop是一款图像处理软件，被广泛应用于绘画创作上。我们可以将Processing想象成一个用代码命令Photoshop进行绘画的工具。Processing程序在开始运行时，首先会执行一次setup()函数，一般情况下会在setup()函数中做一些初始化设置。这个就好比在Photoshop绘画之前，会新建一个文件，然后设置它的大小、分辨率、色彩模式等。Processing执行一次setup()函数以后会不断循环执行draw()函数，在draw()函数中绘制要显示的内容，并且以默认60次/秒的速度不断更新重绘。每次重绘的时候图形略有变化，在速度很快的情况下连起来看就形成了动画，循环的过程中再穿插鼠标和键盘的交互，就会形成交互动画，这就是程序动画的基本实现原理。

1.3 变量与运算

1.3.1 变量

变量是指可变的量。变量在程序中可以被多次使用，以减少代码重复。

1. 系统变量

Processing包含很多系统变量，它们经常被使用。下面介绍几个常用的系统变量。

1) width和height系统变量

系统变量不需要创建或赋值，width和height系统变量会根据size()函数中的参数判断画布的尺寸，并自动进行赋值。比如下面的代码：

```
1  void setup() {
2    size(900, 600);
3  }
```

```
4 void draw() {
5   rect(width/2, height/2, 200, 200);
6   rect(width/4, height/4, 100, 100);
7 }
```

运行该程序(example1_01)，查看效果，如图1-14所示。

在上面的程序代码中，系统变量width和height的值分别为900像素和600像素。

用户可以尝试通过改变size()函数的参数修改画布的宽度和高度，然后重新运行该程序，查看图形的变化情况，这样可以更好地理解width和height系统变量。修改程序代码如下：

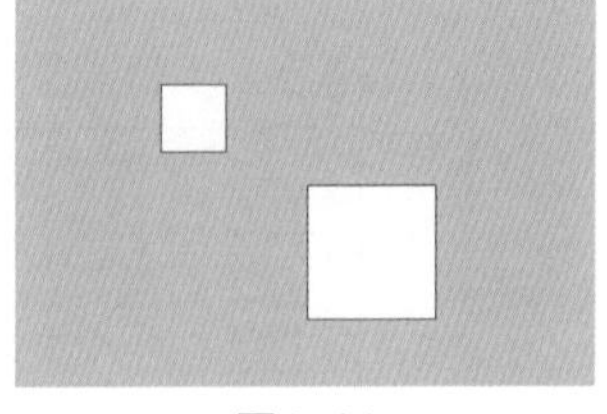

图1-14

```
1 void setup() {
2   size(800, 800);
3 }
4 void draw() {
5   rect(width/2, height/2, 200, 200);
6   rect(width/4, height/4, 100, 100);
7 }
```

运行该程序(example1_02)，查看效果，如图1-15所示。

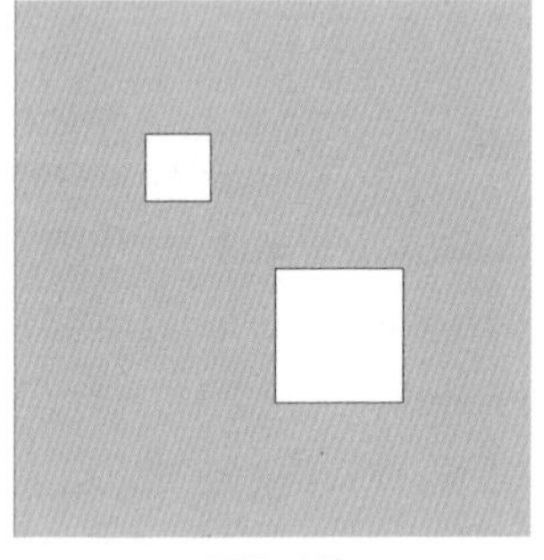

图1-15

访问width和height系统变量可以获取画布的宽度和高度。默认的画布宽度和高度均为100像素，使用size()函数可以设置画布的大小。size()函数的第一个参数设置画布的宽度，第二个参数设置画布的高度。有时用户需要通过程序自动获取自己的计算机分辨率设置画布的大小，这样可以在不同屏幕大小的计算机上实现自适应全屏显示的效果。在Processing中可以使用displayWidth和displayHeight两个系统变量获取用户计算机屏幕分辨率的宽度和高度。例如：

```
1 size(displayWidth, displayHeight);
```

另外，用户可以通过给size()函数添加第三个参数设置图形的渲染模式，见表1-1。

表1-1

渲染模式	类型	质量	效率
JAVA2D	2D	高	低
P2D	2D	低	高
P3D	3D	基于OpenGL	基于OpenGL
OpenGL	2D、3D	基于OpenGL	基于OpenGL

2) 帧率

帧率frameRate(int)是经常用到的系统变量。帧率是指程序每秒刷新画面的次数，Processing默认帧率为60帧/s，也就是每秒刷新60次画面。由于人的眼睛会产生视觉暂留现象，当连续看到一系列运动分解图片时，如果每秒看到的图片达到24张，就会看到接近真实世界的运动，所以电影的帧率通常为24帧/s。为了达到更流畅和逼真的效果，会将交互和游戏的帧率设置得更高，一般情况设置为30帧/s，高质量设置为60帧/s。在Processing中可以调用frameRate(int)函数设置帧率，可以理解为每秒执行多少次draw()函数。

3) 鼠标位置

鼠标位置(mouseX,mouseY)也是经常用到的系统变量。

通过下面的范例查看这几个系统变量的作用，尝试改变frameRate(int)函数的参数，会获得不一样的效果。

输入代码如下：

```
1 void setup() {
2   size(800, 600);
3   background(200);
4   frameRate(60);
5 }
6 void draw() {
7   ellipse(mouseX, mouseY, 30, 30);
8 }
```

运行该程序(example1_03)，查看效果，如图1-16所示。

调整帧率为5帧/s，再运行该程序，查看效果，如图1-17所示。

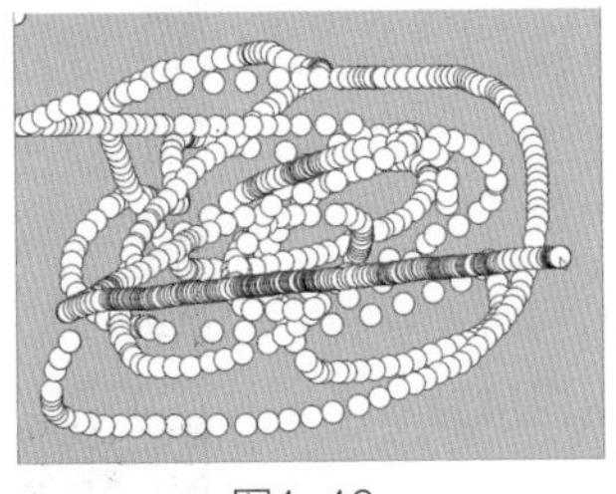

图1-16

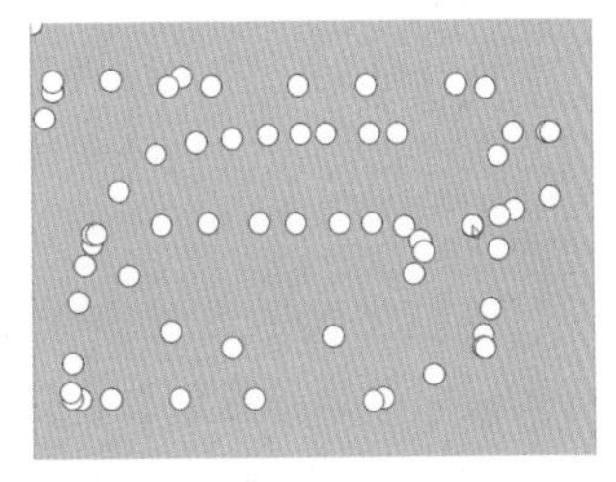

图1-17

如果在不同的帧率下拖曳鼠标指针，在画布上移动所绘制的图形有很大的差别，帧率越高，绘制的图形越密集，整体感觉越流畅。

除此之外，Processing还有其他的系统变量，如键盘的相关操作等，这些变量会在后面的章节中进行讲解。

2. 自定义变量

除了使用系统变量，用户还可以根据需要创建自己的变量。首先要确定变量的名称和数值，建议起一个与变量信息相关的名称以方便之后管理代码。例如，想创造一个描述椭圆形横向位置的变量，命名为ellipX比命名为x要更加清晰、易懂。

变量名称不需要太长，以免在使用过程中不容易记住。

由于Processing基于Java语言，因此定义变量的方法与Java语言相同。首先，使用关键字float或int表示创建一个浮点或整数变量，然后输入变量的名称，最后赋予它相应的变量值。例如：

```
1  float w;                    //创建一个名称为w的浮点变量
2  w=200;                      //为变量w赋值
```

根据Java语法规则，也可以写得更加简洁：

```
1  float w=200;
```

只有在创建变量时前面才需要添加关键字float或int，每输入一次，计算机就会默认开始创建一个新变量。因此，在同一个程序中不允许有两个相同名称的变量。

使用双斜杠(//)添加代码注释，程序在运行时，计算机会自动忽略双斜杠后面的文字。对重要代码进行含义注释，非常有利于编写程序，尤其是在代码很长的情况下，它能够快速、有效地帮助非代码作者理解代码编写的过程和含义。

3. 全局与局部变量

通常在setup()函数或draw()函数外创建的变量称为全局变量。这种变量可以在setup()函数或draw()函数内使用或重新赋值。

在setup()函数内创建的变量称为局部变量，它不能在draw()函数内使用，如图1-18所示。

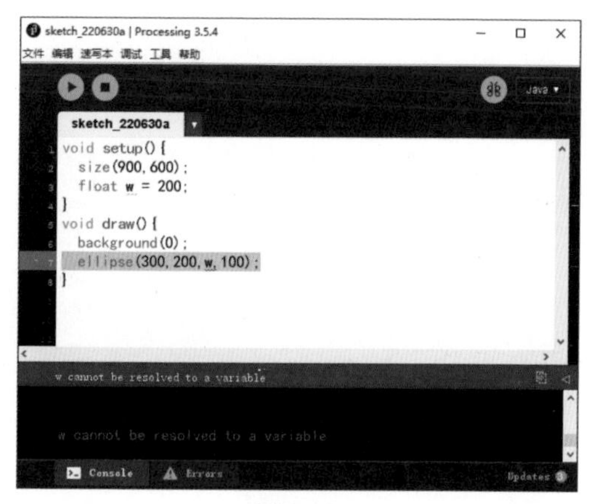

图1-18

变量还有更重要的作用，就是当需要更改某个函数参数值时，使用变量会变得非常方便。比如要绘制两个大小相同的矩形并将它们放置于同一条水平线上，将它们的纵坐标、长度和宽度使用变量表示。输入代码如下：

```
1  float y=100;               //定义一个浮点变量y，并赋值100
2  float w=300;               //定义一个浮点变量w，并赋值300
3  float h=300;               //定义一个浮点变量h，并赋值300
4  float weight=4;            //定义一个浮点变量weight，并赋值4
5  void setup() {
6    size(900, 600);
7  }
8  void draw() {
9    strokeWeight(weight);
10   rect(100, y, w, h);
11   rect(500, y, w, h);
12 }
```

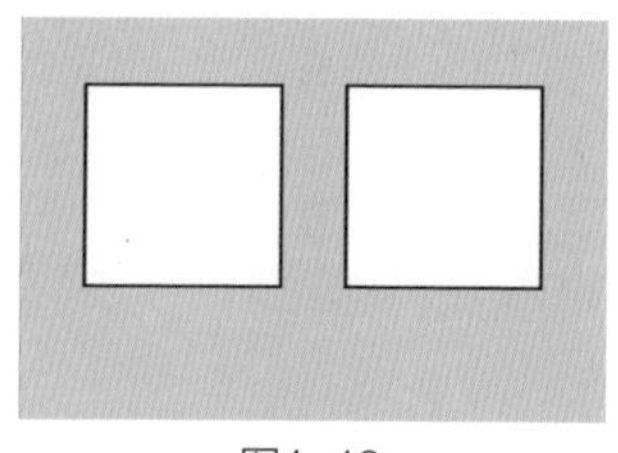

图1-19

运行该程序(example1_04)，查看效果，如图1-19所示。用户只需要调整变量y、w、h或weight的值，就可以改变两个矩形的状态。修改代码如下：

```
1  float y=150;              //定义一个浮点变量y，并赋值150
2  float w=200;              //定义一个浮点变量w，并赋值200
3  float h=200;              //定义一个浮点变量h，并赋值200
4  float weight=6;           //定义一个浮点变量weight，并赋值6
5  void setup() {
6    size(900, 600);
7  }
8  void draw() {
9    strokeWeight(weight);
10   rect(100, y, w, h);
11   rect(500, y, w, h);
12 }
```

运行该程序(example1_05)，查看效果，如图1-20所示。

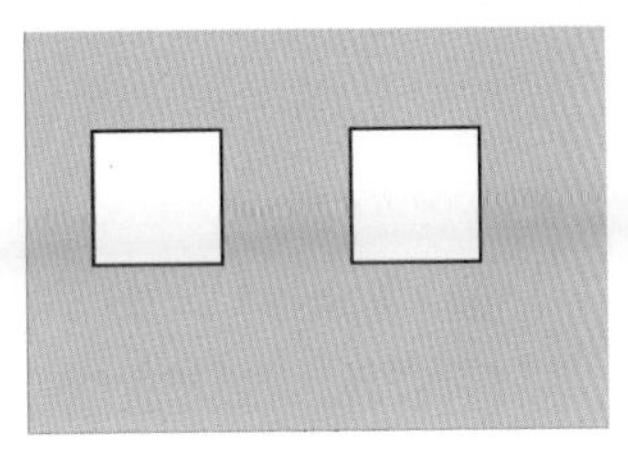
图1-20

下面可以尝试添加颜色属性的变量，输入代码如下：

```
1  float y=150;              //定义一个浮点变量y，并赋值150
2  float w=200;              //定义一个浮点变量w，并赋值200
3  float h=200;              //定义一个浮点变量h，并赋值200
4  float weight=6;           //定义一个浮点变量weight，并赋值6
5  int col=150;              //定义一个整数变量col，并赋值150
6  void setup() {
7    size(900, 600);
8  }
9  void draw() {
10   strokeWeight(weight);
11   fill(col, 0, 0);
12   rect(100, y, w, h);
13   rect(500, y, w, h);
14 }
```

运行该程序(example1_06)，查看效果，如图1-21所示。

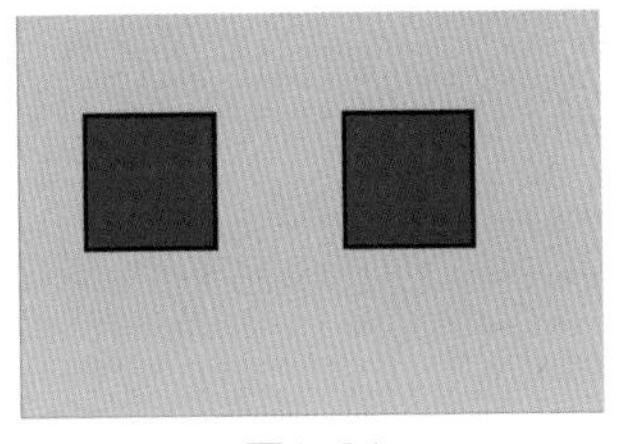
图1-21

1.3.2 简单运算

用户编程经常会用到数学相关的知识，数学对于程序代码的编写和功能实现是非常有帮助的。下面讲解算术运算符、关系运算符、逻辑运算符和条件语句的相关知识。

1. 算术运算符

在程序编写中，加(+)、减(-)、乘(*)、除(/)被称为算术运算符，当它们被放在两个值或两个变量之间时，就会创建一组表达式。例如，“2+16”或者“w-x”都是算术表达式。

下面看一个运用基本算术运算的范例，代码如下：

```
1  float x=50;
2  float a=20;
3  void setup() {
```

```
4   size(900, 600);
5 }
6 void draw() {
7   ellipse(x, 300, a, a);
8   x=x*1.5;
9   a=a+20;
10 }
```

运行该程序(example1_07)，查看效果，如图1-22所示。

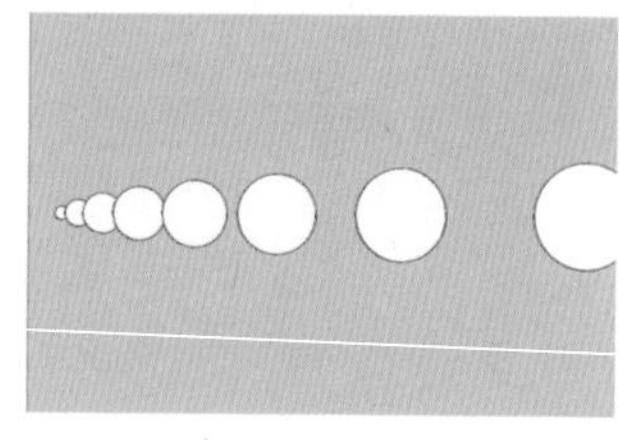

图1-22

计算机在进行基本算术运算时，会遵循运算顺序规则，即先乘除后加减。例如：

```
1 float a=8+5*5;
```

先运算5乘以5，再加8，然后将运算结果33赋给变量a。

如果这行代码添加了括号，结果就不一样了。

```
1 float a=(8+5)*5;
```

先运算8加5，再乘以5，然后将运算结果65赋给变量a。

编程过程中经常会使用一些快捷方式进行运算。例如，希望让变量递增或者递减，可以使用“++”或者“--”运算符执行此操作。

```
1 x++或++x等同于 x=x+1
```

虽然x++或++x都是x=x+1的意思，但在赋值运算过程中的运算顺序有区别。x++是先赋值后加，++x是先加后赋值。

如果递增的数值不是1，而是其他数值，也可以使用以下写法：

```
1 x+=5 等同于 x=x+5
```

2. 关系运算符

关系运算符非常重要，它常用于条件语句，在后面章节的练习中经常用到，见表1-2。

表1-2

关系运算符	描述	范例
<	小于	a < b
<=	小于或等于	a <= b
>	大于	a > b
>=	大于或等于	a >= b
==	等于	a == b
!=	不等于	a != b

需要特别注意的是，关系运算符的等于并不是赋值的意思，它的作用是判断a是否等于b，若a等于b，则返回“真”(true)，否则返回“假”(false)。另外，关系运算符的优先级低于算术运算符，但高于赋值运算符。

3. 逻辑运算符

逻辑运算符在条件语句中经常出现，它包含“与”“或”和“非”三种逻辑，见表1-3。

表1-3

逻辑运算符	描述	说明
&&	逻辑与	两个以上条件同时成立
||	逻辑或	两个以上任意一个条件成立
!	逻辑非	否定，不成立

下面举例说明这三种逻辑：

如果天气好，我要去拍照。

如果天气好“并且”模特有时间，我去拍照。

如果天气好“或者”模特有时间，我去拍照。

如果天气不好，我不去拍照。

分析上面的四句话，第一句是一个单一条件，只要满足天气好这个条件，就去拍照；第二句是一个并列条件，天气好、模特有时间这两个条件必须同时满足才去拍照；第三句中只要两个条件满足一个就可以，就是说天气好但是模特没有时间，或者天气不好但是模特有时间都会去拍照；第四句是一个否定条件，天气不好就不去拍照了。

4. 条件语句

条件语句可以让计算机根据代码中设定的条件选择执行相应的代码段。它是计算机程序非常重要的部分。

1) if语句

if语句的基本结构如下：

```
1 if(条件) {
2   执行运算;
3 }
```

if后面的括号中放置条件。若条件为“真”，则执行花括号内的代码；若条件为“假”，则不执行花括号内的代码。在条件语句中，经常需要用到关系运算符和逻辑运算符。例如，“==”用于比较左右两侧的值是否相等，放在if语句中的含义是，两侧的值是否相等？如果相等就执行花括号内的运算。因此，关系运算符和逻辑运算符经常会出现在if语句中。

下面输入一段代码：

```
1 float a=20;
2 void setup() {
3   size(900, 600);
4 }
5 void draw() {
6   ellipse(width/2, height/2, 1.5*a, a);
```

```
7     a+=5;
8     if (a==200) {
9       fill(255, 0, 0);
10    }
11    if (a>=400) {
12      a+=20;
13      noFill();
14    }
15  }
```

本例程序中创建了一个名称为a的变量并赋值20，后面会逐渐增大，用if语句进行判断，若a等于200，则填充红色；当a增大到400，又不填充颜色。

运行该程序(example1_08)，查看效果，如图1-23所示。

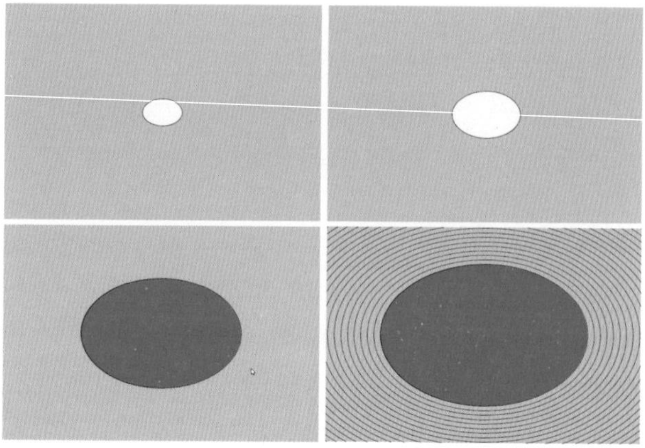

图1-23

2) else语句

else语句对if语句进行了扩展。如果if语句的条件为“假”，那么将会执行else语句中的代码，即“如果……，否则……”。

```
1  if(条件) {
2    执行运算1;
3  }else{
4    执行运算2;
5  }
```

为了更好地理解else语句的用法，在前面范例的基础上进行修改，代码如下：

```
1  float a=20;
2  void setup() {
3    size(900, 600);
4  }
5  void draw() {
6    ellipse(width/2, height/2, 1.5*a, a);
7    a+=5;
8    if (a<=200) {
9      fill(255, 0, 0);
10   }else {
11     fill(0, 255, 0);
12   }
13 }
```

在本例程序中变量a的初始值为20，还是逐渐递增，在条件语句中，若a小于或等于200，将填充红色，否则填充绿色。显然a在变化的过程中，200是红色和绿色的界限，因此呈现了逐渐变大的圆形由红色到绿色的切换。

运行该代码(example1_09)，查看效果，如图1-24所示。

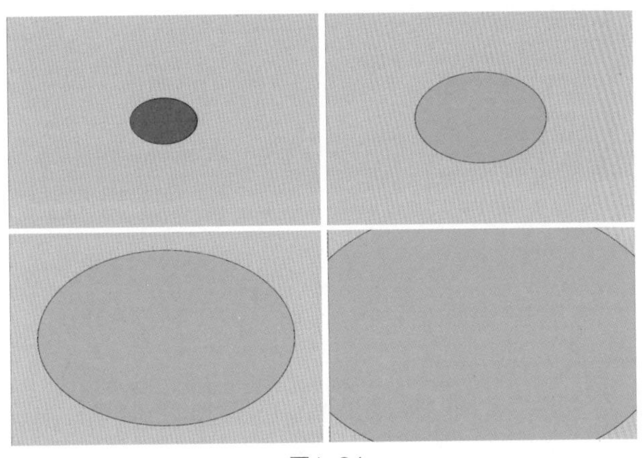

图1-24

程序中可以设置更多的if和else结构，它们可以连接在一起，形成一个长序列。一个if语句也可以嵌入另一个if语句中，进行更复杂的逻辑运算。

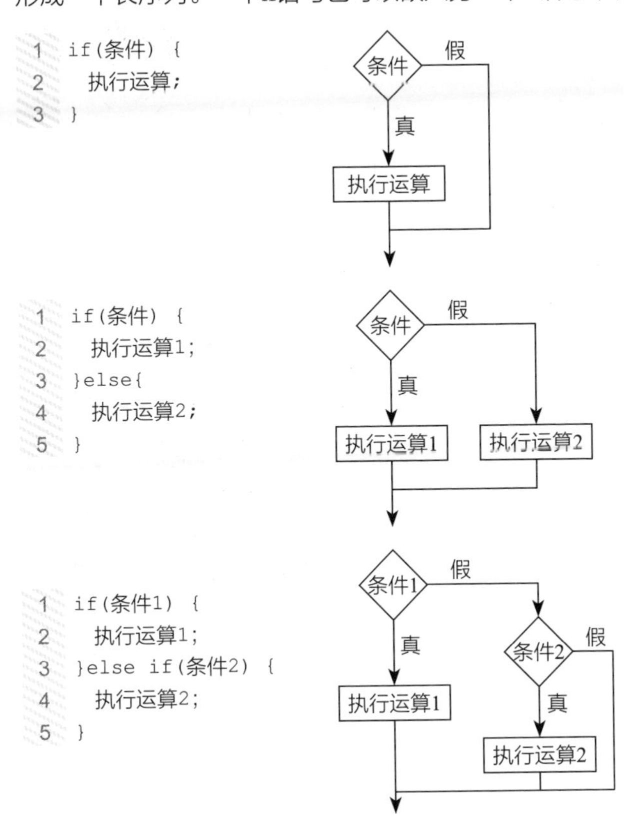
1 if(条件) {
2 执行运算;
3 }
条件
假
真
执行运算
1 if(条件) {
2 执行运算1;
3 }else{
4 执行运算2;
5 }
条件
假
真
执行运算1
执行运算2
1 if(条件1) {
2 执行运算1;
3 }else if(条件2) {
4 执行运算2;
5 }
条件1
假
真
条件2
假
真
执行运算1
执行运算2

1.4 绘制第一个图形

为了让读者更快更直观地理解Processing的工作流程，同时也理解图形设计与代码的关系，下面绘制一个简单的图形，由两个填充红色的矩形组成。输入如下代码：

```
1  void setup() {
2    size(900, 600);                  //设置画布的尺寸
3  }
4  void draw() {
5    background(0);                   //设置背景颜色为黑色
6    fill(210, 0, 0);                 //设置填充的颜色值
7    noStroke();                      //取消图形描边
8    //绘制矩形
9    rect(450, 100, 100, 200);
10   rect(450, 300, 300, 100);
11 }
```

运行该程序(example1_10)，查看效果，如图1-25所示。

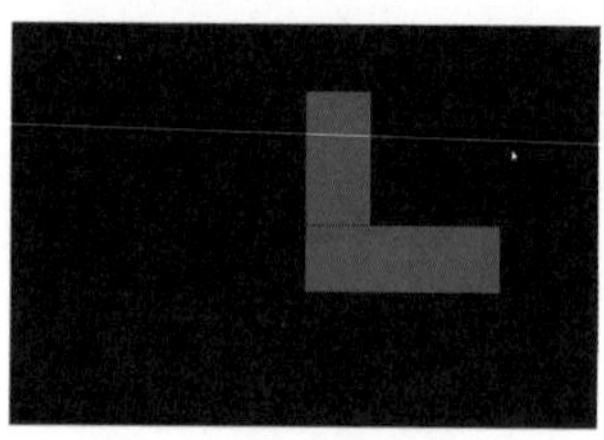

图1-25

调整两个矩形的角度，形成类似箭头的图形。修改代码如下：

```
1  void setup() {
2    size(900, 600);
3  }
4  void draw() {
5    background(0);
6    fill(210, 0, 0);
7    noStroke();                      //取消图形描边
8    push();
9    translate(450, 300);             //平移画布轴心点
10   rotate(PI/4);                    //旋转画布
11   //调整矩形的位置
12   rect(0, -200, 100, 200);
13   rect(0, 0, 300, 100);
14  pop();
15 }
```

运行该程序(example1_11)，查看效果，如图1-26所示。

图1-26

继续调整箭头的位置。执行菜单【速写本】|【调整】命令，直接拖曳translate()函数中的参数，如图1-27所示。

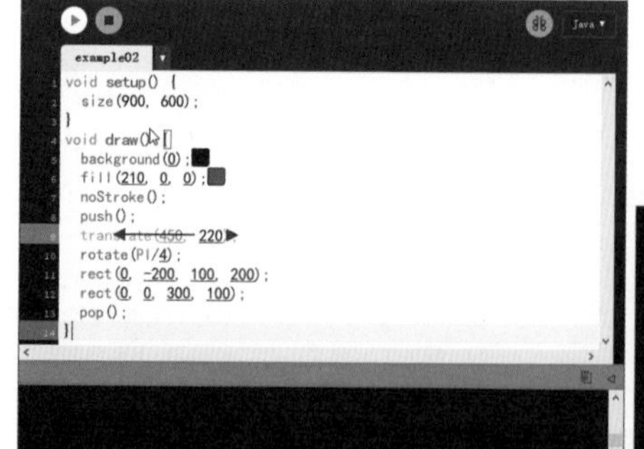

图1-27

单击【停止】按钮■，保存修改的代码(example1_12)。

接下来导入一张图片，作为背景，代码如下：

```
1  PImage pic;                              //加载图像
2  void setup() {
3    size(900, 600);
4    pic=loadImage("pic1.png");             //指定源图像
5  }
6  void draw() {
7    background(0);
8    image(pic, -15, -20);                  //显示图像
9    fill(210, 0, 0);
10   noStroke();
11   push();
12   translate(450, 220);
13   rotate(PI/4);
14   rect(0, -200, 100, 200);
15   rect(0, 0, 300, 100);
16   pop();
17 }
```

运行该程序(example1_13)，查看效果，如图1-28所示。

图1-28

1.5 创建第一个动画

为了方便绘制和控制多个箭头，下面创建一个绘制箭头的函数rectgroud()，输入代码如下：

```
1  //创建绘制箭头函数
2  void rectgroud(float x, float y) {
3    fill(210, 0, 0);
4    noStroke();
5    push();
6    translate(x, y);
7    rotate(PI/4);
8    rect(0, -200, 100, 200);
9    rect(0, 0, 300, 100);
10   pop();
11 }
```

在主程序中绘制箭头，通过运行这个函数即可，在draw()函数中修改代码如下：

```
1  void draw() {
2    background(0);
3    image(pic, -15, -20);
4    rectgroud(450, 220);                  //执行绘制箭头函数
5  }
```

运行该程序(example1_14)，查看效果，如图1-29所示。

图1-29

创建多个箭头，就需要多次执行绘制箭头函数，在draw()函数部分修改代码如下:

```
1  void draw() {
2    background(0);
3    image(pic, -15, -20);
4    //绘制三个箭头图形
5    rectgroud(450, 220);
6    rectgroud(150, 220);
7    rectgroud(750, 220);
8  }
```

运行该程序(example1_15)，查看效果，如图1-30所示。

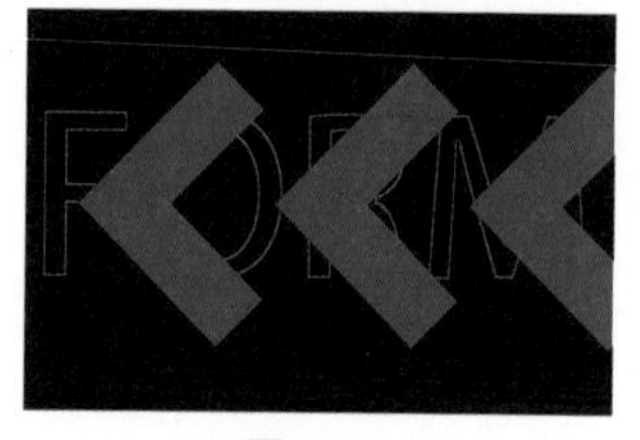
图1-30

接下来创建位置变量，准备箭头的横向移动动画，修改代码如下:

```
1  PImage pic;
2  float posx=450, posy=220;          //自定义位置变量
3  void setup() {
4    size(900, 600);
5    pic=loadImage("pic1.png");
6  }
7  void draw() {
8    background(0);
9    image(pic, -15, -20);
10   rectgroud(posx, posy);          //使用位置变量
11   rectgroud(posx-300, posy);
12   rectgroud(posx+300, posy);
13 }
```

运行该程序(example1_16)，查看效果，如图1-31所示。

图1-31

下面使用递增的方式创建箭头的位置动画，创建一个速度变量，修改代码如下:

```
1  PImage pic;
2  float posx=450, posy=220;          //自定义位置变量
3  float speed=-1;                    //自定义速度变量
4  void setup() {
5    size(900, 600);
6    pic=loadImage("pic1.png");
7  }
8  void draw() {
9    background(0);
10   image(pic, -15, -20);
11   rectgroud(posx, posy);          //使用位置变量
12   rectgroud(posx-300, posy);
```

```
13   rectgroud(posx+300, posy);
14   posx+=speed;                    //位置变量递增
15 }
```

运行该程序(example1_17)，查看箭头动画的效果，如图1-32所示。

图1-32

箭头一直向左运动，就算出了画布还会一直运动，所以需要将它的移动范围进行限定，添加条件语句，代码如下：

```
1 if (posx<-450) {
2   posx=1250;
3 }
```

运行该程序(example1_18)，这样箭头向左运动到出画的时候，又从右边入画，如此循环。查看动画效果，如图1-33所示。

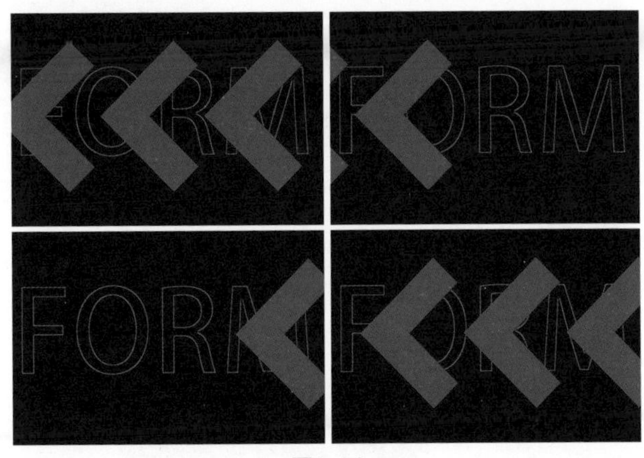

图1-33

1.6 演示第一个交互效果

前面已经完成了动画的设计，接下来设计交互效果，比如改变速度或者改变颜色。首先创建两个按钮，左边为4倍加速，右边为2倍加速。在draw()函数中添加代码如下：

```
1 textSize(24);
2 text("<<", 360, 556);
3 text("<", 444, 556);
4 stroke(155);
5 strokeWeight(2);
6 noFill();
7 rect(340, 530, 80, 40);
8 rect(420, 530, 80, 40);
```

运行该程序(example1_19)，查看效果，如图1-34所示。

图1-34

编写使用鼠标在按钮位置按压控制速度的语句，完成鼠标按压函数的代码，如下：

```
1  void mousePressed() {
2    if (mouseX>340 && mouseX<420) {
3      if (mouseY>530 && mouseY<570) {
4        speed=-4;
5      }
6    }
7    if (mouseX>420 && mouseX<500) {
8      if (mouseY>530 && mouseY<570) {
9        speed=-2;
10     }
11   }
12 }
```

运行该程序(example1_20)，查看动画效果，如图1-35所示。

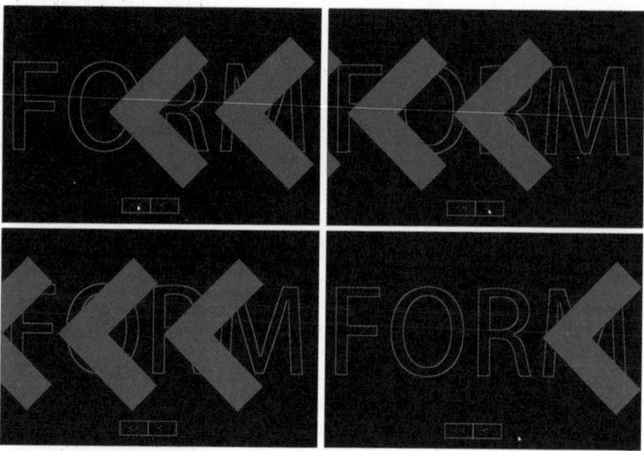

图1-35

一旦箭头移动的速度提高了，并不能回到初始的速度，再应用鼠标释放函数mouseReleased()，将速度恢复到-1，添加代码如下：

```
1  void mouseReleased() {
2    speed=-1;
3  }
```

运行该程序(example1_21)，查看动画效果，如图1-36所示。

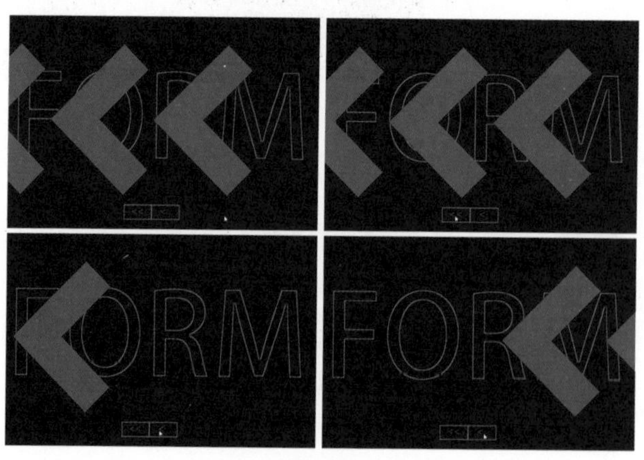

图1-36

接下来还可以添加一个按钮，改变箭头的颜色。

```
1  PImage pic, button;                    //声明导入图像
2  float posx=450, posy=220;
3  float speed=-1;
4  int col;  //定义一个整数变量
```

```
5 void setup() {
6   size(900, 600);
7   pic=loadImage("pic1.png");
8   button=loadImage("button.png");  //指定源图像
9 }
```

在draw()函数部分的最后添加一行，显示按钮图片的代码如下：

```
1 image(button, 525, 530, 40, 40);
```

在mousePressed()函数部分的最后添加代码如下：

```
1 //判断鼠标与按钮中心的距离
2 if (dist(mouseX, mouseX, 545, 550)<20) {
3   col=250;
4 }
```

为了保证鼠标释放时箭头颜色恢复到红色，在void mouseReleased()函数部分添加一行：

```
1 col=0;
```

运行该程序(example1_22)，查看交互动画效果，如图1-37所示。

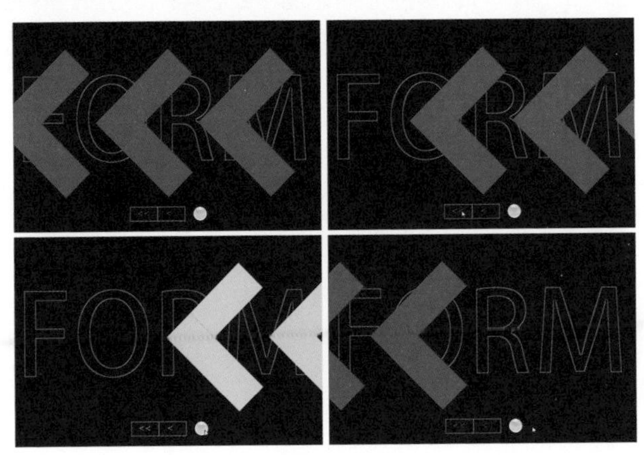

图1-37

1.7 本章小结

本章主要引导读者认识创意编程工具——Processing，了解其运行环境和基本运算方法，通过绘制图形、创建动画和交互设计使读者了解Processing的工作流程和基本功能。

第2章

绘制图形

图形是通过可视性的图画向受众传达某种观念或思想内容，并具有一定审美趣味的视觉符号。社会的进步和发展促进了现代图形设计观念的更新，也使其成为视觉传达的中心内容。

图形是可视化的重要部分，Processing提供了多种绘制图形的函数，能够方便、快捷地创建基础图形(如圆形、椭圆形、矩形、正方形、贝塞尔曲线、弧线、多边形)及复杂图形。

2.1 基础图形

在开始学习绘制图形之前，先复习一下Processing画布的坐标系，坐标原点(0,0)在画布的左上角，画布右侧为*x*轴的正方向，画布下侧为*y*轴的正方向，如图2-1所示。

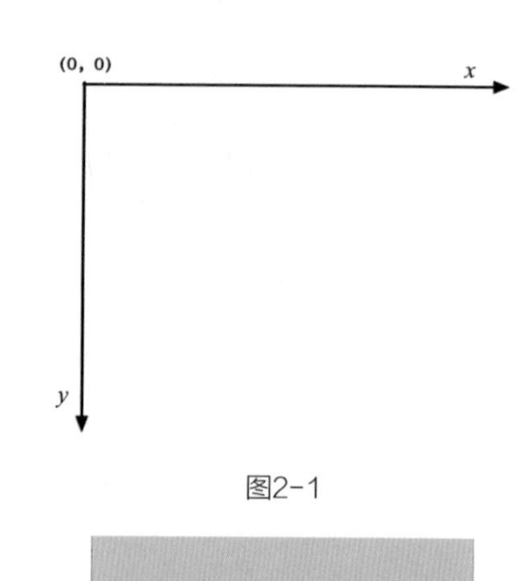

图2-1

图2-2

图形最基本的组成要素就是点，point(x,y)函数通过一个二维坐标就可以确定一个点，其中x和y分别代表这个点在*x*轴和*y*轴上的位置。比如下面的代码：

```
1  void setup() {
2    size(900, 600);
3  }
4  void draw() {
5    point(100, 200);
6  }
```

运行该程序(example2_01)，查看效果，如图2-2所示。

因为在默认状态下点的描边只有1像素，根本看不清楚，可以尝试加粗描边。修改代码如下：

```
1 void setup() {
2   size(900, 600);
3 }
4 void draw() {
5   strokeWeight(3);
6   point(100, 200);
7 }
```

运行该程序(example2_02)，查看效果，如图2-3所示。

图2-3

此时已经能够看清在画布中有一个黑点。如果绘制更多的点，就可以组成线。Processing提供了line()函数，只需要提供两个点的坐标就可以绘制一条线。输入代码如下：

```
1 void setup() {
2   size(900, 600);
3 }
4 void draw() {
5   strokeWeight(3);
6   line(400, 300, 0, 0);
7 }
```

运行该程序(example2_03)，查看效果，如图2-4所示。

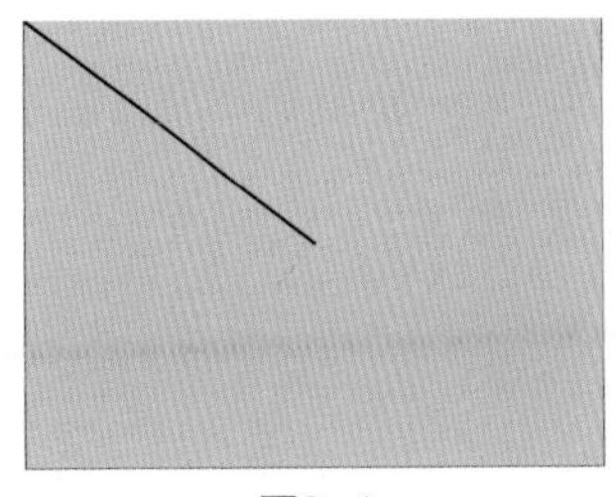

图2-4

两个点构成一条线。三个点可以构成一个三角形，通过triangle()函数和三个点的坐标来完成。比如：

```
1 triangle(400, 100, 600, 400, 200, 400);
```

四个点可以构成一个四边形，通过quad()函数和四个点的坐标来完成。比如：

```
1 quad(200, 200, 400, 200, 400, 400, 150, 500);
```

Processing还提供了绘制矩形、正方形、椭圆形和圆形的函数。比如：

```
1 rect(200, 200, 200, 100);
```

其中，前两个数值表示矩形的轴心点位置，第三个数值表示矩形的宽度，第四个数值表示矩形的高度。

还可以设置矩形的圆角，添加第五个数。比如：

```
1 rect(200, 200, 200, 100, 25);
```

查看效果，如图2-5所示。

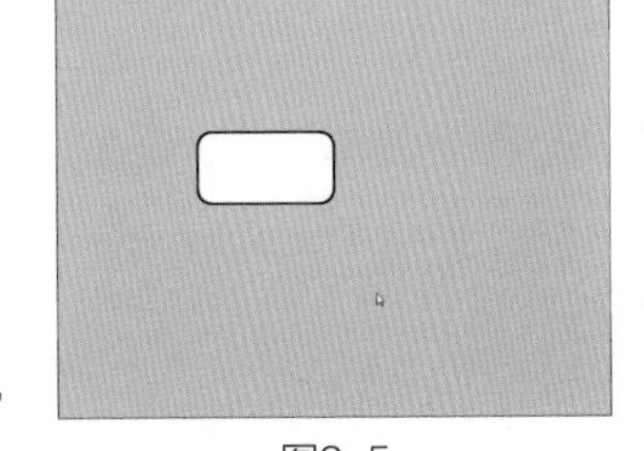

图2-5

前面已经学习了如何绘制单独的图形，但要产生更大的视觉冲击力，可以尝试多种图形的组合。首先绘制一条两个大小不同的圆形上的两个点连成的线，输入代码如下：

```
1  float r1=10;                              //定义一个小圆半径的变量
2  float r2=200;                             //定义一个大圆半径的变量
3  void setup() {
4    background(0);
5    size(900, 800);
6    noFill();
7    stroke(70, 140, 255);
8  }
9  void draw() {
10   translate(width/2, height/2);          //平移画布中心
11   circle(0, 0, r1*2);                    //绘制一个小圆
12   circle(0, 0, r2*2);                    //绘制一个大圆
13   float x1=r1*cos(2*PI);                 //小圆上点的x坐标
14   float y1=r1*sin(2*PI);                 //小圆上点的y坐标
15   float x2=r2*cos(2*PI);                 //大圆上点的x坐标
16   float y2=r2*sin(2*PI);                 //大圆上点的y坐标
17   line(x1, y1, x2, y2);                  //两点连成一条线
18 }
```

运行该程序(example2_04)，查看从小圆到大圆的连线效果，如图2-6所示。

图2-6

修改程序代码，运用for循环，绘制多条直线，代码如下：

```
1  int num=18;                          //定义直线数量
2  float r1=10;                         //定义一个小圆半径的变量
3  float r2=200;                        //定义一个大圆半径的变量
4  void setup() {
5    size(900, 800);
6    noFill();
7    stroke(70, 140, 255);
8  }
9  void draw() {
10   background(0);
11   translate(width/2, height/2);      //变换画布中心
12   circle(0, 0, r1*2);                //绘制一个小圆
13   circle(0, 0, r2*2);                //绘制一个大圆
14   for(int i=0;i<num;i++) {
15     float x1=r1*cos(2*PI/num*i);     //小圆上点的x坐标
16     float y1=r1*sin(2*PI/num*i);     //小圆上点的y坐标
17     float x2=r2*cos(2*PI/num*i);     //大圆上点的x坐标
18     float y2=r2*sin(2*PI/num*i);     //大圆上点的y坐标
19     line(x1, y1, x2, y2);            //两点连成一条线
20   }
21 }
```

运行该程序(example2_05)，查看从小圆到大圆的多条连线的效果，如图2-7所示。

图2-7

在draw()函数中修改代码，设置两个圆形半径的数值变化，从而创建线条的动画，在draw()函数部分修改代码如下：

```
1  float x2=r2*cos(2*PI/num*i*59);              //大圆上点的x坐标
2  float y2=r2*sin(2*PI/num*i*59);              //大圆上点的y坐标
3  line(x1, y1, x2, y2);                        //两点连成一条线
4  r1+=0.01;                                    //小圆半径递增
5  r2-=0.01;                                    //大圆半径递减
```

运行该程序(example2_06)，查看圆形和线条的动画效果，如图2-8所示。

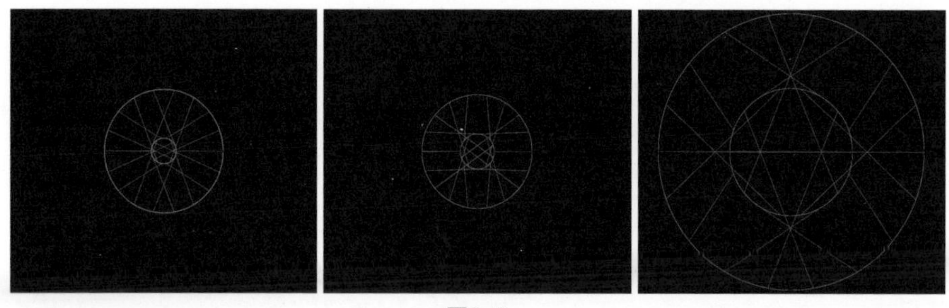

图2-8

2.2 填充与描边

几何图形除了形状、大小、位置等属性，还有颜色属性，比如填充和描边。

1. 填充

fill()函数可以包含多个变量，如果只有一个变量，代表灰度填充；两个变量代表灰度填充和透明度；三个变量代表彩色填充；四个变量代表彩色填充和透明度。输入如下代码进行比较：

```
1  void setup() {
2    size(800, 600);
3    stroke(200);
4  }
5  void draw() {
6    background(220);
7    fill(130, 230, 200);
8    rect(100, 200, 650, 240);
9    fill(50);
10   circle(200, 200, 100);
11   fill(50, 50);
12   circle(350, 200, 100);
13   fill(200, 50, 50);
14   circle(500, 200, 100);
15   fill(200, 50, 50, 100);
16   circle(650, 200, 100);
17 }
```

运行该程序(example2_07)，对比圆形实色填充和半透明填充的效果，如图2-9所示。

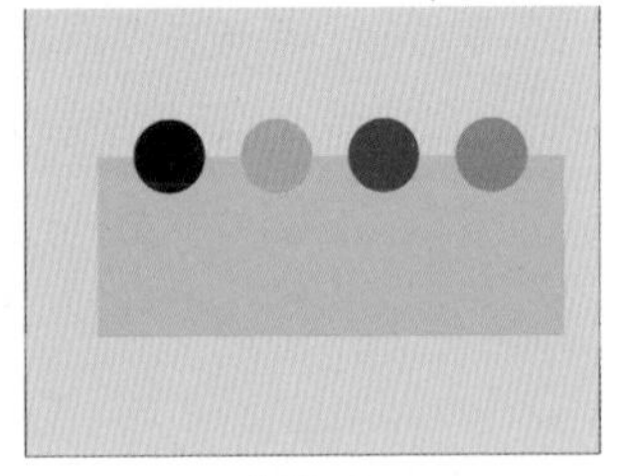
图2-9

2. 描边

相比填充而言，描边操作要复杂一些。stroke()函数在设置颜色方面与fill()函数的用法一样，strokeWeight()函数用于设置描边的粗细。

直线和点都可以通过设置描边粗细来改变大小。

描边不仅有粗细，还有设置端点形状的函数strokeCap()，有三种端点模式，即ROUND、SQUARE和PROJECT，默认为ROUND。三种模式常量代表的意义见表2-1。

表2-1

端点模式	形状	与实际直线长度比较
ROUND	圆形	大于实际直线长度
SQUARE	方形	等于实际直线长度
PROJECT	方形	大于实际直线长度

对比三种端点模式，输入代码如下：

```
1  void setup() {
2    size(900, 600);
3  }
4  void draw() {
5    strokeWeight(16);
6    strokeCap(ROUND);
7    line(200, 100, 700, 100);
8    strokeCap(SQUARE);
9    line(200, 300, 700, 300);
10   strokeCap(PROJECT);
11   line(200, 500, 700, 500);
12 }
```

运行该程序(example2_08)，对比三种模式的描边端点效果，如图2-10所示。

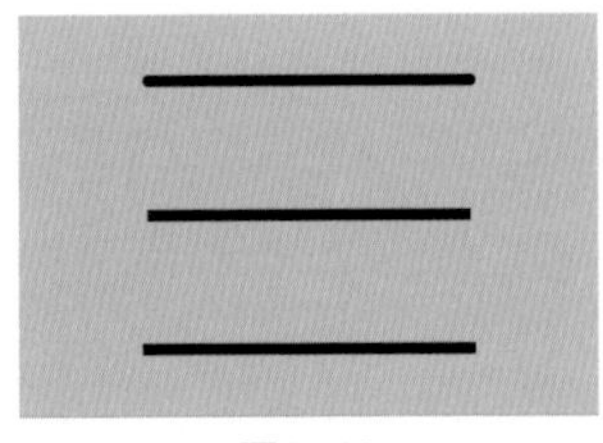
图2-10

在绘制多边形的时候，连接邻边的顶点会形成拐点，拐点的形状可以通过strokeJoin()函数设置，有三种拐点模式，默认为MITER模式。三种模式常量代表的意义见表2-2。

表2-2

拐点模式	形状
MITER	尖角
BEVEL	斜角
ROUND	圆角

对比三种拐点模式，输入代码如下：

```
1  void setup() {
2    size(900, 600);
3  }
4  void draw() {
5    background(200);
6    noFill();
7    strokeWeight(12);
8    strokeJoin(MITER);
9    triangle(275, 100, 150, 300, 400, 300);
10   strokeJoin(BEVEL);
11   triangle(621, 100, 490, 300, 750, 300);
12   strokeJoin(ROUND);
13   triangle(450, 322, 300, 500, 600, 500);
14 }
```

运行该程序(example2_09)，对比三种模式的拐点效果，如图2-11所示。

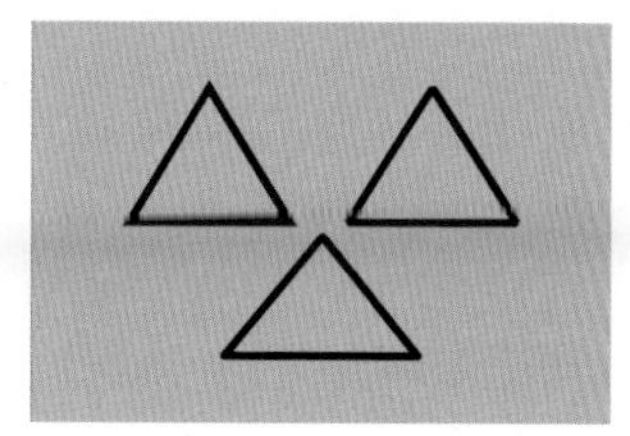

图2-11

2.3 贝塞尔曲线与弧线

贝塞尔曲线由法国工程师皮埃尔•贝塞尔(Pierre Bézier)于1962年发明，并用于汽车的主体设计，后来被广泛用于工业设计领域和数字图形设计中。贝塞尔曲线由线段与节点组成，节点是可拖动的支点，线段像可伸缩的皮筋。我们在绘图工具中看到的钢笔工具就是绘制这种矢量曲线的。贝塞尔曲线是计算机图形学中相当重要的参数曲线，在一些比较成熟的位图软件中也有贝塞尔曲线工具，如Photoshop等。

在Processing中，贝塞尔曲线由四个点定义，分别是起点、终点(也称为锚点)及两个相互分离的控制点。移动这两个控制点，贝塞尔曲线的形状会发生明显的变化。

贝塞尔函数bezier(x1,y1,cx1,cy1,cx2,cy2,x2,y2)包含8个参数，其中x1,y1与x2,y2定义起点和终点坐标，cx1,cy1和cx2,cy2定义两个控制点的坐标。输入代码如下：

```
1  void setup() {
2    size(600, 400);
3    background(200);
4  }
5  void draw() {
6    noFill();
7    bezier(100, 100, 150, 200, 450, 200, 500, 100);    //设置贝塞尔曲线参数
8    line(100, 100, 150, 300);                          //参考曲线控制柄增加的线段
9    line(450, 300, 500, 100);                          //参考曲线控制柄增加的线段
10 }
```

运行该程序(example2_10)，查看贝塞尔曲线效果，如图2-12所示。

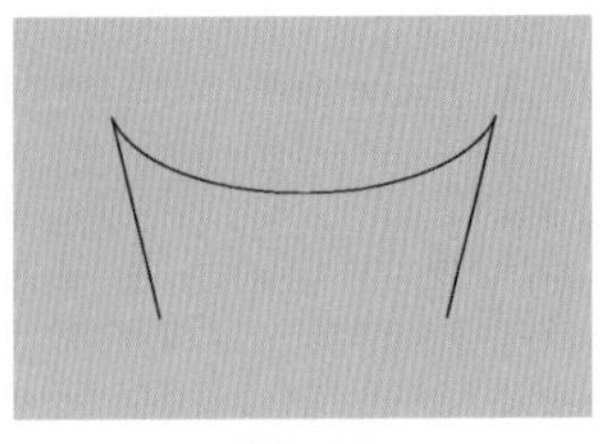

图2-12

下面绘制两条连续的贝塞尔曲线，只要让第二条曲线的第一个锚点与第一条曲线的第二个锚点的坐标一致，就可以将两条贝塞尔曲线连接起来。

```
1  void setup() {
2    size(900, 600);
3  }
4  void draw() {
5    background(200);
6    noFill();
7    bezier(100, 200, 150, 400, 450, 400, 500, 200);         //设置第一条曲线的参数
8    bezier(500, 200, 650, 100, 750, 200, 850, 500);         //设置第二条曲线的参数
9  }
```

运行该程序(example2_11)，查看两条曲线连接在一起的效果，如图2-13所示。

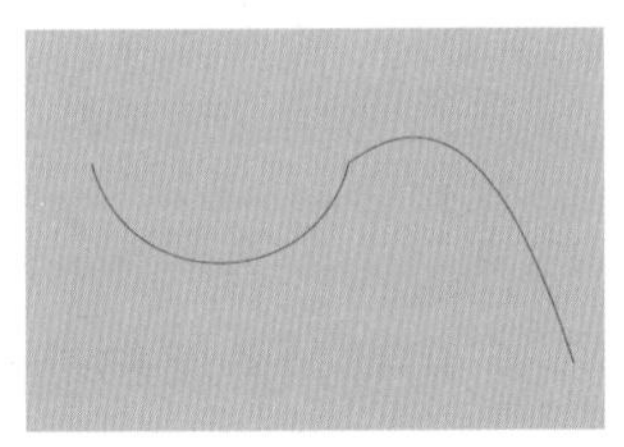

图2-13

此时发现两条曲线衔接处并不平滑，有明显的折角。用户可以执行菜单【速写本】|【调整】命令，调整第一条曲线的第三个点(也就是第二个控制点)坐标和第二条曲线的第二个点(也就是第一个控制点)坐标，直到曲线的连接处很光滑为止，并保存代码，如图2-14所示。

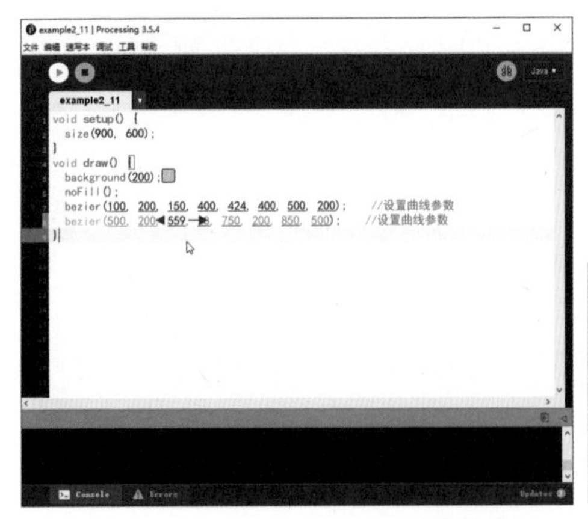

图2-14

除了贝塞尔曲线之外，还经常用到弧形、弓形和扇形，下面介绍arc()函数。

```
1  arc(x, y, w1, h1, start, end);
```

其中各参数的含义如下。

- x,y：表示圆弧中心坐标。
- w1：表示椭圆半宽度。
- h1：表示椭圆半高度。
- start：表示开始的弧度。

- end：表示结束的弧度。

下面绘制一条比较简单的弧形，输入代码如下：

```
1  void setup() {
2    size(800, 600);
3  }
4  void draw() {
5    arc(400, 300, 400, 300, PI/4, 3*PI/4);
6  }
```

运行该程序(example2_12)，查看效果，如图2-15所示。

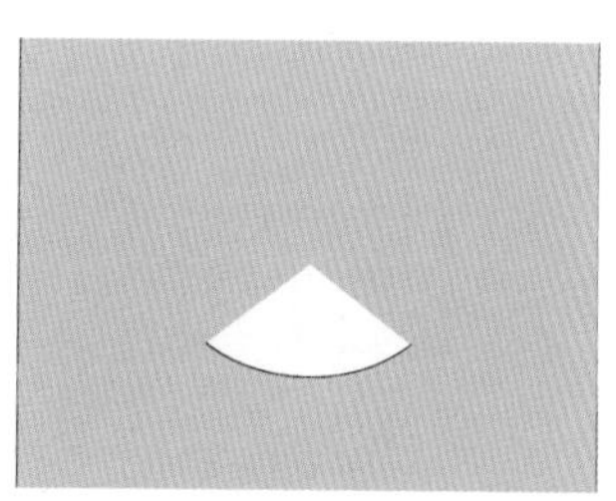

图2-15

默认情况下扇形封口处没有描边，通过指定arc()函数的第六个参数PIE设置封口模式。

```
1  arc(x, y, w1, h1, start, end, mode);
```

修改第5行代码如下：

```
1  arc(400, 300, 400, 300, PI/4, 3*PI/4, PIE);
```

运行该程序(example2_13)，查看扇形效果，如图2-16所示。

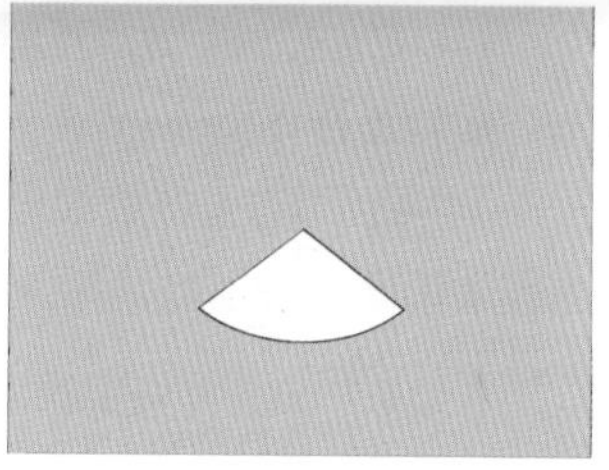

图2-16

如果要绘制弓形，就可以为mode参数指定OPEN常量或者CHORD常量，它们的区别是OPEN没有描边，CHORD有描边。分别修改上面的代码如下：

```
1  arc(400, 300, 400, 300, PI/4, 3*PI/4, OPEN);
```

或者

```
1  arc(400, 300, 400, 300, PI/4, 3*PI/4, CHORD);
```

查看对比效果，如图2-17所示。

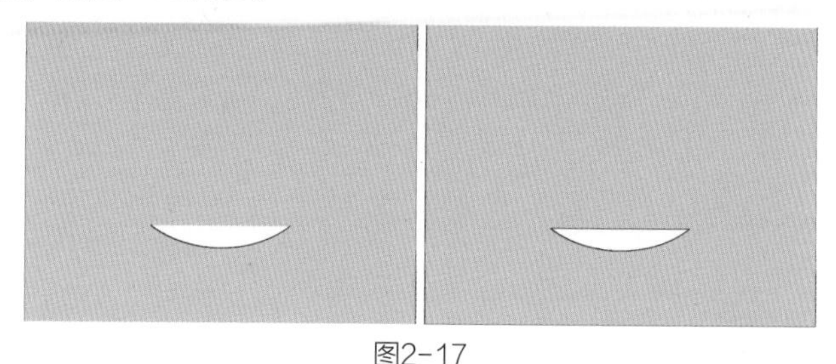

图2-17

通过设置弧形的描边宽度，可以绘制圆环或扇环，输入代码如下：

```
1  void setup() {
2    size(800, 600);
3    noFill();
4  }
5  void draw() {
6    strokeWeight(40);
7    arc(400, 300, 400, 400, -PI/4, 5*PI/4);
8  }
```

运行该程序(example2_14)，查看效果，如图2-18所示。

图2-18

2.4 虚线与网格

点虚线是由间隔相同的许多点组成的线。输入代码如下:

```
1  float x1=100;
2  float x2=800;
3  float space=20;
4  void setup() {
5    size(900, 600);
6  }
7  void draw() {
8    strokeWeight(4);
9    while (x1<x2) {
10     point(x1, 300);
11     x1+=space;
12   }
13 }
```

运行该程序(example2_15),查看虚线效果,如图2-19所示。

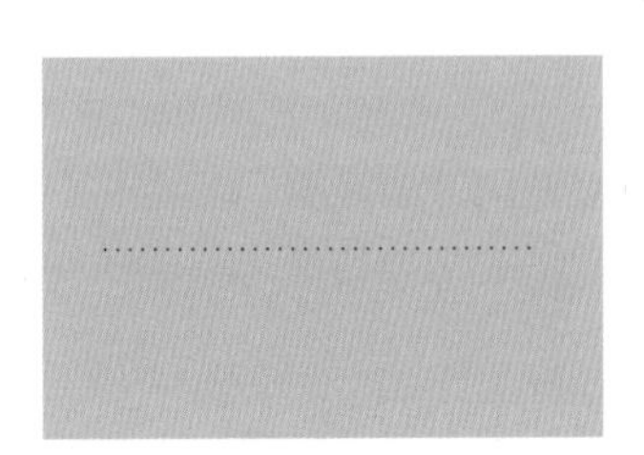

图2-19

间隔相同的很多点组成了虚线,网格也具有相近的特点,由间隔相同的线组成。输入代码如下:

```
1  float a=100, b=100, space=50;
2  void setup() {
3    size(900, 600);
4    strokeWeight(3);
5  }
6  void draw() {
7    float x=a;
8    while (x<=width-a) {
9      float y=b;
10     while (y<=height-b) {
11       line(a, y, width-a, y);
12       y=y+space;
13     }
14     line(x, b, x, height-b);
15     x=x+space;
16   }
17 }
```

运行该程序(example2_16),查看网格效果,如图2-20所示。

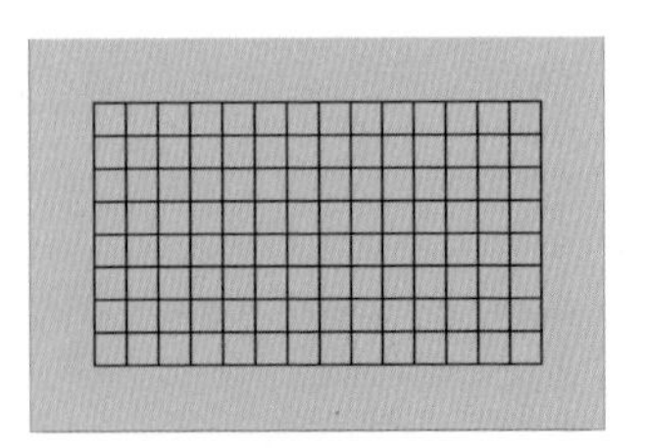

图2-20

前面的代码中使用了while语句操作循环的方法,重复绘制了相等间隔位置的线,从而组成了网格。while语句的语法格式如下:

```
1  while(条件表达式) {
2    语句;
3  }
```

当程序执行到while语句的时候，会先判断条件表达式的值，条件表达式的值只能返回boolean值，如果值是true的话执行{ }里的语句，执行完后，继续对条件表达式进行判断，如果条件表达式的值为true，继续执行{ }里的语句。以此类推，直到条件表达式的值为false，while停止循环。

用户也可以使用for循环绘制表格，输入代码如下：

```
//网格左上角坐标
float x1=100;
float y1=100;
//网格右下角坐标
float x2=800;
float y2=500;
//网格间隔
float space=50;
void setup() {
  size(900, 600);
  strokeWeight(2);
  noFill();
}
void draw() {
  for(int i=0; i<=(x2-x1)/space; i++) {
    line(x1+i*space, y1, x1+i*space, y2);
  }
  for(int j=0; j<=(y2-y1)/space; j++) {
    line(x1, y1+j*space, x2, y1+j*space);
  }
}
```

运行该程序(example2_17)，查看网格效果，如图2-21所示。

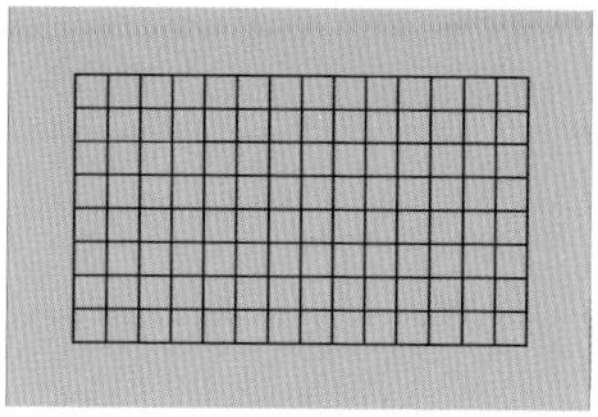

图2-21

2.5 复杂图形

前面讲解了绘制三角形、四边形、圆形等简单图形的方法，在Processing中使用beginShape()、vertex()和endShape()函数可以绘制出各种复杂的图形。在beginShape()和endShape()函数之间使用vertex()函数指定多个顶点，程序会自动将这些顶点用直线连接起来，并且会对构成的图形进行填充。

在endShape()函数里可以写入CLOSE常量，使开始顶点和结束顶点自动连接，形成封闭图形，否则为开放图形。

输入代码如下：

```
void setup() {
  size(800, 600);
```

```
3    background(200);
4  }
5  void draw() {
6    beginShape();
7    vertex(300, 100);
8    vertex(500, 100);
9    vertex(600, 300);
10   vertex(400, 450);
11   vertex(200, 300);
12   endShape(CLOSE);
13 }
```

运行该程序(example2_18)，查看多边形效果，如图2-22所示。

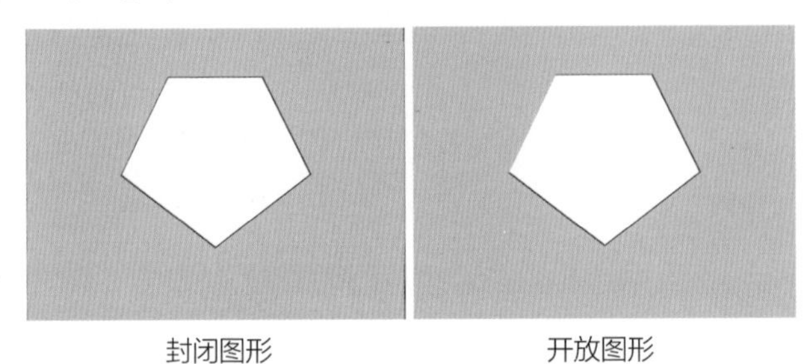

封闭图形　　开放图形

图2-22

设置beginShape(kind)函数的kind参数，可以改变绘制模式，见表2-3。

表2-3

常量	功能
POINTS	绘制顶点
LINES	绘制直线
TRIANGLES	绘制三角形
TRIANGLE_STRIP	绘制三角形带
TRIANGLE_FAN	绘制三角形扇
QUADS	绘制四边形
QUAD_STRIP	绘制四边形带

比如输入下面的代码：

```
1  void setup() {
2    size(800, 600);
3    background(200);
4  }
5  void draw() {
6    beginShape(TRIANGLES);        //设置绘制模式为三角形
7    vertex(300, 100);
8    vertex(500, 100);
9    vertex(600, 300);
10   vertex(400, 450);
11   vertex(300, 450);
```

```
12   vertex(200, 300);
13   endShape();
14 }
```

运行该程序(example2_19)，查看效果，此时绘制了两个三角形，而不是一个六边形，如图2-23所示。

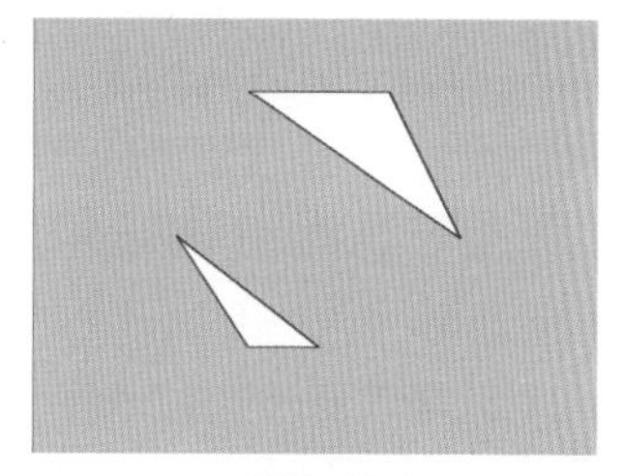
图2-23

除了在beginShape()和endShape()函数之间使用vertex()函数指定多个顶点绘制图形以外，Processing还支持其他三种绘制曲线顶点的函数，依次是bezierVertex()、quadraticVertex()和curveVertex()函数。在使用这三种顶点绘制图形的时候，不能给beginShape()函数指定任何模式常量。

下面使用bezierVertex()函数绘制连续的贝塞尔曲线，只需要指定两个控制点和一个锚点，在连续使用bezierVertex()函数时，曲线的第一个锚点会使用上一条曲线的第二个锚点，所以一般会在开始的地方使用vertex()函数先绘制一个顶点，当作第一条曲线的第一个锚点。输入代码如下：

```
1  void setup() {
2    size(900, 600);
3    background(200);
4    noFill();
5  }
6  void draw() {
7    beginShape();
8    vertex(200, 100);
9    bezierVertex(300, 100, 300, 200, 400, 350);
10   bezierVertex(450, 450, 600, 500, 800, 300);
11   endShape();
12 }
```

运行该程序(example2_20)，查看曲线效果，如图2-24所示。

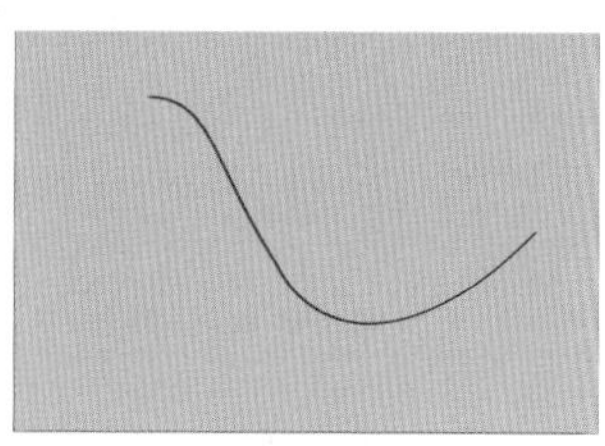
图2-24

绘制正多边形，首先计算正多边形中心角等于TWO_PI/n，然后使用vertex()函数绘制正多边形的每个顶点。而每个顶点的位置可以用三角函数计算，根据正多边形外接圆半径和中心角求得。输入代码如下：

```
1  float r=200;                        //定义外接圆的半径
2  int n=6;                            //定义多边形的边数
3  void setup() {
4    size(800, 600);
5  }
6  void draw() {
7    translate(width/2, height/2);
8    beginShape();
9    for(int i=0; i<n; i++) {
10     float angle=TWO_PI/n*i;
```

```
11      float x=r*cos(angle);           //计算顶点的x坐标
12      float y=r*sin(angle);           //计算顶点的y坐标
13      vertex(x, y);                   //绘制多边形的顶点
14    }
15    endShape(CLOSE);
16  }
```

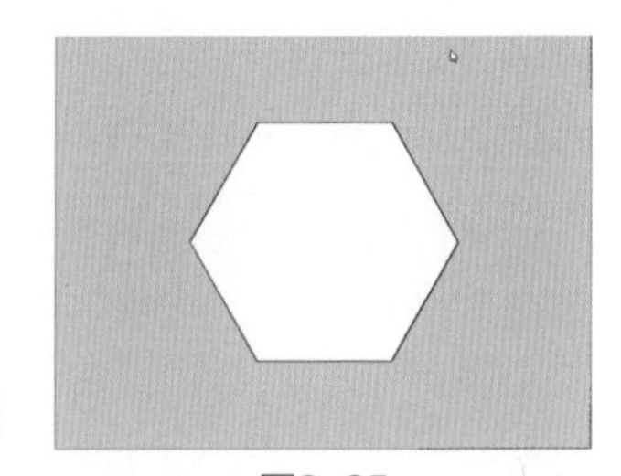
图2-25

运行该程序(example2_21)，查看正六边形的效果，如图2-25所示。

只需改变n的值，就可以绘制相应边数的正多边形，不过当n达到32或以上，看起来就像个圆形了，如图2-26所示。

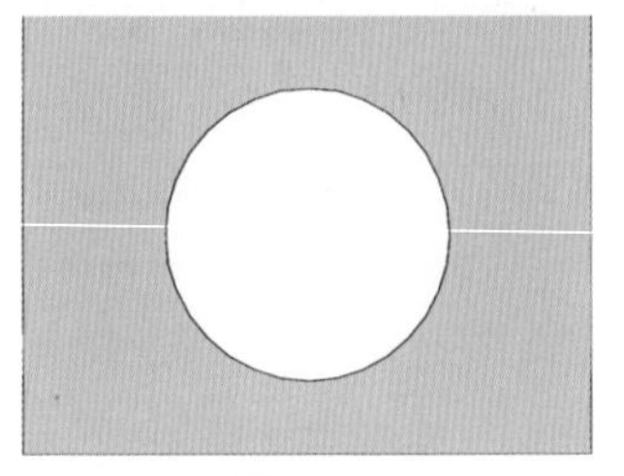
图2-26

绘制星形的顶点分布在两个不同半径的圆周上，并且交替出现。输入代码如下：

```
1  float r1=100, r2=200;              //定义星形内外圆的半径
2  float x, y;
3  int num=8;                         //定义星形的顶角数
4  void setup() {
5    size(800, 600);
6    strokeWeight(2);
7  }
8  void draw() {
9    background(255);
10   translate(width/2, height/2);     //平移画布轴心点
11   beginShape();
12   for(int i=0; i<num*2; i++) {
13     float angle=TWO_PI/(num*2)*i;
14     if (i%2==0) {                   //判断奇偶顶点
15       x=r1*cos(angle);
16       y=r1*sin(angle);
17     }else {
18       x=r2*cos(angle);
19       y=r2*sin(angle);
20     }
21     vertex(x, y);
22   }
23   endShape(CLOSE);
24 }
```

运行该程序(example2_22)，查看八角形的效果，如图2-27所示。

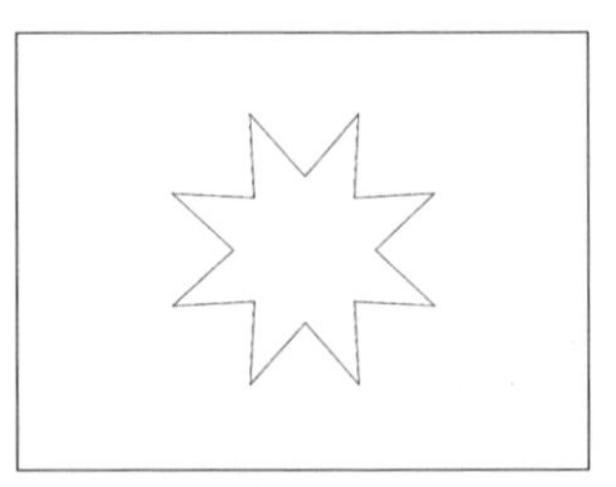
图2-27

如果将vertex()函数替换成curveVertex()函数，可以绘制一个圆角的星形，不过使用curveVertex()函数时，程序会将第一个和最后一个curveVertex顶点当作曲线的控制点，所以for循环绘制的顶点数要增加3，才可以首尾平滑地连接在一起。

修改draw()函数部分的代码如下：

```
1  void draw() {
2    background(255);
3    translate(width/2, height/2);
4    beginShape();
5    for(int i=0; i<num*2+3; i++) {
6      float angle=TWO_PI/(num*2)*i;
7      if (i%2==0) {
8        x=r1*cos(angle);
9        y=r1*sin(angle);
10     }else {
11       x=r2*cos(angle);
12       y=r2*sin(angle);
13     }
14     curveVertex(x, y);
15   }
16   endShape(CLOSE);
17 }
```

运行该程序(example2_23)，查看圆角星形的效果，如图2-28所示。

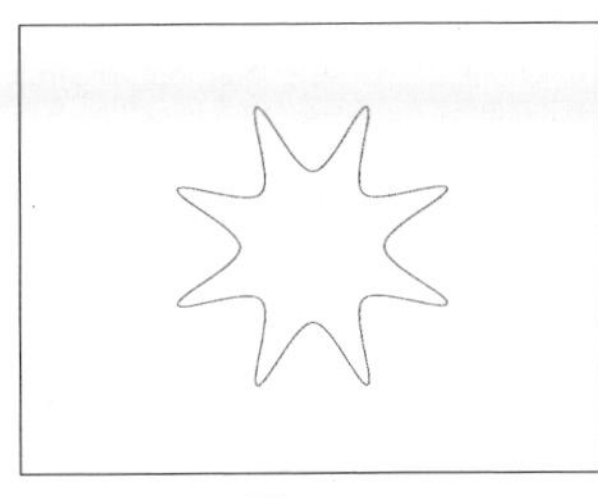
图2-28

2.6 图形绘制实战

本节通过几个绘制图形的实例进一步讲解和练习Processing中绘制或组合图形的技巧。

2.6.1 渐变组合椭圆

本例主要运用了while循环语句绘制多个颜色、位置、大小不同的圆形。

首先绘制一个椭圆，输入代码如下：

```
1  void setup() {
2    size(900, 600);
3    colorMode(HSB, 360, 100, 100);          //定义HSB色彩模式值
4    background(random(50, 100));            //背景颜色随机
5    noFill();
6    stroke(255, 100);
7  }
8  void draw() {
9    ellipse(width/2, height/2, 200, 200); //绘制椭圆
10   stroke(100, 100, 100); //设置描边颜色，HSB色彩模式
11   strokeWeight(1);         //设置描边宽度
12 }
```

运行该程序(example2_24_1)，查看效果，如图2-29所示。

图2-29

尝试再绘制一个椭圆，修改draw()部分的代码如下：

```
void draw() {
  ellipse(width/2, height/2, 200, 200);                    //绘制椭圆
  stroke(100, 100, 100);                                   //描边颜色，HSB色彩模式
  strokeWeight(1);                                         //描边宽度
  ellipse(width/2+20, height/2-20, 200+15, 200-15);        //绘制椭圆
  stroke(100+60, 100, 100);                                //描边颜色，HSB色彩模式
  strokeWeight(1+2/10);                                    //描边宽度
}
```

运行该程序(example2_24_2)，查看效果，如图2-30所示。

图2-30

应用while循环语句，更快捷地绘制更多不同的椭圆，修改draw()部分的代码如下：

```
void draw() {
  int i=0;                        //定义计数i从0开始
  while (i<80) {                  //while循环，条件是i小于80
    ellipse(width/2+i, height/2-i, 200+i*15, 200-i*15);
    i+=2;                             //i的递增量为2，绘制40个椭圆
    stroke(100+i*3, 100, 100);        //对应每个椭圆描边的色相递增
    strokeWeight(1+i/30);             //对应每个椭圆描边的宽度递增
  }
}
```

运行该程序(example2_24_3)，查看组合椭圆的效果，如图2-31所示。

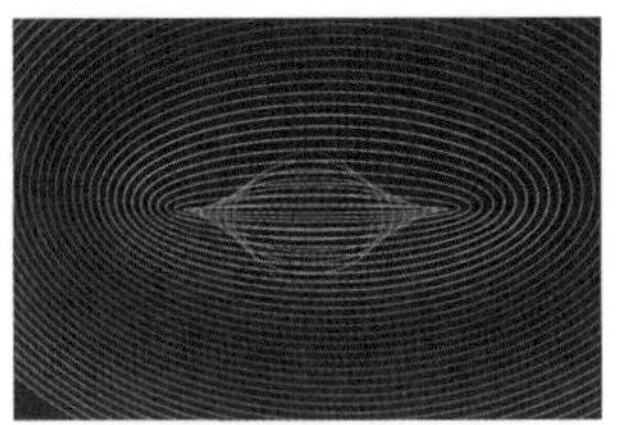

图2-31

2.6.2 曲线模拟摇曳的草

本例主要运用了bezier()函数绘制曲线，并为锚点和控制点的位置添加噪波，从而创建动态的曲线。

绘制贝塞尔曲线一般需要定义四个点，第一个点在画布底端的中心，其余三个点利用噪波函数随机确定。输入代码如下：

```
void setup() {
  size(600, 400);
  smooth();
  noFill();
}
void draw() {
  background(255);
  float t=frameCount/100.0;           //跟帧数相关的计时参数
  bezier(
    width/2, height,
    width/2, noise(t)*height,
    noise(t)*width, noise(t)*height,
    noise(t)*width, noise(t)*height
  );
}
```

运行该程序(example2_25_1)，查看动画效果，如图2-32所示。

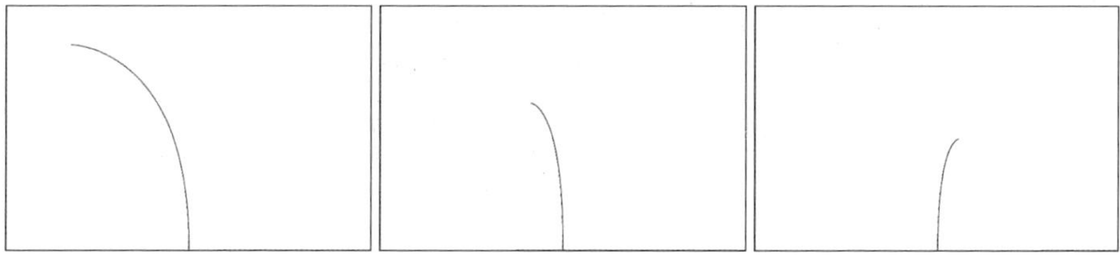

图2-32

增加noise()函数的维度，修改代码如下：

```
1  bezier(
2    width/2, height,
3    width/2, noise(1, t)*height,
4    noise(2, t)*width, noise(4, t)*height,
5    noise(3, t)*width, noise(5, t)*height
6    );
```

运行该程序(example2_25_2)，查看动画效果，如图2-33所示。

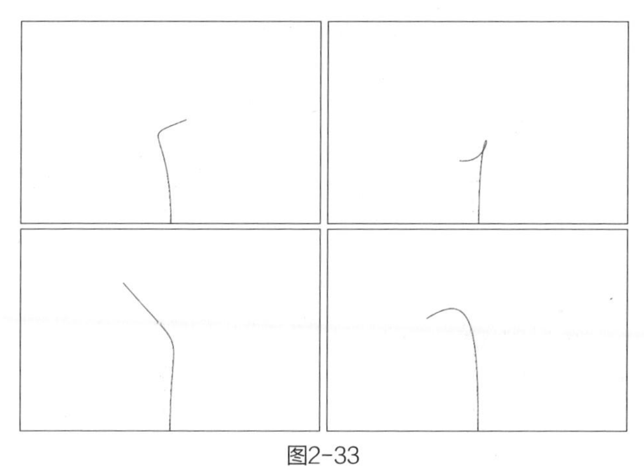

图2-33

在完成一条动态曲线的绘制后，通过for循环语句继续绘制更多的曲线，而且各不相同，修改代码如下：

```
1  for(int i=0; i<32; i++) {
2    bezier(
3      width/2, height,
4      width/2, noise(1, i, t)*height,
5      noise(2, i, t)*width, noise(4, i, t)*height,
6      noise(3, i, t)*width, noise(5, i, t)*height
7    );
8  }
```

运行该程序(example2_25_3)，查看动画效果，如图2-34所示。

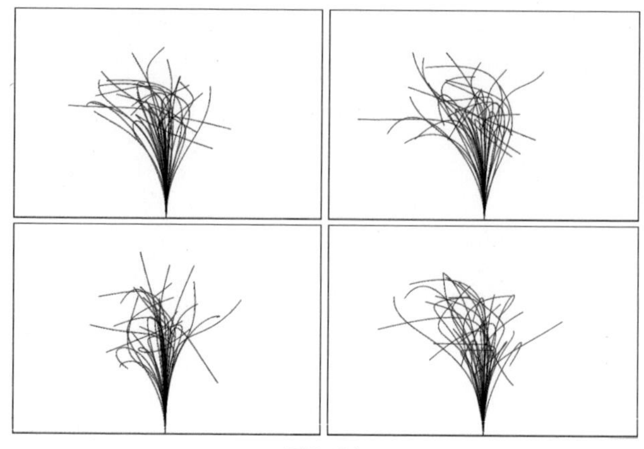

图2-34

为了更加美观，可以尝试调整曲线的第一个点坐标，不要过于集中，修改代码如下：

```
1 width/2+noise(i, t)*20, height,
```

运行该程序(example2_25_4)，查看动画效果，如图2-35所示。

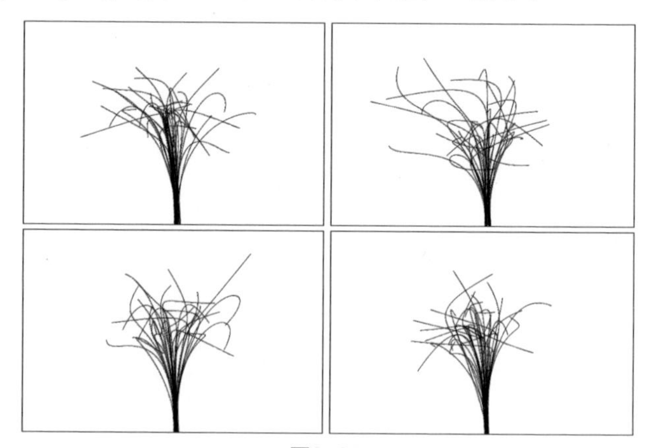

图2-35

2.6.3 仿生图案

本例是笔者去江南考察调研时遇到一位台绣大师的作品中的图案元素，后来就思考如何用代码展现这个图案，其中主要使用圆形、曲线、点的组合进行了模拟。

首先绘制圆形和类似椭圆的图形，输入代码如下：

```
1 float r=50;                          //声明一个圆形半径变量
2 void setup() {
3   size(800, 800);
4   noFill();
5   stroke(255);
6 }
7 void draw() {
8   background(0);
```

```
9  strokeWeight(2);
10  circle(width/2-20, height/2, 2*r);
11  strokeWeight(6);
12  curve(596, 2396, 140, 400, 700, 400, 140, 1322);  //绘制上半部分曲线
13  curve(640, -840, 140, 400, 700, 400, 136, -619);  //绘制下半部分曲线
14 }
```

运行该程序(example2_26_1)，查看效果，如图2-36所示。

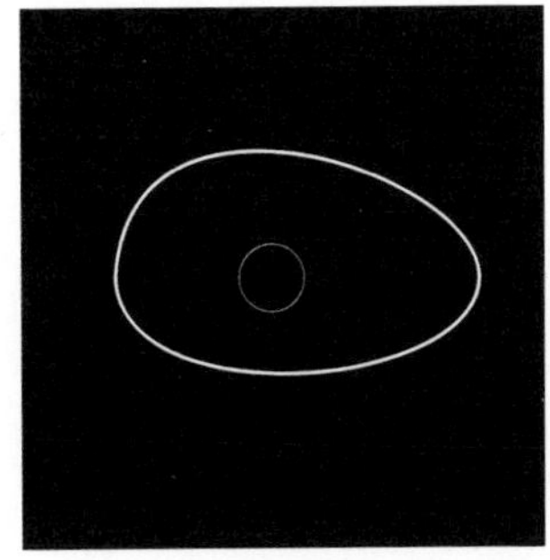

图2-36

为了更快更好地将两条曲线光滑地对接起来，最好在调整模式下直接调整曲线的点坐标。

绘制从圆形辐射的线段，修改代码如下：

```
1 float x1, y1, x2, y2;          //定义坐标变量
```

修改draw()函数的代码如下：

```
1 void draw() {
2   background(0);
3   strokeWeight(2);
4   circle(width/2-20, height/2, 2*r);
5   for(int i=0; i<40; i++) {
6     x2=r*cos(i*PI/40+PI)+width/2-20;                    //圆周上点的坐标
7     y2=r*sin(i*PI/40+PI)+height/2;
8     x1=curvePoint(600, 140, 700, 140, i*0.025);         //曲线上点的坐标
9     y1=curvePoint(2371, 400, 400, 1322, i*0.025);
10    line(x1, y1, x2, y2);                               //绘制辐射线段
11  }
12  strokeWeight(6);
13  curve(596, 2396, 140, 400, 700, 400, 140, 1322);  //绘制上半部分曲线
14  curve(640, -840, 140, 400, 700, 400, 136, -619);  //绘制下半部分曲线
15 }
```

运行该程序(example2_26_2)，查看效果，如图2-37所示。

继续绘制下半圈的辐射线段，修改代码如下：

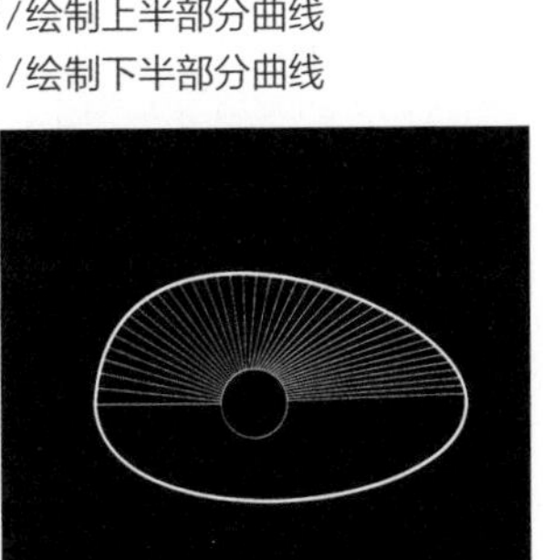

图2-37

```
1 float x3, y3, x4, y4;
```

在draw()函数中添加代码如下：

```
1 for(int j=0; j<40; j++) {
2   x4=r*cos(PI-j*PI/40)+width/2-20;    //圆周上点的坐标
3   y4=r*sin(PI-j*PI/40)+height/2;
4   x3=curvePoint(640, 140, 700, 136, j*0.025);     //曲线上点的坐标
5   y3=curvePoint(-840, 400, 400, -619, j*0.025);
6   line(x3, y3, x4, y4);                //绘制辐射线段
7 }
```

运行该程序(example2_26_3)，查看效果，如图2-38所示。

在图形中间添加多个装饰性圆形，在draw()函数部分添加代码如下：

```
1 for(int i=0; i<10; i++) {
2   circle(width/2-20, height/2, i*r/5);
3 }
```

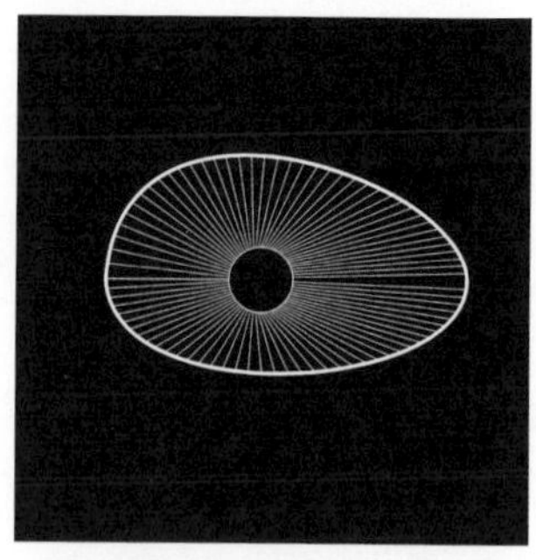
图2-38

运行该程序(example2_26_4)，查看效果，如图2-39所示。

再添加装饰性花边，在draw()函数部分添加代码如下：

```
1 //装饰性花边
2 strokeWeight(3);
3 push();
4 translate(width/2, height/2);
5 for(int n=0; n<180; n++) {
6   point(70*cos(TWO_PI/180*n)+10*cos(TWO_PI/18*n)-20,
7   70*sin(TWO_PI/180*n)+10*sin(TWO_PI/18*n));
8 }
9 pop();
```

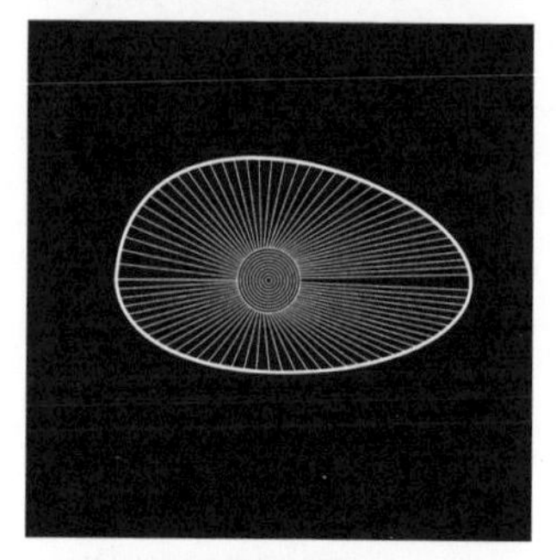
图2-39

运行该程序(example2_26_5)，查看效果，如图2-40所示。

再添加一个装饰性花边，在draw()函数部分添加代码如下：

```
1 push();
2 translate(width/2, height/2);
3 for(int n=0; n<180; n++) {
4   point(80*cos(TWO_PI/180*n)-10*cos(TWO_PI/18*n)-20,
    80*sin(TWO_PI/180*n)-10*sin(TWO_PI/18*n));
5 }
6 pop();
```

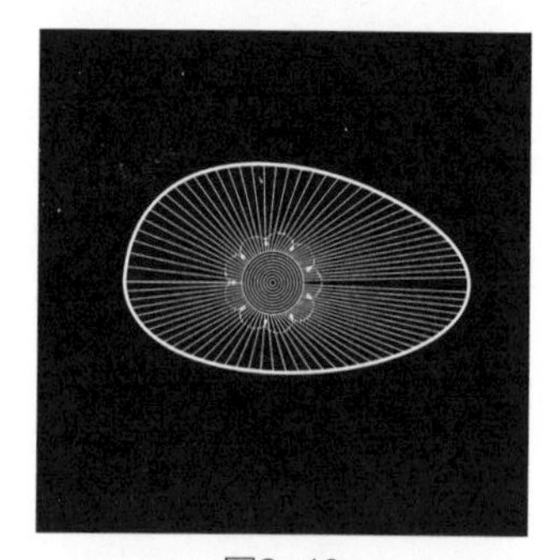
图2-40

运行该程序(example2_26_6)，查看最后的组合图形效果，如图2-41所示。

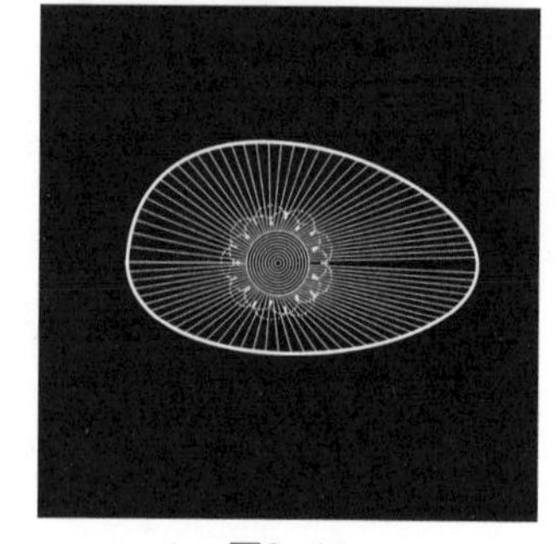
图2-41

2.6.4 卡通飞鸟

本例主要讲解绘制组合曲线和在调整模式下进行形状细节的修整。

1. 绘制卡通鸟

先绘制卡通鸟的身体部分，最好在坐标纸上绘制一个图形的草稿，然后输入代码如下：

```
1 void setup() {
2   size(900, 600);
3   noStroke();
4 }
```

```
5  void draw() {
6    background(160, 240, 250);
7    translate(width/2, height/2);                    //画布偏移，坐标原点移至画布中心
8    //鸟的身体
9    fill(255, 130, 160);
10   beginShape();
11   curveVertex(-290, 8);
12   curveVertex(-1, -200);
13   curveVertex(335, 34);
14   curveVertex(418, 52);
15   curveVertex(333, 111);
16   curveVertex(-15, 168);
17   curveVertex(-184, -7);
18   curveVertex(-158, -155);
19   curveVertex(-20, -200);
20   curveVertex(123, -173);
21   endShape();
22 }
```

保存程序代码(example2_27_1)，执行菜单【速写本】|【调整】命令，直接调整顶点的坐标，修整图形，如图2-42所示。

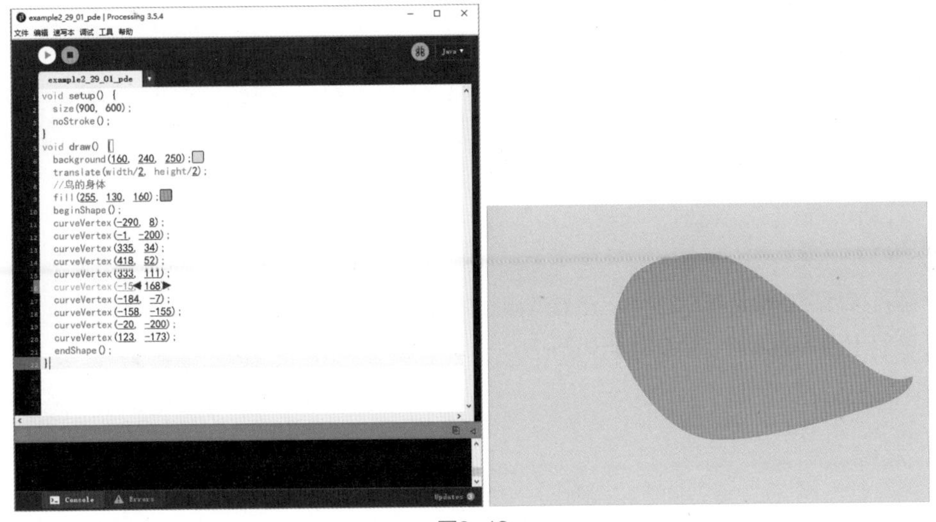

图2-42

绘制卡通鸟腹部的浅色部分，为了更快速地获得比较准确的图形，执行【调整】命令是比较好的方式。在draw()函数绘制鸟身体后面添加代码如下：

```
1  //鸟的肚子
2  fill(250, 100);
3  beginShape();
4  curveVertex(0, 173);
5  curveVertex(0, 50);
6  curveVertex(157, 148);
```

```
7  curveVertex(31, 173);
8  curveVertex(-49, 156);
9  curveVertex(-123, 96);
10 curveVertex(-108, 76);
11 curveVertex(0, 50);
12 curveVertex(0, 93);
13 endShape();
```

运行该程序(example2_27_2)，查看效果，如图2-43所示。

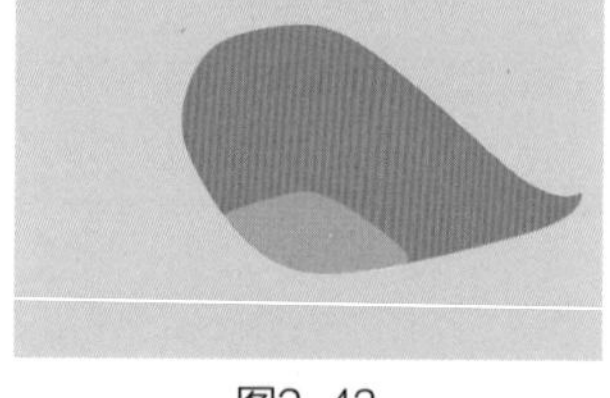

图2-43

绘制卡通鸟的眼睛，在绘制鸟身体代码后面添加代码如下：

```
1 //鸟的眼睛
2 fill(250);
3 circle(-56, -104, 47);
4 fill(0);
5 circle(-60, -105, 40);
6 fill(255);
7 circle(-72, -107, 13);
```

运行该程序(example2_27_3)，查看效果，如图2-44所示。

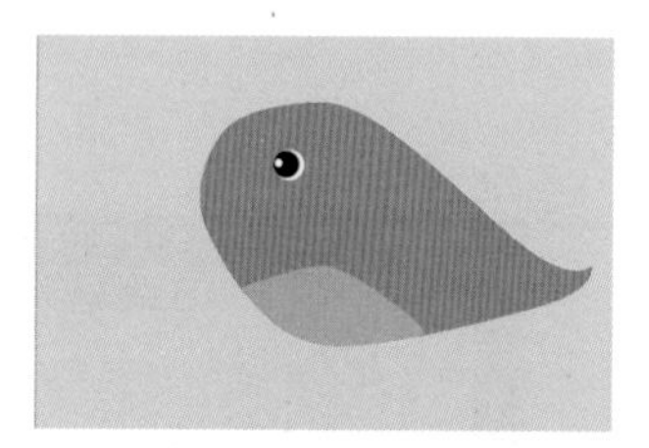

图2-44

绘制卡通鸟的嘴巴，根据需要调整鸟身体图形的点坐标，尽量使嘴巴和身体衔接比较自然，添加代码如下：

```
1 //鸟的嘴巴
2 fill(180, 50, 80);
3 quad(-247, -46, -193, -88, -171, -55, -192, -29);
4 stroke(0);
5 line(-247, -46, -171, -55);
6 noStroke();
```

运行该程序(example2_27_4)，查看效果，如图2-45所示。

图2-45

绘制卡通鸟的翅膀，添加代码如下：

```
1  //鸟的翅膀
2  noStroke();
3  beginShape();
4  curveVertex(0, 71);
5  curveVertex(0, -120);
6  curveVertex(64, -201);
7  curveVertex(93, -292)
8  curveVertex(148, -239);
9  curveVertex(159, -152);
10 curveVertex(103, -85);
11 curveVertex(29, -84);
12 curveVertex(0, -120);
13 curveVertex(0, -236);
14 endShape();
```

运行该程序(example2_27_5)，查看完成的卡通鸟效果，如图2-46所示。

图2-46

定义一个绘制卡通鸟的函数，这样方便整体调整鸟的位置、大小和角度。

```
1  void draw() {
2   background(160, 240, 250);
3   drawbird(400, 275, 0.4);                          //执行绘制鸟函数
4  }
5  void drawbird(float x1, float y1, float sc1) {    //定义绘制鸟函数
6   push();
7   translate(x1, y1);                                //整体偏移鸟图形
8   scale(sc1);                                       //整体缩放鸟图形
9   //鸟的身体
10  ......
11  pop();
12 }
```

运行该程序(example2_27_6)，查看整体调整位置和大小的卡通鸟效果，如图2-47所示。

图2-47

2. 绘制卡通云

下面再创建一个绘制卡通云的函数，输入代码如下：

```
1  //绘制卡通云
2  void drawcloud(float x, float y, float sc) {
3   push();
4   translate(x, y);
5   scale(sc);
6   beginShape();
7   curveVertex(0, -127);
8   curveVertex(0, -227);
9   curveVertex(103, -171);
10  curveVertex(77, -29);
11  curveVertex(158, 5);
12  curveVertex(185, -37);
13  curveVertex(171, -54);
14  curveVertex(163, -47);
15  curveVertex(174, -36);
16  curveVertex(153, -6);
17  curveVertex(89, -31);
18  curveVertex(120, -115);
19  curveVertex(226, -109);
20  curveVertex(257, -25);
21  curveVertex(196, 85);
22  curveVertex(4, 117);
23  curveVertex(-186, 96);
24  curveVertex(-251, -11);
```

```
25    curveVertex(-225, -100);
26    curveVertex(-129, -110);
27    curveVertex(-92, -34);
28    curveVertex(-158, -6);
29    curveVertex(-185, -42);
30    curveVertex(-159, -70);
31    curveVertex(-196, -41);
32    curveVertex(-161, 1);
33    curveVertex(-81, -34);
34    curveVertex(-111, -176);
35    curveVertex(0, -227);
36    curveVertex(0, -134);
37    endShape();
38    pop();
39  }
```

修改draw()函数部分的代码，执行绘制云的函数，如下：

```
1  ......
2  void draw() {
3    background(160, 240, 250);
4    drawbird(400, 275, 0.4);          //执行绘制鸟函数
5    drawcloud(280, 380, 0.4);         //执行绘制云函数
6  }
7  ......
```

运行该程序(example2_27_7)，查看效果，如图2-48所示。

图2-48

绘制两朵卡通云，修改draw()部分的代码如下：

```
1  ......
2  void draw() {
3    background(160, 240, 250);
4    drawbird(400, 275, 0.4);          //执行绘制鸟函数
5    drawcloud(280, 380, 0.4);         //执行绘制云函数
6    drawcloud(900, 368, 0.5);
7    drawcloud(600, 400, 0.6);
8  }
9  ......
```

运行该程序(example2_27_8)，查看效果，如图2-49所示。

如果要调整卡通鸟或卡通云的位置和大小，直接调整drawbird()和drawcloud()函数中的变量即可，然后保存程序(example2_27_9)，如图2-50所示。

图2-49

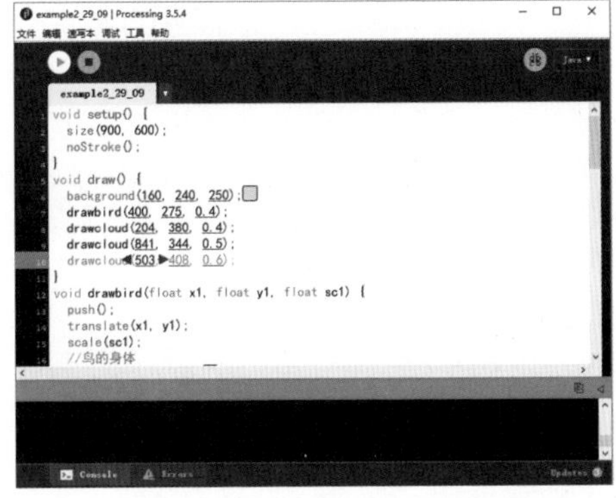

图2-50

调整卡通云的透明度，修改绘制卡通云的代码如下：

```
1  void drawcloud(float x, float y, float sc, float tr) {
2    fill(255, tr);
3    push();
4    translate(x, y);
5    scale(sc);
6    beginShape();
7    ......
8    endShape();
9    pop();
10 }
```

在draw()函数部分修改代码如下：

```
1  ......
2  void draw() {
3    background(160, 240, 250);
4    drawbird(400, 275, 0.4);            //执行绘制鸟函数
5    drawcloud(280, 380, 0.4, 180);      //执行绘制云函数
6    drawcloud(900, 368, 0.5, 180);
7    drawcloud(600, 400, 0.6, 200);
8  }
9  ......
```

运行该程序(example2_27_10)，查看效果，如图2-51所示。

图2-51

3. 制作飞鸟动画

此时有了卡通的鸟和云朵，可以尝试制作鸟飞行的动画。首先声明鸟和云朵的位置变量。

```
1  float birdX=500, birdY, cloudX=350;
```

修改draw()函数部分的代码如下：

```
1  void draw() {
2    background(160, 240, 250);
```

```
3    drawbird(birdX, birdY, 0.4);
4    drawcloud(cloudX-300, 380, 0.4, 180);
5    drawcloud(cloudX+340, 344, 0.5, 180);
6    drawcloud(cloudX, 408, 0.6, 200);
7    birdX+=-0.2;
8    birdY=260+30*sin(radians(frameCount/2));
9    cloudX+=0.1;
10 }
```

运行该程序(example2_27_11)，查看卡通鸟的飞行动画效果，如图2-52所示。

图2-52

2.7 本章小结

本章详细讲解了常用图形的绘制方法和程序，并通过不同方式的图形组合，创建了多样式的视觉符号，只要读者善于运用曾经学过的视觉传达设计的知识，一定可以通过编程创建更丰富的图形。

第3章 创意文字设计

文字排列组合的好坏，将直接影响版面的视觉效果。因此，文字设计是增强视觉传达效果，提高作品诉求力，赋予版面以审美价值的一种重要的构成技术。

在学习Processing中关于操作文本的函数之前，先了解有关字体的一些基本术语：

- 基线(Base Line)：所有大小写字母的基础线。
- 主线(Mean Line)：小写字母的高度位置。
- 大写线(Capital Line)：大写字母的高度位置。
- 小写线(x-Line)：小写字母的高度位置。
- 上伸线(Ascender Line)：小写字母最上端的位置。
- 下行线(Descender Line)：小写字母最下端的位置。

3.1 文字显示

使用text()函数可以创建文字，在指定的位置显示文字。使用textSize()函数可以设置文字的字号。比如输入如下代码：

```
1 size(600, 400);
2 background(0, 170, 200);
3 textSize(40);                            //设置字号
4 text("hello! Processing", 160, 200);     //设置文字内容和位置
5 textSize(25);                            //设置字号
6 text("D-Form IXD studio", 200, 300);     //设置文字内容和位置
```

运行该程序(example3_01)，查看效果，如图3-1所示。

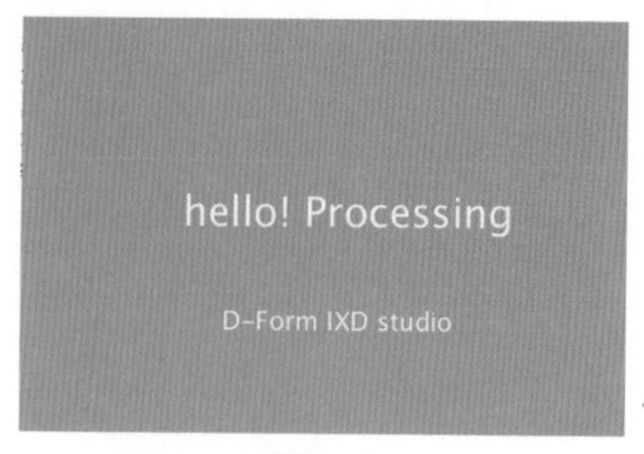

图3-1

如果不进行字体设置，就使用系统默认字体。

使用fill()函数对文本的颜色进行设置，输入代码如下：

```
1  size(600, 400);                          //设置画布尺寸
2  background(0, 170, 200);                 //设置背景颜色
3  fill(220);
4  textSize(40);                            //设置字号
5  text("hello! Processing", 160, 200);     //设置文字内容和位置
6  fill(#FAD500);                           //设置文字颜色
7  textSize(25);                            //设置字号
8  text("D-Form IXD studio", 200, 300);     //设置文字内容和位置
```

运行该程序(example3_02)，查看效果，如图3-2所示。

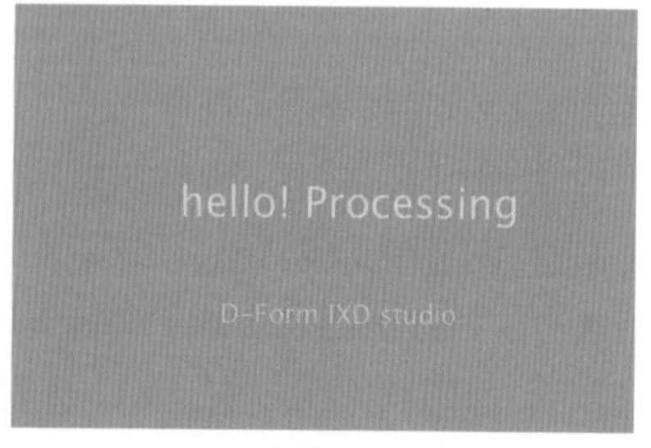

图3-2

text()函数不仅可以显示文本字符，还可以直接显示int或float类型的常量。输入代码如下：

```
1  size(600, 400);
2  textSize(36);
3  fill(0);
4  text(58388116, 280, 200);     //显示一个整数
5  fill(280, 180, 0);
6  text("QQ:", 200, 200);        //显示字符QQ:
```

运行该程序(example3_03)，查看效果，如图3-3所示。

图3-3

为了方便阅读文本，用户可以使用字符串String数据类型的变量存储这些文字，使代码更模块化。输入代码如下：

```
1  String myword="D-Form IXD studio, human-
   computer interaction! ";  //定义字符串
2  size(600, 400);
3  background(0);
4  textSize(36);
5  textAlign(CENTER);                    //文字对齐方式为中心对齐
6  text(myword, 60, 100, 500, 300);      //显示字符串内容
```

运行该程序(example3_04)，查看文字效果，如图3-4所示。

使用textAlign()函数可以设置文本对齐方式。设置水平方向的对齐有三个常量：LEFT、CENTER和RIGHT，默认为LEFT。图3-4中使用的是CENTER(中心)对齐方式，图3-5中使用的是另外两种对齐方式。

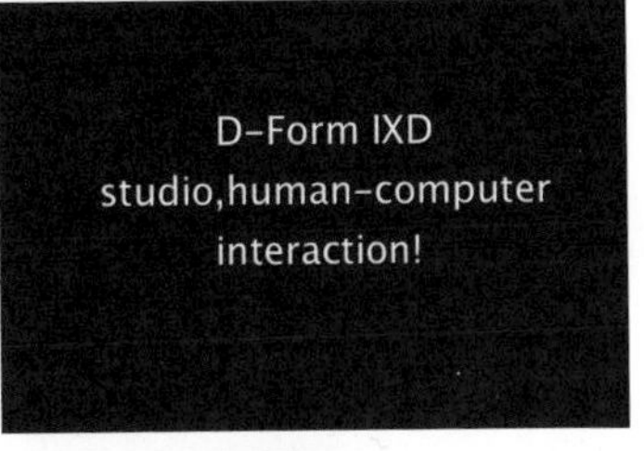

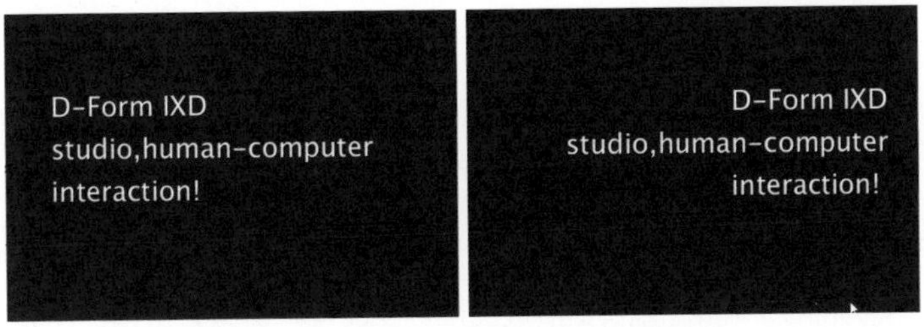

图3-4

LEFT　　RIGHT

图3-5

设置垂直方向的对齐有四个常量：TOP、CENTER、BOTTOM、BASELINE。默认对齐方式为BASELINE，对齐文本的基线。输入代码如下：

```
1  size(600, 400);
2  background(0);
3  stroke(255);
4  line(width/2, 0, width/2, 400);            //绘制中心垂直线
5  line(0, height/2, 600, height/2);           //绘制水平直线
6  line(0, height/2+50, 600, height/2+50);     //绘制水平直线
7  line(0, height/2-50, 600, height/2-50);     //绘制水平直线
8  textSize(36);                               //设置文字字号
9  textAlign(CENTER, CENTER);                  //文字对齐方式为中心对齐
10 text("D-Form", width/2, height/2);
11 textAlign(CENTER, TOP);                     //水平中心对齐，垂直顶部对齐
12 text("IXD", width/2, height/2+50);
13 textAlign(CENTER, BOTTOM);                  //水平中心对齐，垂直底部对齐
14 text("interaction", width/2, height/2-50);
```

运行该程序(example3_05)，比较三种对齐方式的效果，如图3-6所示。

text()函数可以设置文本的矩形显示区域，文本会根据矩形左右边界自动换行。

```
1  text(str, x1, y1, w, h);
```

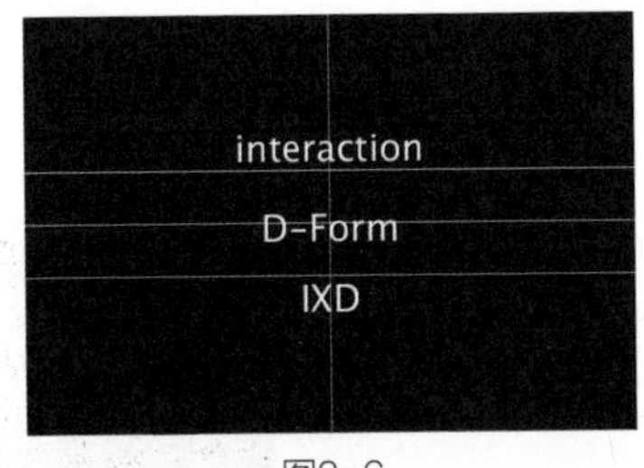

图3-6

其中，各参数的含义如下。

- str：字符。
- x1：矩形左上角x坐标。
- y1：矩形左上角y坐标。

- w：矩形宽度。
- h：矩形高度。

输入代码如下：

```
1  String str="D-Form IXD Studio human-computer interaction";
2  float x1=150, y1=100;
3  float w=320, h=220;
4  size(600, 400);
5  background(0);
6  textSize(36);
7  textAlign(CENTER);
8  text(str, x1, y1, w, h);                          //设置文本内容和显示区域
9  noFill();
10 stroke(255);
11 rect(x1, y1, w, h);                               //绘制一个参考矩形框
```

运行该程序(example3_06)，查看矩形框内的文字效果，如图3-7所示。

下面尝试修改矩形的宽度和高度，比如调整w=400，改变文字排列的样式，如图3-8所示。

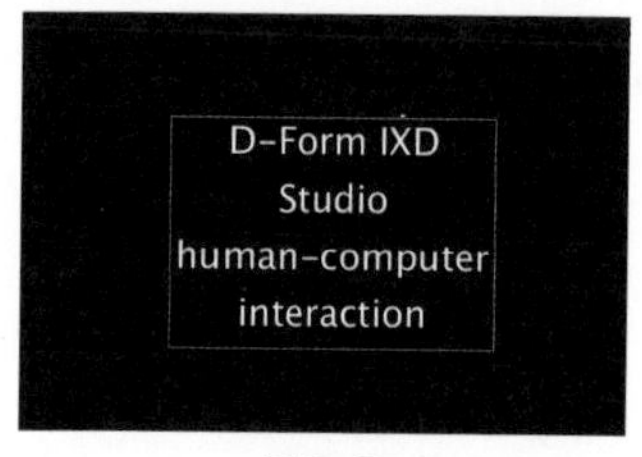

图3-7

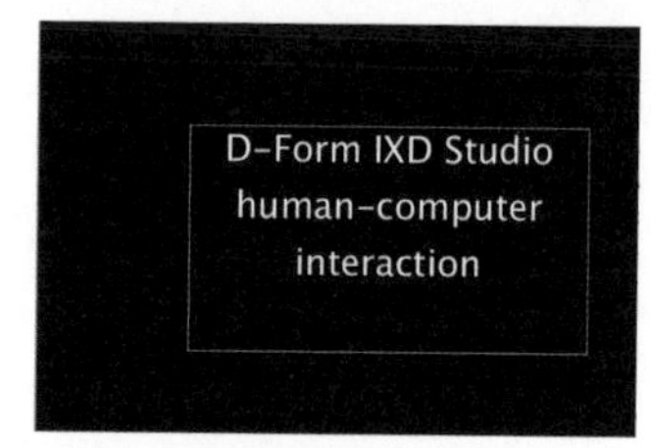

图3-8

在使用矩形边框设置文本的时候，使用textAlign()函数产生的对齐方式会略有不同。对于水平对齐，会设置为对齐到矩形的左边框、居中位置或右边框，如图3-9所示。

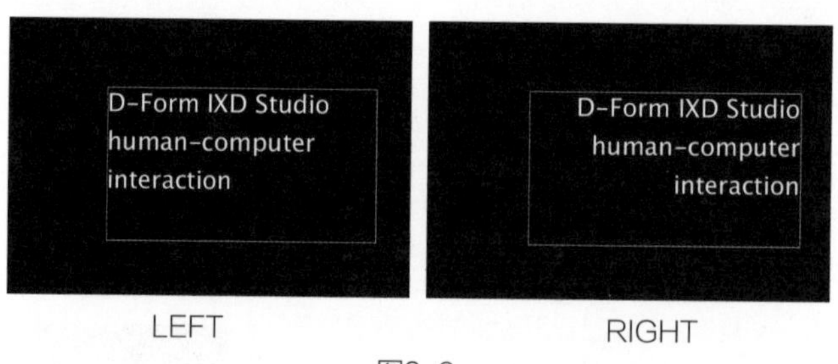

图3-9

对于垂直对齐，会设置为对齐矩形的上边框、居中位置或下边框，如图3-10所示。

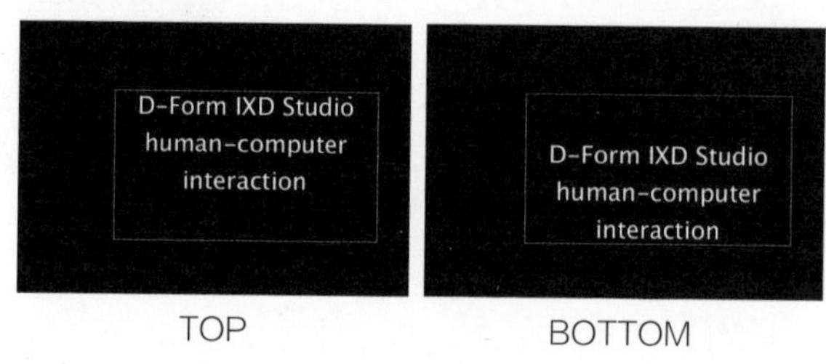

图3-10

3.2 创建字体

在Processing中用户可以设置文字的字体等属性，可以使用TrueType(.ttf)和OpenType(.otf)两种字体类型显示文字，也可以使用一种常见的位图格式VLM显示文字。

在程序调用一种字体之前，需要先加载该字体并设置为当前字体。基本操作流程如下：

01 将字体添加到data文件夹中。

02 创建一个PFont变量存储字体。

03 创建这个字体并使用createFont( )函数将字体读取给变量。

04 使用textFont()函数设置当前字体。

通过下面的程序查看如何设置自定义的字体，输入代码如下：

```
1  PFont myFont;                                //声明一个字体变量
2  void setup() {
3    size(600, 400);
4    myFont=createFont("Candara.ttf", 32);      //创建字体并初始化字体变量
5    textFont(myFont);                          //设置文字的字体
6  }
7  void draw() {
8    background(0);
9    textSize(32);
10   text("processing, we'll come!", 140, 150);
11 }
```

运行该程序(example3_07)，查看显示的文字效果，如图3-11所示。

提 示

如果要在任意一台计算机上都能加载字体，无论该字体是否已经安装，都应该将该字体文件添加到该程序的data文件夹中，如图3-12所示。

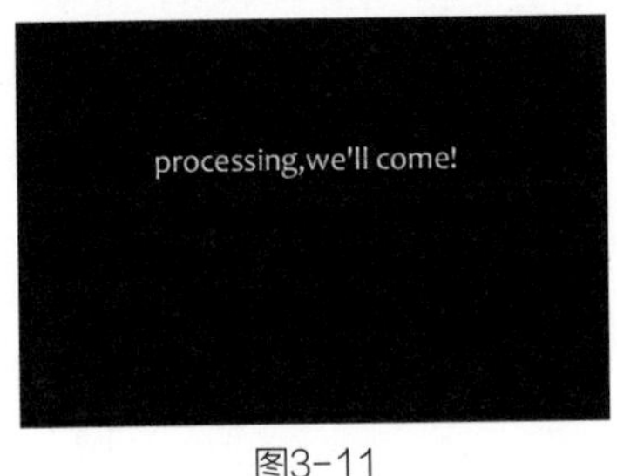

图3-11

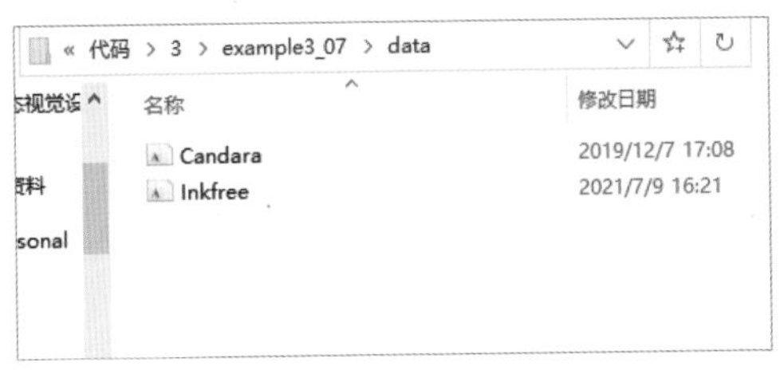

图3-12

要在程序中使用两种字体，需要创建两个PFont变量，并使用textFont()函数改变当前字体。输入代码如下：

```
1  PFont cand, ink;                             //声明两个字体变量
2  void setup() {
3    size(600, 400);
```

```
4    cand=createFont("Candara.ttf", 32);          //创建字体，初始化字体变量
5    ink=createFont("Inkfree.ttf", 24);           //创建字体，初始化字体变量
6  }
7  void draw() {
8    background(0);
9    textFont(cand);                              //设置文字字体1
10   text("processing, we'll come!", 60, 150);    //文字内容1
11   textFont(ink);                               //设置文字字体2
12   text(20220608, 60, 250);                     //文字内容2
13 }
```

运行该程序(example3_08)，查看效果，如图3-13所示。

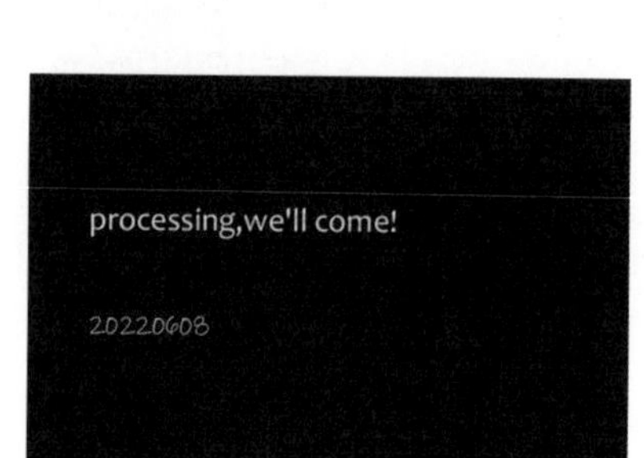

图3-13

Processing可以将字体转换成小的图像纹理，更易于使用P2D和P3D渲染。创建字体工具可以将字体保存为VLW格式，以便快速地渲染文本。

下面创建一个字体。执行菜单【工具】|【创建字体】命令，打开【创建字体】对话框，选择一个合适的字体和大小，单击【确认】按钮，创建字体并存储在data文件夹中，如图3-14所示。

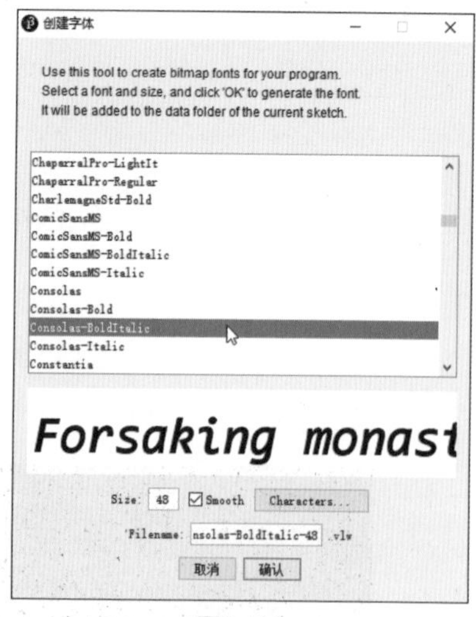

图3-14

创建字体工具提供了设置字体的大小和选择边缘是否平滑、抗锯齿的选项。

修改程序代码如下：

```
1  PFont font;          //声明一个字体变量
2  void setup() {
3    size(600, 400);
4    font=loadFont("Consolas-BoldItalic-
     48.vlw");          //加载字体，初始化字体变量
5    textFont(font);
6  }
7  void draw() {
8    background(0);
9    text("processing, we'll come!", 60, 150);
10   text("20220608", 60, 250);
11 }
```

运行该程序(example3_09)，查看文字效果，如图3-15所示。

因为没有单独设置字体的字号，在加载字体时会使用48号字，个别字符已经超出了画布。此时可以重新设置字体的字号，比如在draw()函数部分添加一句textSize(32)，即设置字号为32。运行该程序(example3_10)，查看文字效果，如图3-16所示。

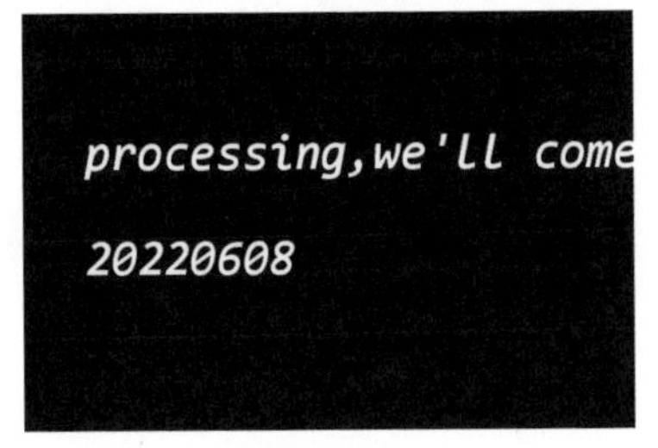

图3-15

图3-16

提示

当创建字体时，如果其尺寸和创建时的声明不同，字体图像会被缩放，因此它看起来不总是那么清晰和光滑。举例来说，如果创建一个12像素的字体，然后以96像素显示，字体就会有些模糊。

3.3 文字属性

Processing中有多个函数可以控制文本的显示效果。例如，改变文字的尺寸、行距等，函数textSize()、textLeading()的设置会影响后面所有的text()函数中的文字。但是，需要注意textSize()函数会重置文本间距，而textFont()函数会重置尺寸和间距。

textSize()函数用于设置字体的大小，以像素为单位。输入代码如下：

```
1  void setup() {
2    size(900, 600);
3  }
4  void draw() {
5    background(240, 240, 230);
6    fill(170, 0, 0);                                    //设置文字颜色为暗红色
7    textSize(12);                                       //12像素大小
8    text("interaction", 135, 275);
9    fill(0);                                            //设置文字颜色为黑色
10   textSize(456);                                      //456像素大小
11   text("IXD", 30, 400);
12   fill(250, 0, 0);                                    //设置文字颜色为红色
13   textSize(56);                                       //56像素大小
14   text("D - F O R M S T U D I O", 114, 197, 400, 300);
15 }
```

运行该程序(example3_11)，查看文字效果，如图3-17所示。

图3-17

textLeading()函数用于设置文字的行高，所谓行高是指两行文字基线之间的距离。输入代码如下：

```
1  void setup() {
2    size(900, 600);
3  }
4  void draw() {
5    background(240, 240, 230);
6    textAlign(LEFT, TOP);
7    fill(170, 0, 0);
8    textSize(12);
9    text("interaction", 192, 238);
10   fill(0);
11   textSize(456);
12   text("IXD", 30, 0);
13   int leading=110;
14   fill(250, 0, 0);
15   textSize(56);
16   textLeading(leading);
17   text("D - F O R M \n S T U D I O\n 2022", 0, 0);        //"\n"为换行符
18   line(0, textAscent(), width, textAscent());
19   line(0, textAscent()+leading, width, textAscent()+leading);
20   line(0, textAscent()+leading*2, width, textAscent()+leading*2);
21 }
```

运行该程序(example3_12)，查看文字效果，如图3-18所示。

图3-18

另外，可以设置文本属性的函数如下。

- textWidth()函数：用于计算字符串显示为文本的像素宽度。
- textAscent()函数：用于返回字体上伸线到基线的距离。
- textDescent()函数：用于返回字体下行线到基线的距离。

输入代码如下：

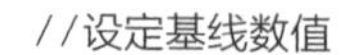

```
1 size(900, 600);
2 int base=100;                                  //设定基线数值
3 textSize(60);
4 text("d-form\nstudio", 0, base);               //两行字符
5 float w=textWidth("d-form");                   //字符d-form的宽度
6 line(w, 0, w, height);
7 line(0, base, width, base);
8 line(0, base-textAscent(), width, base-
  textAscent());
```

运行该程序(example3_13)，查看文字效果，如图3-19所示。

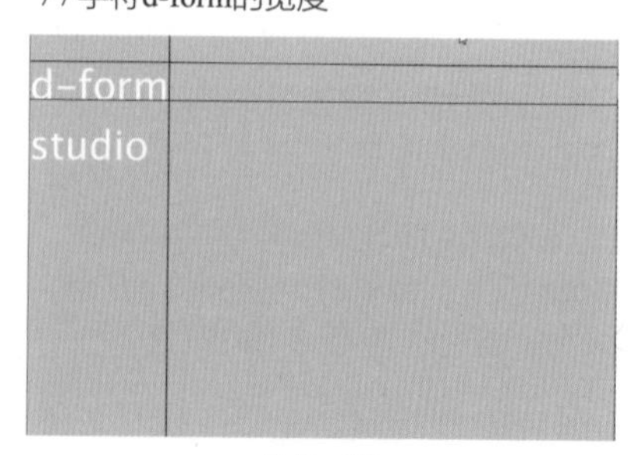

图3-19

下面确定文字所能占据的区域大小，输入代码如下：

```
size(400, 240);
int base=100;                                        //设定基线数值
float scalar=0.8;
fill(0);
textSize(40);
text("p-ido", 0, base);
float w=textWidth("p-ido");                          //字符p-ido的宽度
line(w, 0, w, height);
line(0, base, width, base);
line(0, base-textAscent()*scalar, width, base-textAscent()*scalar);
line(0, base+textDescent()*scalar, width, base+textDescent()*scalar);
fill(255, 0, 0, 60);
rect(0, base-textAscent()*scalar, w, textDescent()*scalar+textAscent()*scalar);
```

运行该程序(example3_14)，查看文字效果，如图3-20所示。

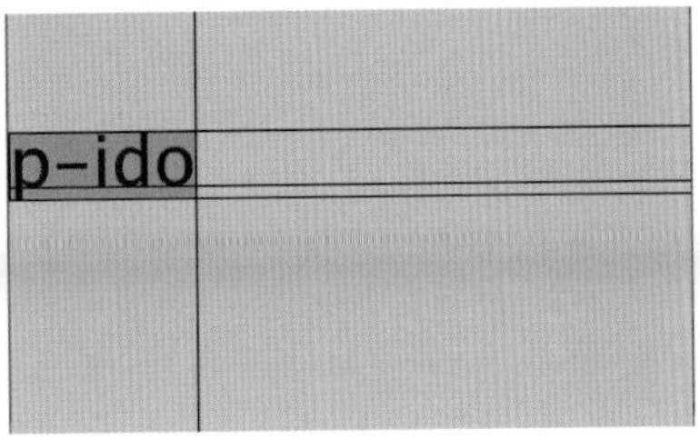

p-ido

图3-20

3.4 文字排列

多行文字的排列不仅需要考虑对齐方式、行距、字距等属性，还要考虑如何控制换行的问题。一般情况下可以用矩形文本框来换行。

```
PFont myfont1, myfont2;    //声明字体变量
//将所有中文内容放置于字符串中
String str="创意编程能做什么?任何你想象交互的图形和互动装置。跟随老王这本书，尽管玩就是!图形、文字、图案、立构、粒子、流体、随机、体感、交互、版式、GUI、动画、数据可视、动态视觉、实时笔触、生成艺术。";
void setup() {
  size(600, 400);
  myfont1=createFont("STLITI.TTF", 24);          //初始化字体变量
  myfont2=createFont("Inkfree.ttf", 24);         //初始化字体变量
}
void draw() {
  background(0);
  fill(255);
  textAlign(LEFT);                               //设置文字为左对齐方式
  textFont(myfont1);                             //设置文字字体
  text(str, 100, 50, 400, 200);                  //设置文本框的位置和大小
  textFont(myfont2);
  text("20220808", 218, 308);
  noFill();
  stroke(200);
  rect(100, 50, 400, 200);                       //绘制参考矩形
}
```

运行该程序(example3_15)，查看文字效果，如图3-21所示。

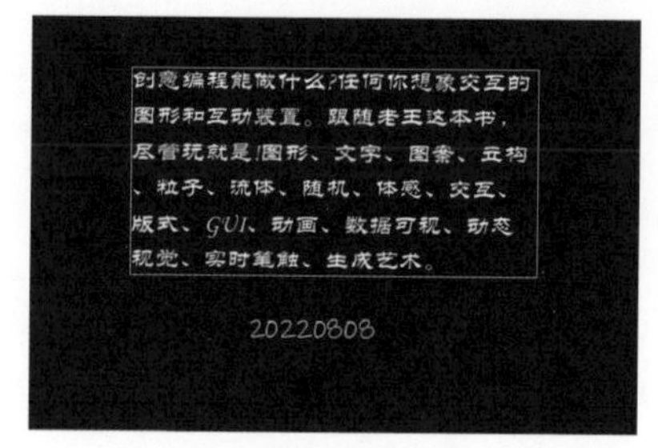

图3-21

用户可以使用换行符(\n)手动断开字符串以完成换行。比如可以重新设置断句换行，修改代码如下：

```
1  PFont myfont1, myfont2;                              //声明字体变量
2  //在字符串中添加换行符\n
3  String str="创意编程能做什么?\n任何你想象交互的图形和互动装置。\n跟随老王这本书，尽管
   玩就是!\n图形、文字、图案、立构、粒子、流体、随机、\n体感、交互、版式、GUI、动画、数据可
   视、\n动态视觉、实时笔触、生成艺术。";
4  void setup() {
5    size(600, 400);
6    myfont1=createFont("STLITI.TTF", 24);             //初始化字体变量
7    myfont2=createFont("Inkfree.ttf", 24);            //初始化字体变量
8  }
9  void draw() {
10   background(0);
11   fill(255);
12   textAlign(LEFT);                                  //设置文字为左对齐方式
13   textFont(myfont1);                                //设置文字字体
14   text(str, 100, 50);                               //设置文本左上角坐标
15   textFont(myfont2);
16   text("20220808", 218, 308);
17   noFill();
18   stroke(200);
19   rect(100, 50, 400, 200);                          //绘制参考矩形
20 }
```

运行该程序(example3_16)，查看文字排列效果，如图3-22所示。

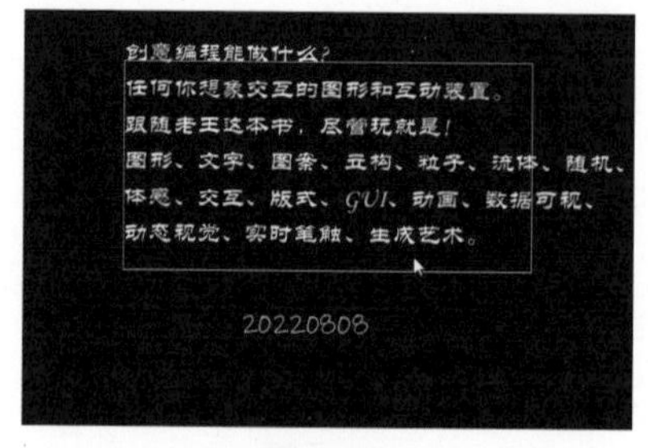

图3-22

修改其中一部分代码，使文字和矩形的排列更好看一些。修改代码如下：

```
1  ......
2   text(str, 50, 50);                  //设置文本左上角坐标
3   textFont(myfont2);
4   text("20220808", 218, 308);
5   noFill();
6   stroke(200);
7   rect(43, 60, 514, 182);             //绘制参考矩形
8  ......
```

运行该程序(example3_17)，查看文字重新排列的效果，如图3-23所示。

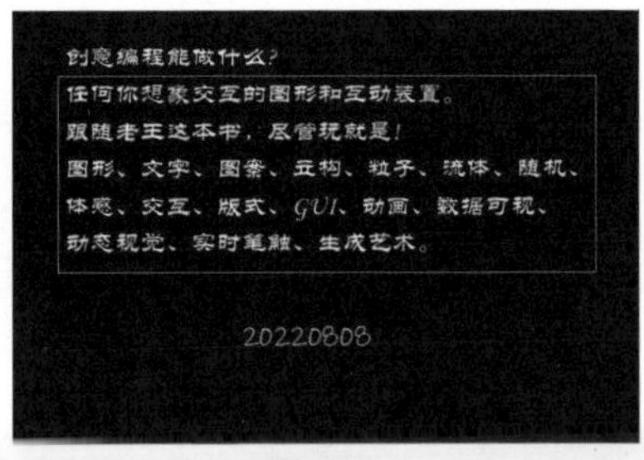

图3-23

接下来学习如何将文字围绕环形进行排列显示，其实就是根据每个字在圆上的角度和位置，逐个绘制文字，技术重点是平移函数可以很容易地将坐标系移动到每个文字绘制的位置和角度。

首先创建一行画布中心分布的文字，输入代码如下：

```
1  PFont myfont;
2  String str="创意编程能做什么?任何你想象的交互图形和互动装置。";
3  void setup() {
4   size(800, 800);
5   myfont=createFont("STLITI.TTF", 24);
6  }
7  void draw() {
8   background(0);
9   //在画布中央绘制一行文字
10  fill(255);
11  textAlign(CENTER);
12  textFont(myfont);
13  text(str, width/2, height/2);
14 }
```

运行该程序(example3_18_1)，查看文字效果，如图3-24所示。

图3-24

接下来改变每个字符的位置和角度，在draw()函数部分修改代码如下：

```
1  void draw() {
2   background(0);
3   //绘制一个直径为500的参考圆形
4   float diameter=500;
5   noFill();
6   stroke(0, 160, 160);
7   circle(width/2, height/2, diameter);
```

```
8    //在画布中央绘制一行文字
9    fill(255);
10   textAlign(CENTER);
11   textFont(myfont);
12   text(str, width/2, height/2);
13   //每个字符旋转角度匹配圆形路径
14   float angle=150;                          //文字起始的角度
15   for(int i=0; i<str.length(); i++) {      //按照字符串中的字符数进行循环
16     push();
17     translate(width/2, height/2);           //字符坐标原点平移到画布中心
18     rotate(radians(angle));                 //旋转字符
19     translate(diameter/2, 0);               //坐标系平移到圆周上
20     rotate(PI/2);                           //坐标系旋转90°，即圆周的切线方向
21     text(str.charAt(i), 0, 0);              //按字符显示
22     pop();
23     angle+=10;                              //字符旋转的角度递增
24   }
25 }
```

运行该程序(example3_18)，查看环形分布的文字效果，如图3-25所示。

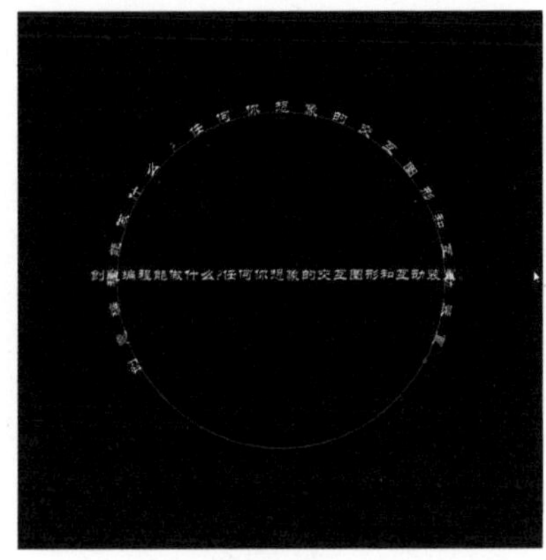

图3-25

下面继续完善文字的排列，将更多的文字围绕在下半圈。修改代码如下：

```
1  PFont myfont;                  //声明字体变量
2  //定义两个字符串内容
3  String str="创意编程能做什么?任何你想象的交互图
   形和互动装置。";
4  String str2="图形、文字、图案、立构、粒子、流
   体、随机、体感、交互、版式、GUI、动画、数据可视、
   动态视觉、实时笔触、生成艺术。";
5  void setup() {
6    size(800, 800);
7    myfont=createFont("STLITI.TTF", 24);
8  }
9  void draw() {
10   background(0);
11   float diameter=500;
12   noFill();
13   stroke(0, 160, 160);
14   circle(width/2, height/2, diameter);
15   fill(255);
16   textAlign(CENTER);
17   textFont(myfont);
18   //text(str, width/2, height/2);
19   float angle=150;
20   for(int i=0; i<str.length(); i++) {
21     push();
```

```
22      translate(width/2, height/2);  //坐标系移动到画布中心
23      rotate(radians(angle));         //坐标系旋转到开始角度
24      translate(diameter/2, 0);       //坐标系移动到圆周上
25      rotate(PI/2);                   //坐标系旋转90º，即圆周的切线方向
26      text(str.charAt(i), 0, 0);      //绘制第i个字符
27      pop();
28      angle+=10;
29    }
30    textSize(16);
31    float angle2=-20;
32    for(int i=0; i<str2.length(); i++) {
33      push();
34      translate(width/2, height/2);  //坐标系移动到画布中心
35      rotate(radians(angle2));        //坐标系旋转到开始角度
36      translate(diameter/2+30, 0);    //坐标系移动到圆周上
37      rotate(PI/2);                   //坐标系旋转90º，即圆周的切线方向
38      text(str2.charAt(i), 0, 0);     //绘制第i个字符
39      pop();
40      angle2+=4;
41    }
42  }
```

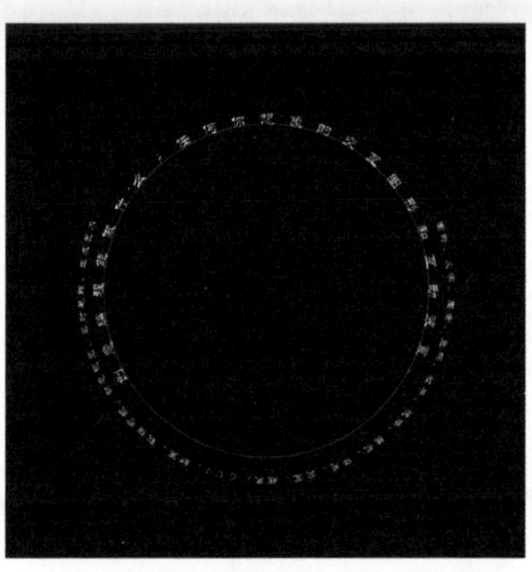

图3-26

运行该程序(example3_19)，查看两圈环形分布的文字效果，如图3-26所示。

在版式设计中经常需要文字沿着一条曲线进行排列，这个与环形排列的操作方法相近。修改代码如下:

```
1   PFont myfont;
2   String str="创意编程能做什么?任何你想象的交互图
    形和互动装置。";
3   float t;
4   int num=str.length();                                    //指定字符的个数
5   float [ ]x=new float[num];                               //创建字符x坐标的数组
6   float [ ]y=new float[num];                               //创建字符y坐标的数组
7   void setup() {
8     size(800, 480);
9     myfont=createFont("STLITI.TTF", 24);
10    textAlign(CENTER);
11    textFont(myfont);
12    noFill();
13  }
14  void draw() {
15    background(#00B272);                                   //设置绿色背景
16    bezier(70, 300, 300, -200, 450, 560, 710, 200);       //绘制曲线
17    for(int i=0; i<num; i++) {
18      x[i]=bezierPoint(70, 300, 450, 710, t);              //曲线上点的x坐标
```

```
19      y[i]=bezierPoint(300, -200, 560, 200, t);          //曲线上点的y坐标
20      pushMatrix();
21      translate(x[i], y[i]);                              //坐标原点移动到曲线上的位置
22      text(str.charAt(i), 0, 0);                          //分别显示字符
23      t=i*0.04;
24      popMatrix();
25    }
26  }
```

运行该程序(example3_20_1)，查看文字沿曲线排列的效果，如图3-27所示。

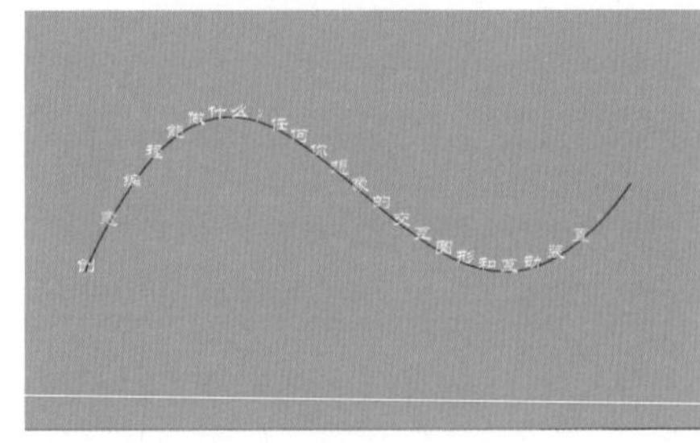

图3-27

3.5 版式设计实战

文字的主要功能是向受众传达设计者的意图和各种信息，要达到这一目的必须考虑文字的整体诉求效果，给人清晰的视觉印象。因此，设计中的文字应避免繁杂凌乱，使人易认、易懂，能够更有效地传达设计者的意图，表达设计主题。

3.5.1 文字沿曲线逐个显示

本小节接着上面的练习，将每个字符的角度进行调整，垂直于曲线，修改for循环的内容，应用 bezierTangent()函数、atan2()函数计算曲线上点的切线角度。修改代码如下：

```
1   for(int i=0; i<num; i++) {
2     x[i]=bezierPoint(70, 300, 450, 710, t);             //曲线上点的x坐标
3     y[i]=bezierPoint(300, -200, 560, 200, t);           //曲线上点的y坐标
4     float tx=bezierTangent(100, 300, 450, 600, t);      //求出切线方向x分量
5     float ty=bezierTangent(200, -200, 500, 200, t);     //求出切线方向y分量
6     float radian=atan2(ty, tx);                          //根据切线方向分量求出角度
7     pushMatrix();
8     translate(x[i], y[i]);                               //坐标原点移动到曲线上的位置
9     rotate(radian);                                      //坐标系旋转
10    text(str.charAt(i), 0, 0);                           //分别显示字符
11    t=i*0.04;
12    popMatrix();
13  }
```

运行该程序(example3_20)，查看文字沿曲线垂直排列的效果，如图3-28所示。

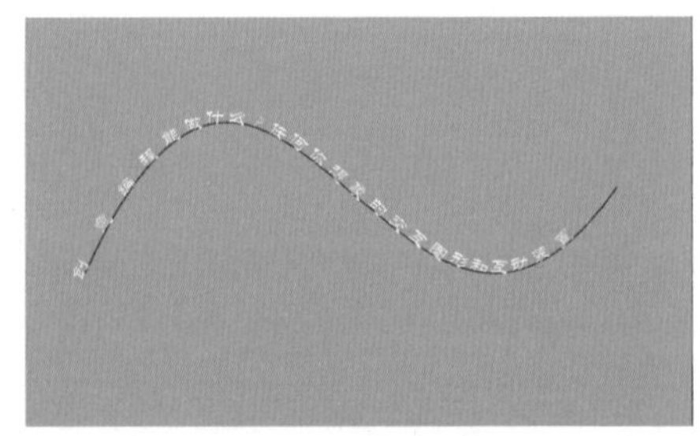

图3-28

接下来创建字符逐个显示的动画，其实很简单，只需要通过变量t设置曲线上点坐标的变化，字符按照时间显示出来。修改代码如下：

```
1   PFont myfont;
2   String str="创意编程能做什么?任何你想象的交互图形和互动装置。";
3   float t;
4   int num=str.length();                                  //指定字符的个数
```

```
5  void setup() {
6    size(800, 480);
7    background(#00B272);                                   //设置绿色背景
8    myfont=createFont("STLITI.TTF", 24);
9    textAlign(CENTER);
10   textFont(myfont);
11   noFill();
12 }
13 void draw() {
14   bezier(70, 300, 300, -200, 450, 560, 710, 200);      //设置曲线参数
15   float x=bezierPoint(70, 300, 450, 710, t);            //曲线上点的x坐标
16   float y=bezierPoint(300, -200, 560, 200, t);          //曲线上点的y坐标
17   float tx=bezierTangent(100, 300, 450, 600, t);        //求出切线方向x分量
18   float ty=bezierTangent(200, -200, 500, 200, t);       //求出切线方向y分量
19   float radian=atan2(ty, tx);                            //根据切线方向分量求出角度
20   translate(x, y);                                       //坐标原点移动到曲线上的位置
21   rotate(radian);                                        //坐标系旋转
22   text(str.charAt(int(t*(num-1))), 0, 0);               //分别显示字符
23   if (t<1) {
24     t+=0.04;
25   }
26 }
```

运行该程序(example3_21)，查看文字动画效果，如图3-29所示。

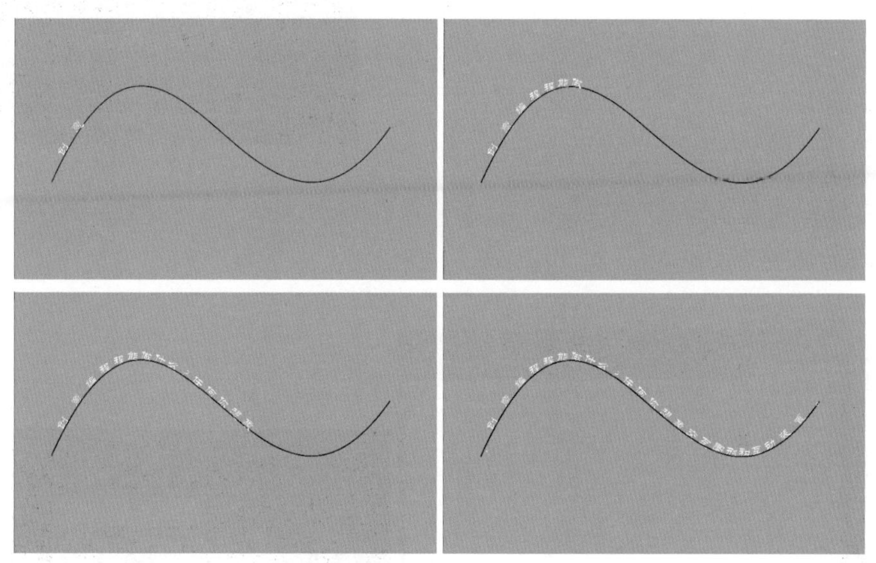

图3-29

3.5.2 文字信息指示

在交互设计中经常会遇到多种多样的文字信息提示样式，本例不仅讲解版式设计的方法，还进一步用代码完成交互和动画效果。

首先将图形、色块等元素排列好，输入代码如下：

```
void setup() {
  size(900, 600);
}
void draw() {
  background(0);
  noStroke();
  fill(0, 170, 160);
  rect(450, 160, 352, 60);
  fill(240);
  circle(150, 500, 20);
  noFill();
  stroke(240);
  strokeWeight(3);
  circle(150, 500, 40);
  line(150, 500, 300, 300);
  rect(300, 220, 500, 80);
}
```

运行该程序(example3_22_1)，查看效果，如图3-30所示。

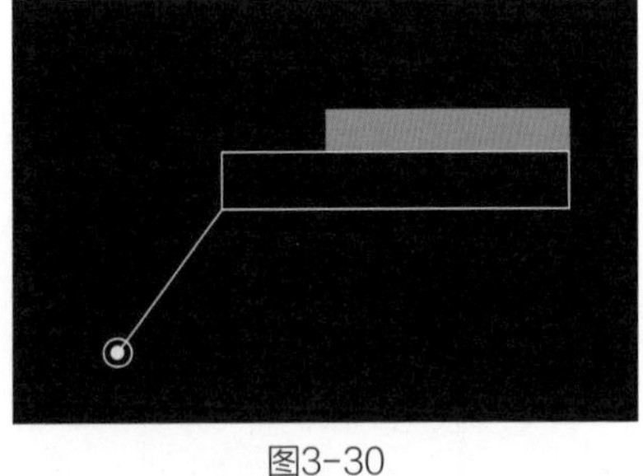

图3-30

在draw()函数的代码部分添加文字内容如下：

```
textSize(68);
text("D-Form Studio", 300, 290);
textSize(28);
text("INTERACTION DESIGN", 480, 209);
```

为了更好地排列文字，执行菜单【速写本】|【调整】命令，直接调整文字的大小和位置，并保存程序代码(example3_22_2)，如图3-31所示。

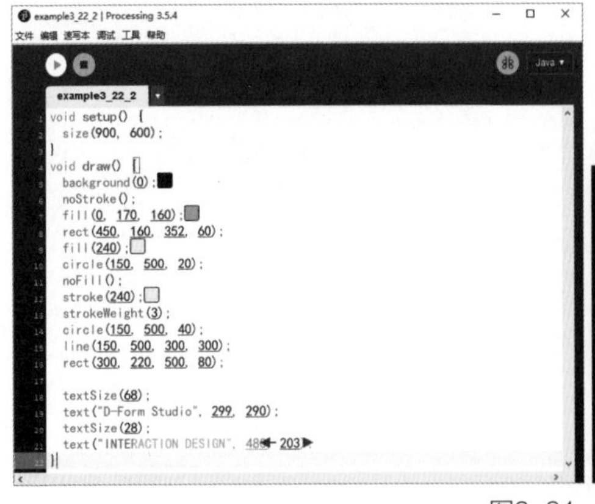

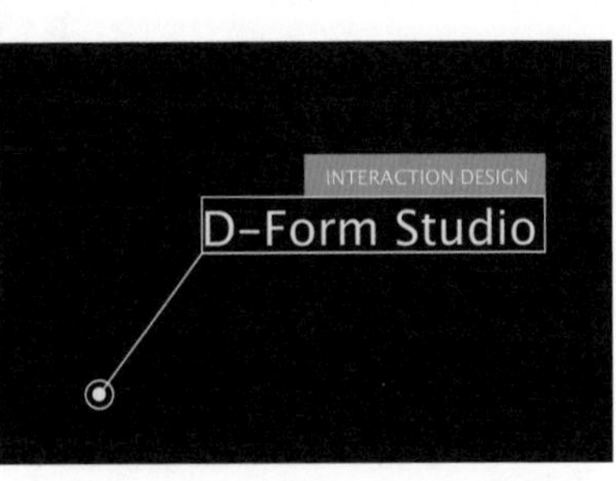

图3-31

接下来创建一个鼠标单击的交互效果，初始状态下文字是不显示的，当单击屏幕时才出现文字，而且左下角白色的圆点呈现红色。

在代码的开头先定义两个文字的横坐标变量。

```
1 float text_x1, text_x2;
```

将原来文字的坐标改为两个横坐标变量，修改代码如下：

```
1 textSize(68);
2 text("D-Form Studio", text_x1, 290);
3 textSize(28);
4 text("INTERACTION DESIGN", text_x2, 209);
```

通过if语句控制鼠标单击或不单击时文字横坐标的数值，输入代码如下：

```
1  if (mousePressed==true) {
2    text_x1=302;
3    text_x2=480;
4    //绘制红色圆点
5    noStroke();
6    fill(240, 0, 0);
7    circle(150, 500, 20);
8  }else {
9    text_x1=1000;                //文字在画布外面
10   text_x2=1000;                //文字在画布外面
11 }
```

运行该程序(example3_22_3)，查看交互效果，如图3-32所示。

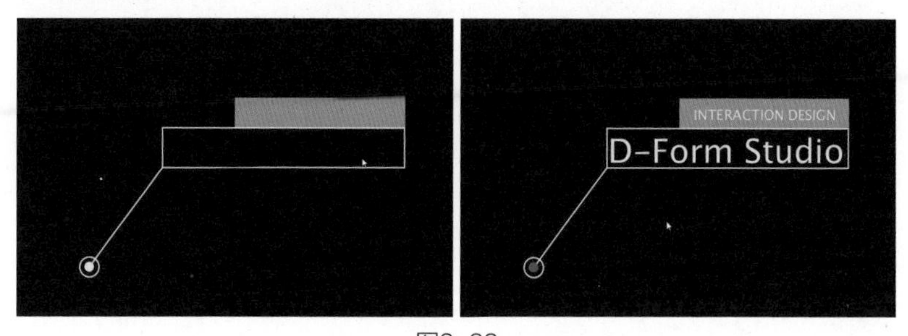

图3-32

当然也可以换一种文字出现的方式，比如当鼠标单击时，文字从画布右侧滑过来到矩形框的位置。

首先声明一个速度变量，如下：

```
1 float speed;
```

修改条件语句的内容，修改代码如下：

```
1 if (mousePressed==true) {
2   text_x1-=speed;             //文字横坐标的变化速度
3   text_x2=text_x1+160;
```

```
4      if (text_x1<=302) {          //限定文字横向滑动停止的位置
5        speed=0;
6      }else {
7        speed=5;
8      }
9      noStroke();
10     fill(240, 0, 0);
11     circle(150, 500, 20);
12   }else {
13     text_x1=1000;
14     text_x2=1000;
15   }
```

运行该程序(example3_22)，查看交互和文字动画效果，如图3-33所示。

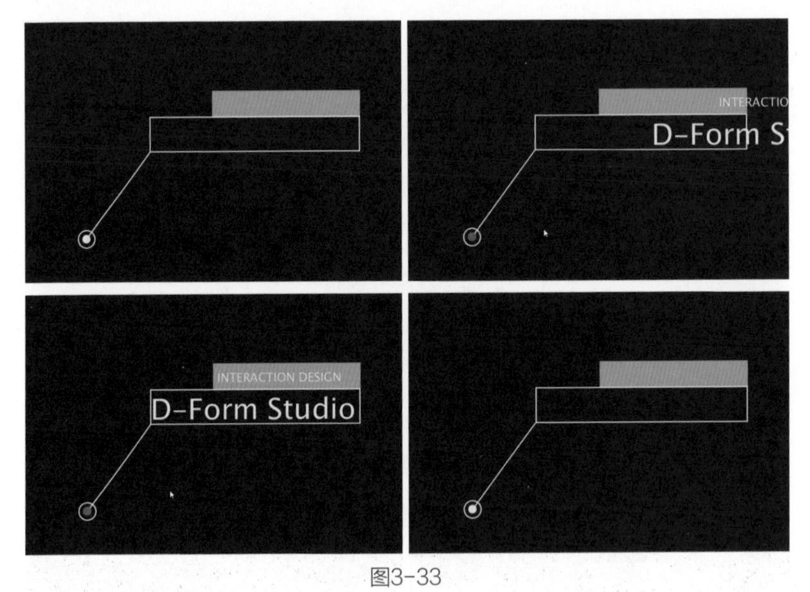

图3-33

3.5.3 动态文字海报

本例主要运用大小、颜色不同的文字和背景图案制作海报作品，同样也完成动态效果的设计。

首先绘制斜条状背景，输入代码如下：

```
1  color c=color(230, 110, 130);
2  void setup() {
3    size(900, 600);
4    rectMode(CENTER);
5  }
6  void draw() {
7    background(0);
8    drawrect();                    //执行绘制矩形斜条函数
9  }
```

```
10 //创建绘制矩形斜条函数
11 void drawrect() {
12   noStroke();
13   for(int i=0; i<12; i++) {
14     push();
15     fill(c);
16     translate(i*150-300, height/2);
17     rotate(PI/4);
18     rect(0, 0, 50, height*1.5);
19     pop();
20   }
21 }
```

运行该程序(example3_23_1)，查看条纹背景效果，如图3-34所示。

图3-34

接下来要编排文字。创建和定义字体变量，并创建字符串内容。输入代码如下：

```
1 PFont myfont1, myfont2;
2 color c=color(230, 110, 130);
3 String mytext="图形、文字、图案、立构、粒子、流
  体、随机、体感、交互、版式、GUI、动画、数据可视、动
  态视觉、实时笔触、生成艺术。";
4 void setup() {
5   size(900, 600);
6   rectMode(CENTER);
7   myfont1=createFont("AdobeGothicStd-Bold.otf", 24);
8   myfont2=createFont("STXINWEI.TTF", 24);
9   textAlign(CENTER, CENTER);
10 }
```

创建一个绘制文字的函数，代码如下：

```
1 //绘制主体文字
2 void drawtext() {
3   textFont(myfont1);
4   textSize(340);
5   fill(c);
6   text("I X D", width/2+10, height/2-40);      //底层文字
7   fill(0, 40);
8   text("I X D", width/2+10, height/2-40);      //文字阴影
9   fill(240);
10  text("I X D", width/2, height/2-50);         //顶层白色文字
11  textFont(myfont2);
12  textSize(12);
13  text(mytext, 191, 465, 174, 99);
14 }
```

在draw()函数中添加执行绘制文字的代码如下：

```
void draw() {
  background(0);
  drawrect();
  drawtext();
}
```

运行该程序(example3_23_2)，查看图文编排效果，如图3-35所示。

图3-35

完成文字排列和背景图案的设计，为了增加一些活泼性，再绘制一些随机位置的装饰圆形。

定义三个变量，代码如下：

```
float w, h, r;
```

对这三个变量进行初始化，代码如下：

```
w=random(width);
h=random(height);
r=random(40, 50);
```

创建一个绘制装饰圆形的函数，代码如下：

```
//绘制装饰圆形
void smallcircle() {
  noFill();
  stroke(245, 40, 20);
  strokeWeight(12);
  circle(w, h, r);
  fill(245, 40, 20);
  circle(w, h, r/5);
}
```

再添加一个执行该函数的语句，就可以显示随机的圆形了，修改代码如下：

```
void draw() {
  background(0);
  drawrect();
  drawtext();
  smallcircle();
}
```

运行该程序(example3_23_3)，查看海报效果，如图3-36所示。

图3-36

由于装饰圆形的位置、大小都具有随机性，每次运行都会不一样。用户可以添加鼠标交互的语句，单击鼠标就重新设置和绘制一遍，装饰性圆形就会随机出现。

不过因为加载字体的原因，首先要对setup()函数部分有所修改，并添加settings()函数。修改代码如下：

```
1  public void settings() {
2    size(900, 600);
3    w=random(width);
4    h=random(height);
5    r=random(40, 50);
6  }
7  void setup() {
8    rectMode(CENTER);
9    myfont1=createFont("AdobeGothicStd-Bold.otf", 24);
10   myfont2=createFont("STXINWEI.TTF", 24);
11   textAlign(CENTER, CENTER);
12 }
```

添加鼠标单击函数，代码如下：

```
1  void mouseClicked() {
2    settings();
3  }
```

运行该程序(example3_23_4)，并在画布范围内单击鼠标，查看动态海报的效果，如图3-37所示。

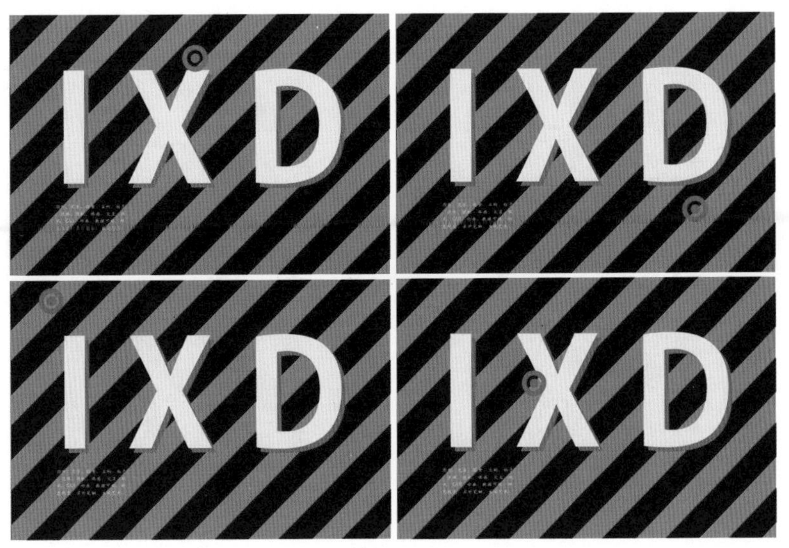

图3-37

添加一些装饰性的小方块，创建一个绘制小方块的函数，代码如下：

```
1  //绘制装饰小方块阵列
2  void smallrect(float x, float y, float opc, float scal) {
3    for(int i=0; i<10; i++) {
4      for(int j=0; j<8; j++) {
5        push();
6        translate(x, y);
```

```
7         scale(scal);
8         push();
9         fill(240, opc);
10        translate(i*20, j*20);
11        square(0, 0, 10);
12        pop();
13        pop();
14      }
15    }
16  }
```

在draw()函数部分添加执行函数的语句，修改代码如下：

```
1  void draw() {
2    background(0);
3    drawrect();
4    drawtext();
5    smallrect(width-w/10, -37, 60, 0.8);
6    smallrect(width/2-w/10, height-h/5, 100, 0.4);
7    smallcircle();
8  }
```

运行该程序(example3_23)，查看最后的动态海报效果，如图3-38所示。

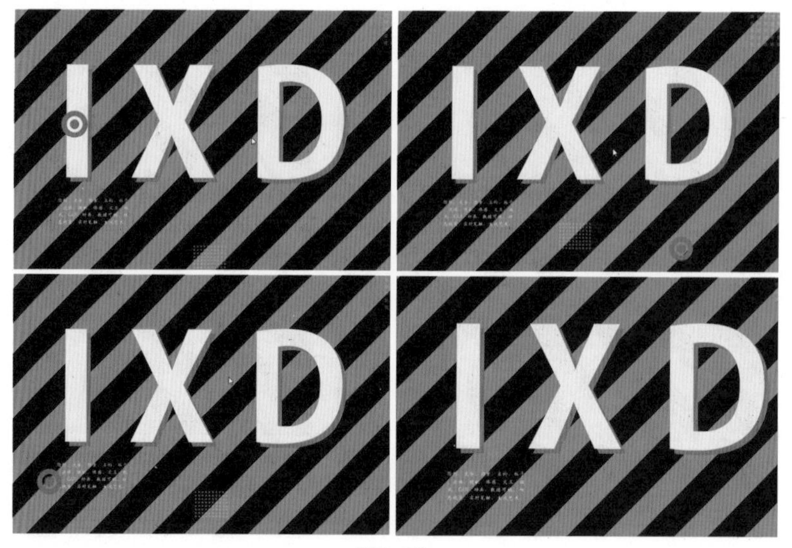

图3-38

3.5.4 阵列文字效果

本例主要运用循环方法排列多个文字，并对文字的颜色、大小、行距等属性进行控制，呈现透视感极强的阵列效果。

```
1  float lineheight=0.8;                    //行高变量
2  float s=0;                               //字体尺寸变量
3  float y=0;                               //文字y轴位置变量
```

```
4  int n=1;                                  //文字行数变量
5  void setup() {
6    size(800, 600);
7    background(255);
8    s=width/4;
9    textAlign(LEFT, TOP);                   //文字对齐方式
10 }
11 void draw() {
12   fill(0);
13   stroke(0);
14   textSize(s/n);                          //文字大小随位置变化
15   for(int i=0; i<n; i++) {
16     text("D-FORM", width/n*i, y);         //文字重复次数随位置变化
17   }
18   y+=s/n*lineheight;
19   n++;
20 }
```

运行该程序(example3_24_1)，查看效果，如图3-39所示。

接下来调整文字的颜色和透明度。

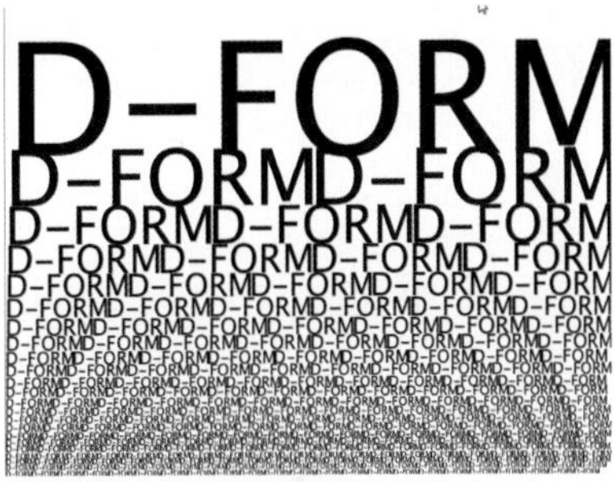

图3-39

```
1  //定义一个颜色变量
2  int col;
```

在draw()函数部分修改代码如下：

```
1  void draw() {
2    fill(col, (255-col)/2, col, 255-col);
3    stroke(0);
4    textSize(s/n);
5    for(int i=0; i<n; i++) {
6      text("D-FORM", width/n*i, y);
7    }
8    y+=s/n*lineheight;
9    col=int(y/3);                           //颜色值随文字位置变化
10   n++;
11 }
```

运行该程序(example3_24_2)，查看文字阵列的效果，如图3-40所示。

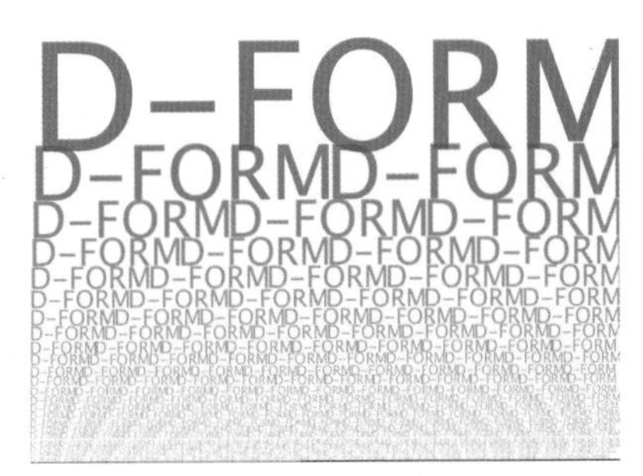

图3-40

用户可以尝试调整变量lineheight的数值，对比效果，如图3-41所示。

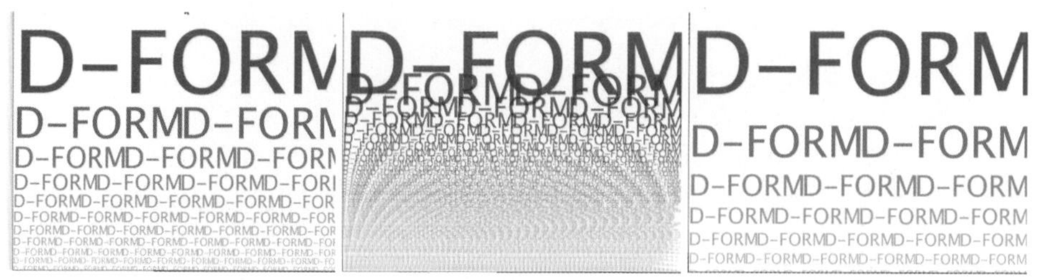

lineheight=1.0　　lineheight=0.6　　lineheight=1.2

图3-41

用户也可以改变s=width/6，或者s=width/3，或者s=width/5，对比效果，如图3-42所示。

图3-42

3.6 本章小结

本章详细讲解了关于文字属性、对齐方式及排版样式的程序编码规范，通过不同文字的颜色、大小、位置和排列，构建文字动画、动态海报及文字特效，为后面的创意海报设计奠定了基础。

第4章

色彩运用

色彩在人类日常生活与艺术设计作品中随处可见，它可以使人的心理产生不同的变化，得到美的享受。

色彩是客观世界真实存在的，本身并没有什么感情成分，但由于人的社会活动与之发生联系，随着人心理活动的参与，色彩对人的思维、感情产生了一定的影响。在这种交替往复中，起到不断再认识和心理调节的作用。人的视觉对色彩最为敏感。如果设计中色彩处理得很好，可以锦上添花，达到事半功倍的效果。总之，色彩运用是一种手段，又是一门艺术。

4.1 色彩模式

自然界中大多数的颜色可以通过红、绿、蓝三色按照不同的比例混合产生，这就是人们常说的三原色原理。对于计算机、手机和电视机屏幕而言，画面由红、绿、蓝三种发光的颜色小点组成，由这三原色按照不同比例和强弱混合，从而产生各种色彩的变化。红、绿、蓝作为三原色是相互独立的，任何一种原色都不能由其他两种颜色混合产生。红、绿、蓝三原色按照不同的比例相加合成混色称为相加混色。例如，红色+绿色=黄色，绿色+蓝色=青色，红色+蓝色=紫色，红色+绿色+蓝色=白色，如图4-1所示。

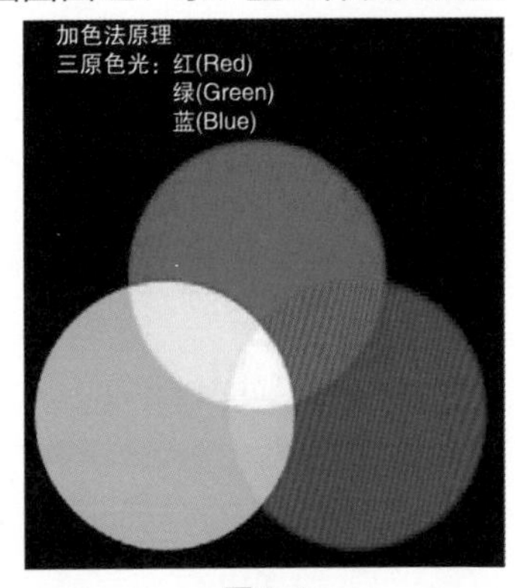

图4-1

RGB色彩模式由红色(Red)、绿色(Green)和蓝色(Blue)三个基本颜色通道构成，每个颜色通道上可以负载2^8(256)种亮度级别，这样三种颜色通道合在一起就可以产生256^3(1670多万)种颜色，它在理论上可以还原自然界中存在的任何颜色，如图4-2所示。

尽管世界上的色彩千变万化，各不相同，但是任何一种色彩都有色相、饱和度和明度三方面的属性，即任何一种色彩都有其特定的色相、饱和度和明度，称为色彩的三要素。HSB色彩模式就是由色相(Hue)、饱和度(Saturation)和明度(Brightness)表示的色彩模式。色相表示色彩的相貌，例如红、黄、蓝等颜色，用0～360表示不同色相的颜色；饱和度是指颜色的纯度或者是色彩的鲜艳程度，用0～100表示不同程度的纯度，值越高，纯度越高；明度是指颜色的明暗程度或者颜色的深浅，用0～100表示颜色不同程度的明度，值越高，明度越高。

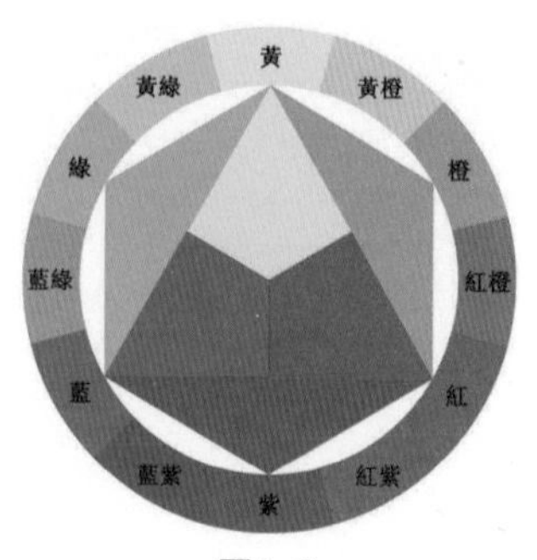

图4-2

Processing支持RGB模式和HSB模式两种色彩模式。在Processing中可以通过colorMode()函数，指定RGB常量或者HSB常量设置色彩模式，默认为RGB模式。

在RGB模式下，如果指定颜色分量为一个数值，比如：

```
1  fill(50);
```

即灰度值为50，代表暗灰色。

如果指定颜色分量为两个数值，比如：

```
1  fill(50, 100);
```

即灰度值为50，透明通道值为100，即半透明的暗灰色，如图4-3所示。

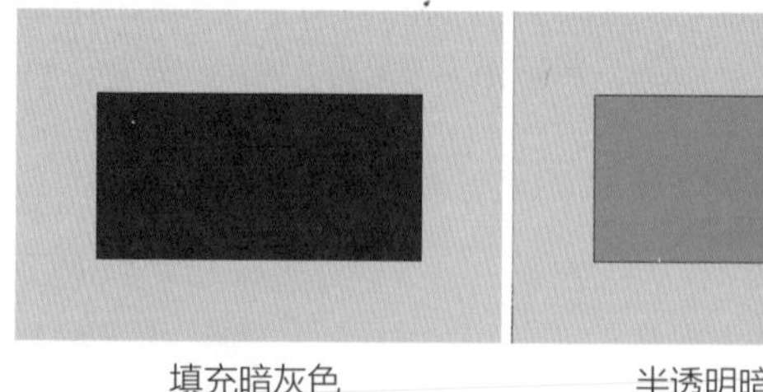

图4-3

如果指定颜色分量为三个数值，比如：

```
1  fill(150, 40, 180);
```

即红色150、绿色40和蓝色180，填充颜色为紫色。

如果指定颜色分量为四个数值，比如：

```
1  fill(150, 40, 180, 120);
```

即红色150、绿色40和蓝色180，透明通道值为120，即填充半透明的紫色，如图4-4所示。

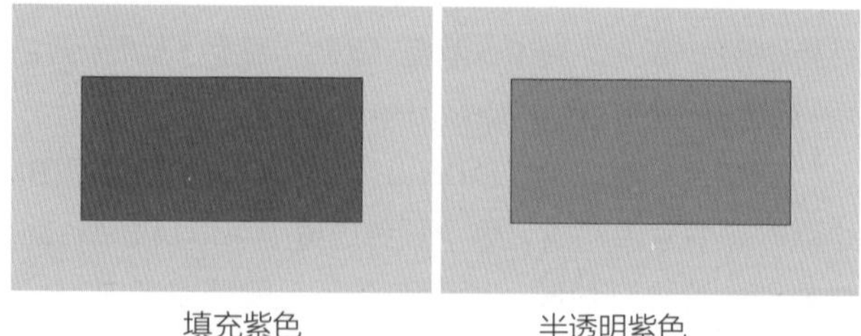

图4-4

Processing提供了一个非常方便的颜色工具——颜色选择器，执行菜单【工具】|【颜色选择器】命令，即可打开Color Selector(颜色选择器)对话框，如图4-5所示。

在该对话框中可根据需要选择颜色，在右边文本框中可以设置颜色值，其中包括常用的HSB和RGB模式，以及16进制颜色值。

如果要选择灰度值，将鼠标光标移至颜色选择区域的最左边，也就是S(饱和度)为0的时候，上下拖曳光标，就选取了灰度值，并且R、G、B的三个值是一致的，如图4-6所示。

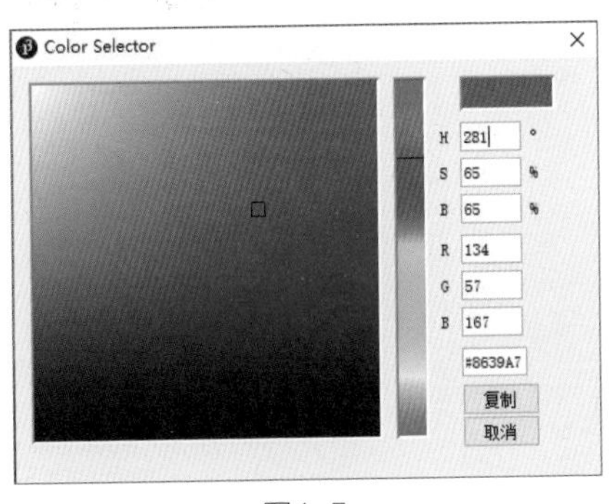

图4-5

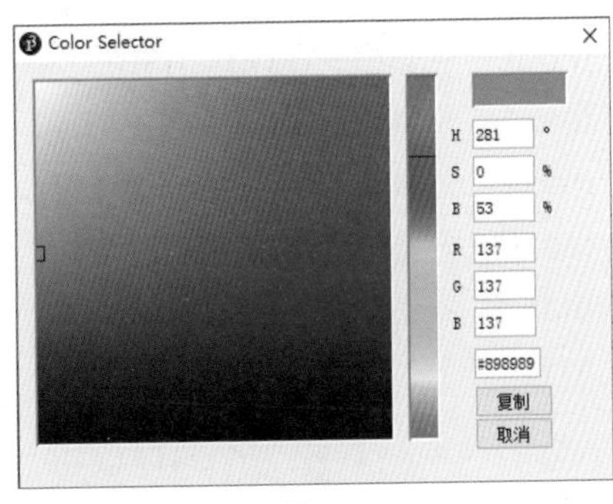

图4-6

如果要使用HSB模式，就需要通过colorMode()函数进行指定，代码如下：

```
1  colorMode(HSB, 360, 100, 100);
```

其中，各参数的含义如下。

- HSB：代表色彩模式。
- 360：代表色相分量最大值。
- 100：代表饱和度分量最大值。
- 100：代表明度分量最大值。

与前面设置的紫色对应的分量值为(HSB,286,77,69)。

在RGB模式下，也可以指定RGB分量的最大值是其他值，而不是默认的255，比如100。

```
1  colorMode(RGB, 100);
```

此时白色不再是255，而是100，中间灰色也不是128，而是50。输入代码如下：

```
1  colorMode(RGB, 100);
2  size(900, 600)
3  strokeWeight(4);
4  stroke(100);
5  fill(0);
6  square(width/2-200, height/2-200, 400);
7  fill(50);
8  circle(width/2, height/2, 200);
```

图4-7

运行该程序(example4_01)，查看效果，如图4-7所示。

我们注释掉第一行代码，恢复到默认模式。

```
1  //colorMode(RGB, 100);
```

运行该程序(example4_02)，查看效果，如图4-8所示。

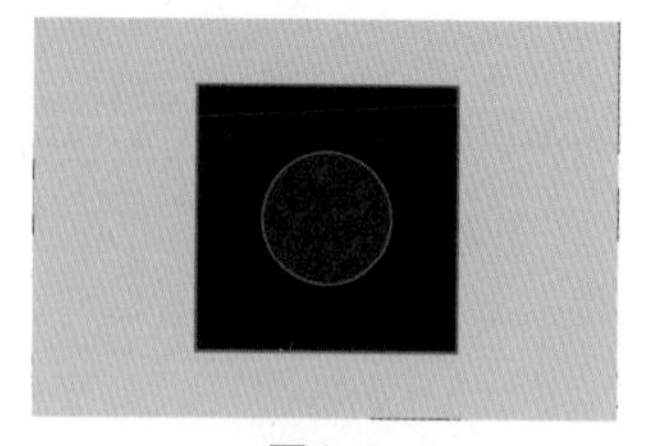

图4-8

colorMode()函数还可以同时设置不透明度分量值的范围。

```
1 colorMode(mode, max1, max2, max3, maxA)
```

其中，各参数的含义如下。

- mode：色彩模式(RGB或HSB)。
- max1：分量值范围(红色或色相)。
- max2：分量值范围(绿色或饱和度)。
- max3：分量值范围(蓝色或明度)。
- maxA：不透明度分量值范围。

输入代码如下：

```
1 colorMode(HSB, 100, 100, 100);
2 size(900, 600);
3 strokeWeight(4);
4 stroke(190, 50, 60);
5 background(0, 0, 100);
6 fill(200, 70, 90, 30);
7 circle(width/2, height/2, 200);
```

运行该程序(example4_03)，查看半透明填色效果，如图4-9所示。

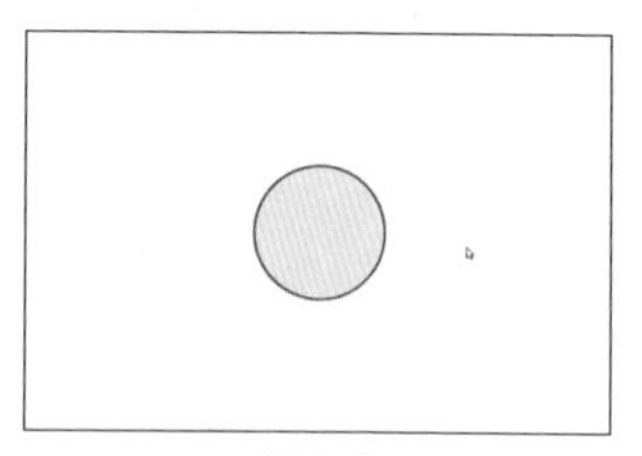

图4-9

4.2 颜色设置

默认状态下，在Processing中所有的形状初始都是白色填充、黑色描边，运行窗口默认背景颜色是浅灰色。为了改变其属性，可以使用color()、background()、fill()和stroke()函数，参数的范围是0～255，其中255是白色，128是中灰色，0是黑色。

—提示—

色彩模式的设置会影响到在它之后调用的有关创建和设置颜色的相关函数的参数。

通过color()函数可以创建一个灰色，参数范围默认为0～255，0为黑色，255为白色，中间的值为不同程度的灰色。比如下面的代码会创建一个灰度为50 的颜色。

```
1 color c=color(50);
```

使用color()函数创建一个透明的灰色，参数范围默认为0～255，0为完全透明，255为完全不透明，128 为半透明。

```
1 color c=color(50, 128);
```

通过color()函数，使用红、绿、蓝三分量创建彩色，下面的代码会创建红色：

```
1 color c=color(255, 0, 0);
```

下面的代码也可以创建透明的彩色。

```
color c=color(200, 30, 100, 80);
```

通过colorMode()函数可改变色彩模式，同时改变color()函数各参数代表的意义。

```
colorMode(HSB, 360, 100, 100);
color c=color(240, 80, 80);
```

color类型的变量其实是整型，可以通过十六进制的常量表示颜色，十六进制是用0～9，再加上A～F表示每一位的数值，每一位都是满16进1。十六进制的常量用0x开头，例如，0xF表示十进制的16，0xFF表示十进制的255，我们知道颜色的每一个通道值都是用0～255的数值表示，所以颜色值用十六进制表示的方法为0XAARRGGBB，AA代表不透明度。红色用十六进制表示为0XFFFF0000，绿色为0XFF00FF00，蓝色为0X000000FF。

```
color c=0XFFFF0000;
```

如果不需要设置颜色的透明度，可以使用6位的十六进制数值表示颜色，用#开头，格式为#RRGGBB。

```
color c=#FF0000;
```

在Color Selector(颜色选择器)对话框中可以非常方便地查到十六进制的颜色值，选择需要的颜色，单击颜色值下方的【复制】按钮，就可以将颜色值粘贴到编辑区了，如图4-10所示。

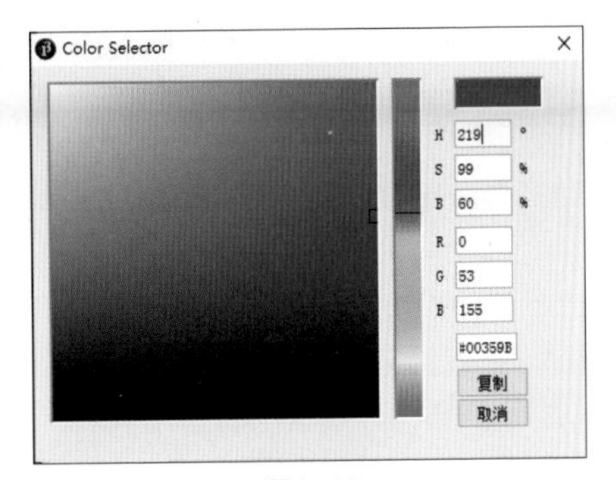

图4-10

设置好颜色变量就可以将其传递给其他设置颜色的函数，以设置不同环境下的颜色。输入代码如下：

```
color c1=color(255, 255, 0, 128);        //创建一个半透明的黄色
color c2=color(255, 0, 0);               //创建一个红色
size(400, 400);
strokeWeight(2);
stroke(c1);
fill(c2);
circle(200, 200, 100);
```

运行该程序(example4_04)，查看效果，如图4-11所示。

fill()和stroke()函数也可以直接用类似color()函数创建颜色的方法直接设置颜色。代码如下：

```
size(400, 400);
strokeWeight(2);
stroke(255, 255, 0, 128);     //描边颜色为半透明的黄色
fill(255, 0, 0);              //填充颜色为红色
circle(200, 200, 100);
```

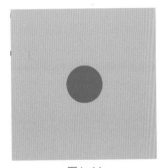

图4-11

background()函数用于设置背景颜色，设置方法与fill()、stroke()函数类似。默认背景颜色为color(204)。

下面的代码设置背景颜色为蓝绿色：

```
1  background(0, 120, 130);
```

除了设置颜色值，还可以从图像中拾取颜色，输入代码如下：

```
1  PImage img;                          //声明一个位图变量
2  void setup() {
3    size(800, 540);
4    img=loadImage("pic01.jpg");        //指定加载位图
5  }
6  void draw() {
7    image(img, 0, 0);                  //显示位图
8    color c1=img.get(400, 400);        //从位图中获取颜色
9    color c2=img.get(130, 250);        //从位图中获取颜色
10   fill(c1);
11   noStroke();
12   square(600, 100, 100);
13   noFill();
14   strokeWeight(4);
15   stroke(c2);
16   circle(500, 340, 100);
17 }
```

运行该程序(example4_05)，查看效果，如图4-12所示。

图4-12

4.3 渐变色

渐变色是指颜色从明到暗，或由深到浅，或是从一个色彩缓慢过渡到另一个色彩，充满变幻无穷的神秘浪漫气息的颜色。既然是多种颜色有规律地变化，最高效的方法就是使用循环。

下面先绘制一个颜色线性渐变的图形，输入代码如下：

```
1  int n=30;                            //色轮的起点色相
2  int m=240;                           //色轮的终点色相
3  size(900, 600);
4  colorMode(HSB, 360, 100, 100);       //定义色彩模式
5  noStroke();
6  background(200);
7  for(int i=0; i<width; i++) {
8    int col=i*(m-n)/width+n;           //水平方向每一个像素对应的颜色
9    fill(col, 100, 100);               //每一列像素填充颜色
10   rect(i, 0, 1, height);             //循环绘制1像素宽的矩形
11 }
```

运行该程序(example4_06)，查看线性渐变的效果，如图4-13所示。

图4-13

下面再来查看放射渐变的效果，输入代码如下：

```
1  void setup() {
2    size(800, 600);
3    colorMode(HSB, 100);                    //定义色彩模式
4    noFill();
5    strokeWeight(2);
6    background(0);
7  }
8  void draw() {
9    color c1=color(300, 100, 100);          //定义颜色值
10   color c2=color(50, 100, 30);            //定义颜色值
11   float maxr=500;                         //定义最大的渐变轮直径
12   for(int r=0; r<maxr; r++) {
13     float n=map(r, 0, maxr, 0, 1);
14     color newc=lerpColor(c1, c2, n);      //使用颜色渐变函数lerpColor
15     stroke(newc);
16     ellipse(width/2, height/2, r, r);     //从中心向外绘制圆形
17   }
18 }
```

运行该程序(example4_07)，查看放射渐变的效果，如图4-14所示。

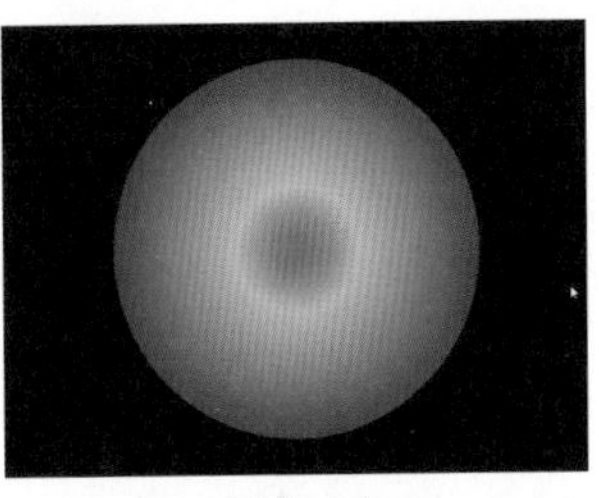

图4-14

4.4 颜色混合

当程序开始运行时，计算机从第一行开始逐行读取代码，图形按照顺序进行绘制。如果想将一个图形置于顶层，那么就要将它的代码写在最后，这点与图像处理软件Photoshop中图层的处理方式类似。输入代码如下：

```
1  void setup() {
2    size(640, 480);                  //设置画布尺寸
3    background(200);                 //设置背景颜色
4  }
5  void draw() {
6    circle(220, 190, 300);           //首先绘制圆形
7    rect(200, 200, 300, 200);        //其次绘制矩形
8    line(100, 100, 500, 300);        //最后绘制线条
9  }
```

运行该程序(example4_08)，查看按照顺序绘图的效果，如图4-15所示。

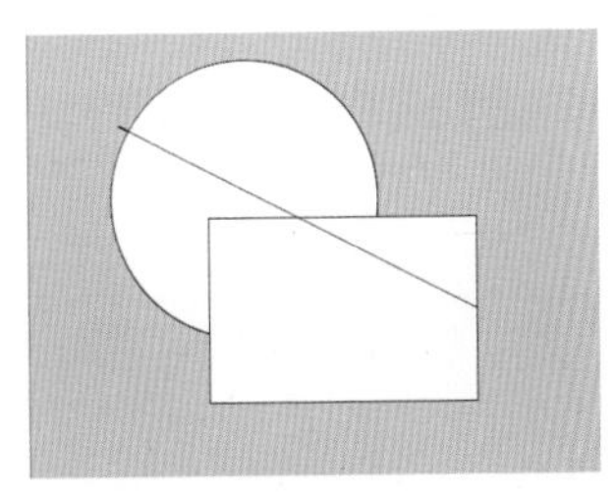

图4-15

下面调整矩形和线段的顺序，修改代码如下：

```
void setup() {
  size(640, 480);                    //设置画布尺寸
  background(200);                   //设置背景颜色
}
void draw() {
  circle(240, 180, 300);             //首先绘制圆形
  line(100, 100, 500, 300);          //其次绘制线条
  rect(200, 200, 300, 200);          //最后绘制矩形
}
```

运行该程序(example4_09)，最后绘制的是矩形，置于顶层，遮挡了部分线段。查看效果，如图4-16所示。

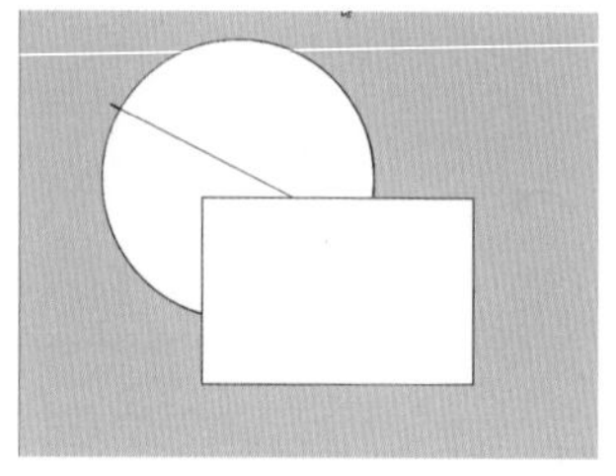

图4-16

为fill()函数添加第四个参数可以设置颜色填充的透明度，参数值的范围是0～255。当值为0时，图形的填充颜色为完全透明，当值为255时则完全不透明。透明度的更改让颜色之间有了相互叠加的可能。输入代码如下：

```
void setup() {
  size(640, 480);
  background(200);
}
void draw() {
  fill(5, 150, 250);                 //设置蓝色
  circle(320, 240, 300);
  line(100, 100, 570, 400);
  fill(250, 150, 0, 100);            //设置半透明黄色
  rect(320, 240, 180, 200);
}
```

运行该程序(example4_10)，查看半透明图形叠加的效果，如图4-17所示。

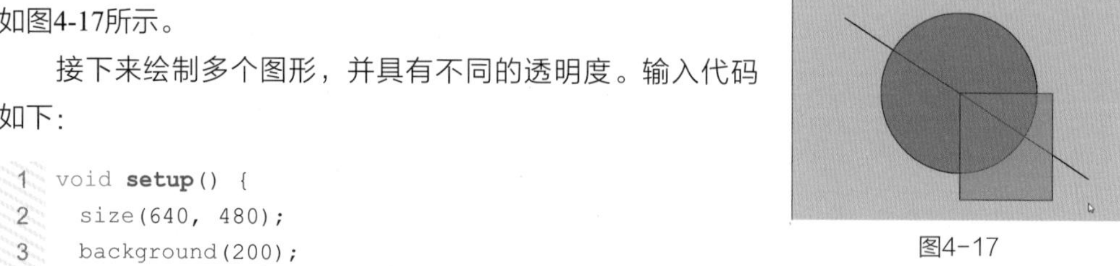

图4-17

接下来绘制多个图形，并具有不同的透明度。输入代码如下：

```
void setup() {
  size(640, 480);
  background(200);
}
void draw() {
  fill(5, 150, 250);
  circle(320, 240, 300);
  //line(100, 100, 570, 400);
  for(int i=0; i<6; i++) {
    push();
    fill(250, 150, 0, i*40);         //6个矩形填充的不透明度递增
    translate(width/2, height/2);
```

```
13      rotate(radians(i*60));          //6个矩形递增旋转
14      rect(0, 0, 120, 200);
15      pop();
16    }
17  }
```

运行该程序(example4_11)，查看不同透明度图形叠加的效果，如图4-18所示。

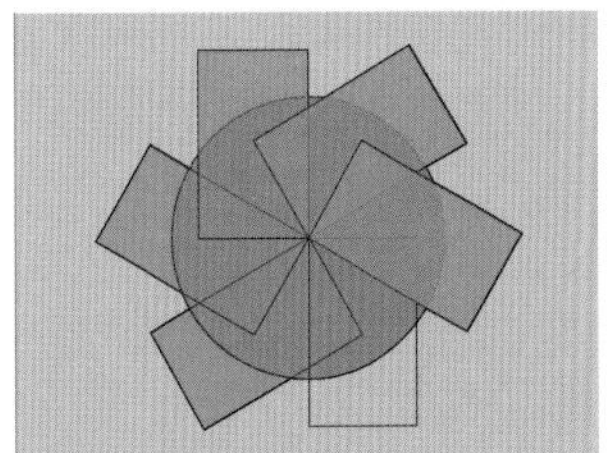

图4-18

下面再来看一组颜色和透明度都在变化的图形叠加的效果，输入代码如下：

```
1  void setup() {
2    size(640, 480);
3    background(200);
4    colorMode(HSB, 360, 100, 100, 250);
5  }
6  void draw() {
7    fill(200, 0, 60);
8    circle(320, 240, 300);
9    for(int i=0; i<6; i++) {
10     push();
11     fill(i*60, 100, 100, i*40);       //6个矩形填充的红色递增
12     translate(width/2, height/2);
13     rotate(radians(i*60));
14     rect(0, 0, 120, 200);
15     pop();
16   }
17 }
```

运行该程序(example4_12)，查看效果，如图4-19所示。

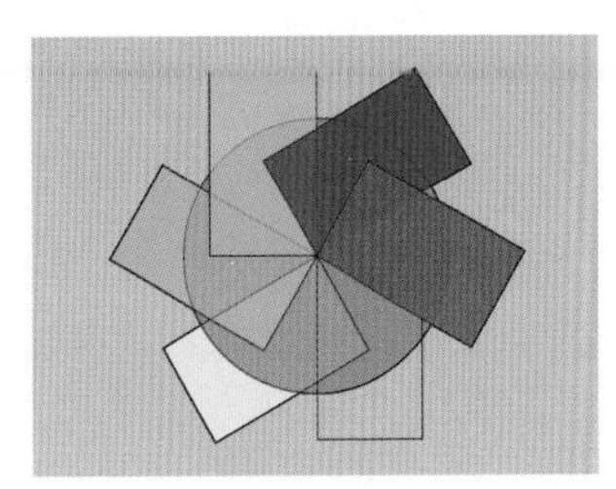

图4-19

在最顶层添加文字，在draw()函数部分的底部添加代码如下：

```
1  ......
2  textSize(150);
3  fill(200, 0, 96, 220);
4  text("D-FORM", 5, 300);
5  ......
```

运行该程序(example4_13)，查看效果，如图4-20所示。

图4-20

添加文字阴影效果，修改代码如下：

```
1  ......
2  textSize(150);
3  fill(200, 0, 50, 40);
4  text("D-FORM", 10, 310);
5  fill(200, 0, 96, 220);
6  text("D-FORM", 5, 300);
7  ......
```

运行该程序(example4_14)，查看效果，如图4-21所示。

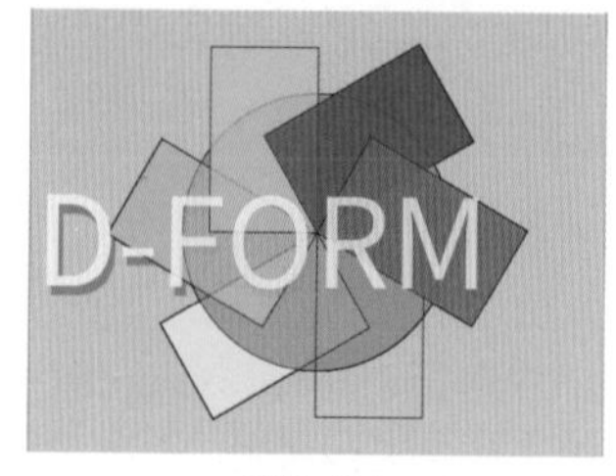

图4-21

前面的图形都是通过半透明填充进行的混合效果，只是单纯叠加，并没有不同颜色和亮度的相互作用，其实在Processing中还可以通过类似图层混合的方式改变颜色呈现。修改前面程序中draw()函数部分的代码如下：

```
1  ......
2  void draw() {
3    background(0);
4    fill(200, 0, 60);
5    circle(320, 240, 300);
6    for(int i=0; i<6; i++) {
7      push();
8      fill(i*60, 100, 100, i*40);
9      translate(width/2, height/2);
10     rotate(radians(i*60));
11     rect(0, 0, 120, 200);
12     pop();
13   }
14   blendMode(ADD);                    //设置混合模式为相加
15   textSize(150);
16   fill(200, 0, 50, 40);
17   text("D-FORM", 10, 310);
18   fill(200, 0, 96, 220);
19   text("D-FORM", 5, 300);
20 }
```

运行该程序(example4_15)，查看颜色相加的效果，如图4-22所示。

图4-22

混合，对于学习过图像处理软件Photoshop的用户来说并不难理解，就是对两张位图的对应像素的颜色通道进行叠加运算，得到新的像素值。不同的混合方式产生不同的混合效果，在Processing中使用blend()函数可以产生混合效果。

混合模式有很多种，分别如下。

- ADD(加亮)：目标像素和源像素相加，最大值补偿过255，得到的结果图像会加亮。
- SUBTRACT(减亮)：目标像素和源像素相减，最小值不小于0，得到的结果图像会减暗。
- LIGHTEST(变亮)：取目标像素和源像素较大的值。
- DARKEST(变暗)：取目标像素和源像素较小的值。
- DIFFERENCE(差值)：取目标像素和源像素的绝对值，一般会找到两张图片的差异。
- EXCLUSION(排除)：与DIFFERENCE非常类似。只不过EXCLUSION的结果没有DIFFERENCE的对比度强。

- MULTIPLY(正片叠底)：目标像素和源像素相乘，得到的结果再除以255，最终会得到一个变暗的图像。利用该混合模式可以过滤白色。
- SCREEN(滤色)：与MULTIPLY混合模式的效果相反，会得到一个变亮的图像。它的实现原理是对目标像素和源像素取反，然后相乘，得到的结果再除以255，最后再取反。利用该混合模式可以过滤黑色。
- HARD_LIGHT(强光)：这是结合SCREEN和MULTIPLY混合的一种混合模式。当源像素颜色大于50%的灰色时，应用SCREEN混合模式；当源像素颜色小于50%的灰色时，应用MULTIPLY混合模式。
- OVERLAY(叠加)：与HARD_LIGHT类似，是结合SCREEN和MULTIPLY混合的一种混合模式。最终图像用哪种模式由目标像素来判断。当目标像素颜色大于50%的灰色时，应用SCREEN混合模式；当目标像素颜色小于50%的灰色时，应用MULTIPLY混合模式。
- SOFT_LIGHT(柔光)：这是结合LIGHTEST和DARKEST混合的一种混合模式。当目标像素颜色大于50%的灰色时，应用LIGHTEST混合模式；当目标像素颜色小于50%的灰色时，应用DARKEST混合模式。
- DODGE(颜色减淡)：降低对比度使目标像素变亮来反映源像素，与黑色混合不产生变化。该模式类似于SCREEN混合的效果。
- BURN(颜色加深)：增加对比度使目标像素变暗来反映源像素，与白色混合不产生变化。该模式类似于MULTIPLY混合的效果。

下面对比混合与不混合的效果，输入代码如下：

```
1  void setup() {
2    size(640, 480);
3    colorMode(HSB, 360, 100, 100, 100);          //设定色彩模式
4  }
5  void draw() {
6    blendMode(ADD);                              //设定混合模式为相加
7    background(0);
8    fill(200, 0, 50);
9    circle(320, 240, 300);
10   fill(200, 100, 100, 100);
11   rect(65, 56, 500, 195);
12   //设定混合模式为无，两个图层的文字不进行相加
13   blendMode(BLEND);
14   textSize(150);
15   fill(200, 0, 50, 30);
16   text("D-FORM", 10, 310);
17   fill(40, 100, 100, 90);
18   text("D-FORM", 5, 300);
19 }
```

图4-23

运行该程序(example4_16)，查看图形混合的效果，如图4-23所示。

如果需要文字也进行相加混合，可以注释掉该行代码，如下：

```
1  //blendMode(BLEND);                    //注释掉该行，下面的图形执行相加混合
```

运行该程序(example4_17)，查看图形和文字全部执行相加混合的效果，如图4-24所示。

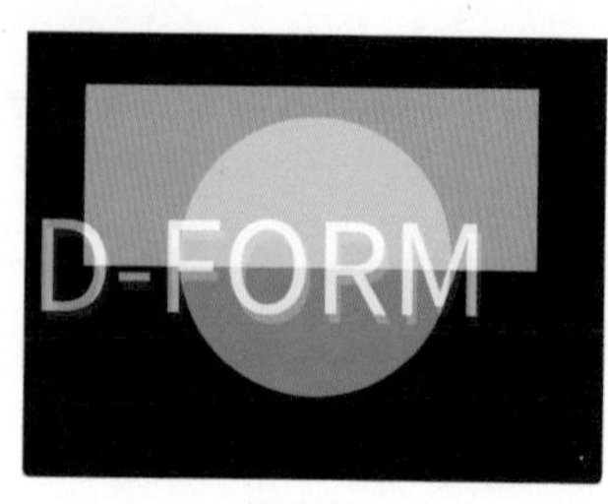

图4-24

4.5 应用颜色实战

4.5.1 变幻的彩虹

本例主要运用随机函数改变圆形的大小和颜色，从而绘制一组类似彩虹的图形。

首先绘制一个颜色的圆环，输入代码如下：

```
1  float rainbowSize, col;                 //声明变量
2  void setup() {
3    size(600, 400);
4    background(#04B1CE);
5    noFill();
6    colorMode(HSB, 360, 255, 255);
7  }
8  void draw() {
9    rainbowSize=400;                      //设置彩虹尺寸值
10   col=300;                              //设置色相值
11   strokeWeight(6);
12   stroke(col, 255, 255);
13   ellipse(300, 400, rainbowSize, rainbowSize);
14 }
```

运行该程序(example4_18_1)，查看效果，如图4-25所示。

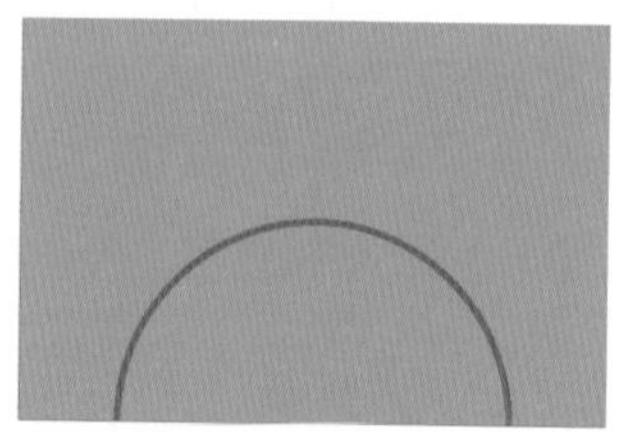
图4-25

利用随机创建彩虹尺寸和颜色的变化，在draw()函数部分修改代码如下：

```
1  void draw() {
2    rainbowSize=random(360, 560);        //彩虹尺寸随机
3    col=random(360);                     //随机色相
4    vstrokeWeight(random(3, 10));
5    stroke(col, 255, 255);
6    ellipse(300, 400, rainbowSize, rainbowSize);
7  }
```

运行该程序(example4_18_2)，查看彩虹的动画效果，如图4-26所示。

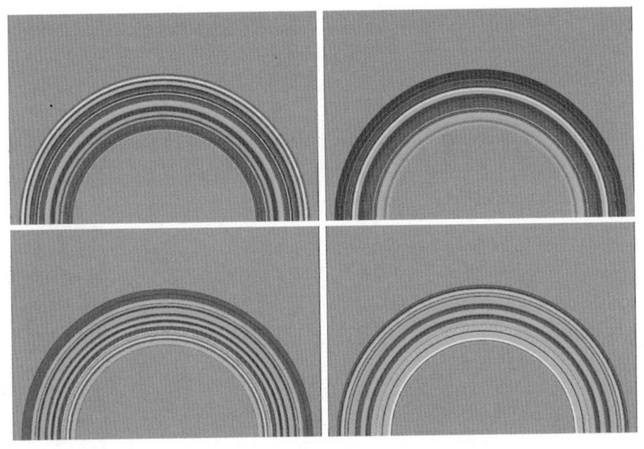

图4-26

添加鼠标操作函数，按压停止变换，松开鼠标则继续变化尺寸和颜色。添加代码如下:

```
1 void mousePressed() {
2   noLoop();
3 }
4 void mouseReleased() {
5   redraw();
6   loop();
7 }
```

运行该程序(example4_18)，查看彩虹动画与鼠标交互效果，如图4-27所示。

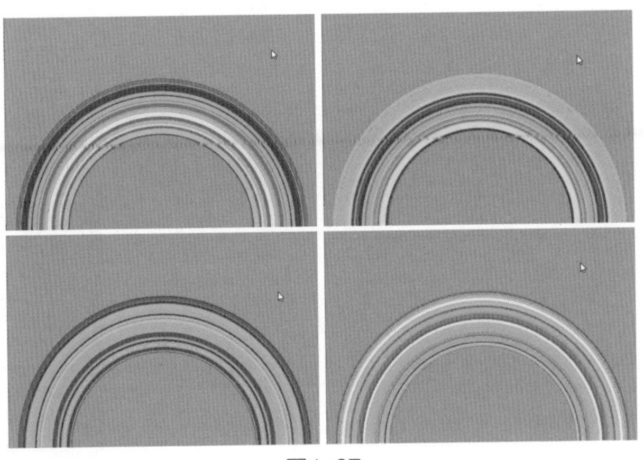

图4-27

4.5.2 颜色对比产生深度

本例主要应用颜色对比产生距离感的效果。

首先创建一个红色圆圈，输入代码如下:

```
1 void setup() {
2   size(800, 800);
3 }
```

```
4  void draw() {
5    background(0);
6    //绘制红色圆形
7    fill(170, 0, 0);
8    circle(width/2, height/2, 416);
9    fill(0);
10   //绘制黑色圆形
11   circle(width/2, height/2, 290);
12 }
```

运行该程序(example4_19_1)，查看效果，如图4-28所示。

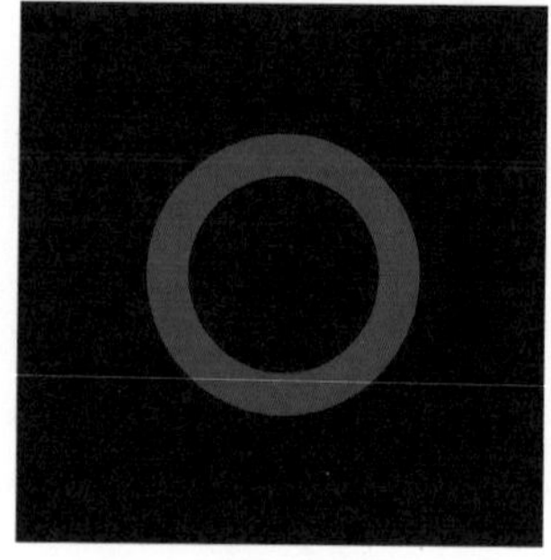
图4-28

在圆圈上添加黑色的小圆点，模拟红色圆圈镂空的效果，修改draw()函数的代码如下：

```
1  void draw() {
2    background(0);
3    //绘制红色圆形
4    fill(170, 0, 0);
5    circle(width/2, height/2, 416);
6    fill(0);
7    //绘制小圆点阵列
8    for(int i=0; i<72; i++) {
9      for(int j=0; j<6; j++) {
10       push();
11       translate(width/2, height/2);
12       float x=(120-j*10)*cos(radians((i*5-j*2)));
13       float y=(120-j*10)*sin(radians((i*5-j*2)));
14       circle(x, y, 10-j*1.0);
15       pop();
16     }
17   }
18   //绘制黑色圆形
19   circle(width/2, height/2, 290);
20 }
```

运行该程序(example4_19_2)，查看效果，如图4-29所示。

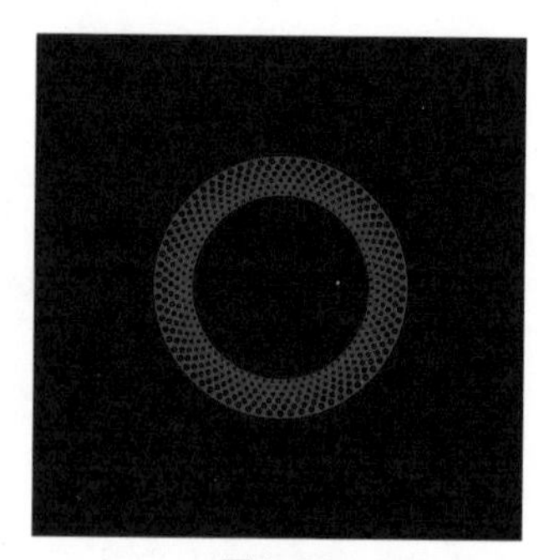
图4-29

再绘制蓝色的圆圈，通过颜色对比，形成前后距离感。在draw()函数部分添加代码如下：

```
1  //绘制蓝色圆圈
2  fill(0, 40, 200);
3  circle(width/2, height/2, 255);
4  fill(0);
5  for(int i=0; i<72; i++) {
6    for(int j=0; j<6; j++) {
7      push();
8      translate(width/2, height/2);
9      float x=(120-j*10)*cos(radians((i*5-j*2)));
```

```
10     float y=(120-j*10)*sin(radians((i*5-j*2)));
11     circle(x, y, 8-j*1.0);
12     pop();
13   }
14 }
```

图4-30

运行该程序(example4_19_3)，查看效果，如图4-30所示。

为了增加对比性，导入两张位图，并声明位图变量和初始化，代码如下：

```
1 PImage heart, ramp;
2 void setup() {
3   size(800, 800);
4   heart=loadImage("heart.png");
5   ramp=loadImage("ramp.png");
6   imageMode(CENTER);
7 }
```

在draw()函数部分添加代码如下：

```
1 //显示黑色渐变位图
2 image(ramp, width/2, height/2, 130, 130);
3 //显示红心位图
4 image(heart, width/2, height/2, 70, 60);
```

图4-31

运行该程序(example4_19)，查看最终颜色对比的立体效果，如图4-31所示。

4.5.3 混合颜色动态海报

本例主要使用渐变色图形和动态线条制作动态海报。

首先创建一个渐变色的图形，输入代码如下：

```
1 PGraphics gradient1;                    //声明一个图形
2 int n=50;                               //起始颜色值
3 int m=200;                              //结束颜色值
4 void setup() {
5   size(400, 800);
6   gradient1=createGraphics(width, height);
7 }
8 void draw() {
9   background(#442ee9);
10  //绘制渐变图形
11  gradient1.beginDraw();
12  for(int i=0; i<300; i++) {
13    int col=i*(m-n)/300;
14    gradient1.fill(255-col*2, 220, col*2); //设置填充颜色
15    gradient1.noStroke();
16    gradient1.rect(i+50, 0, 1, height);  //绘制矩形
17  }
18  gradient1.endDraw();
```

```
19   image(gradient1, 0, 0);      //显示渐变图形
20 }
```

图4-32

运行该程序(example4_20_1)，查看渐变图形效果，如图4-32所示。

再创建一个圆形，作为渐变图形的蒙版，输入代码如下：

```
1  PGraphics gradient1;          //声明一个图形
2  PGraphics circle1;            //声明一个图形
3  int n=50;
4  int m=200;
5  void setup() {
6    size(400, 800);
7    gradient1=createGraphics(width, height);
8    circle1=createGraphics(width, height);
9  }
10 void draw() {
11   background(#442ee9);
12   //绘制渐变图形
13   gradient1.beginDraw();
14   for(int i=0; i<300; i++) {
15     int col=i*(m-n)/300;
16     gradient1.fill(255-col*2, 220, col*2);
17     gradient1.noStroke();
18     gradient1.rect(i+50, 0, 1, height);
19   }
20   gradient1.endDraw();
21   //绘制圆形
22   circle1.beginDraw();
23   circle1.noStroke();
24   circle1.circle(200, 400, 300);
25   circle1.endDraw();
26   //为渐变图形应用圆形蒙版
27   gradient1.mask(circle1);
28   //显示渐变图形
29   image(gradient1, 0, 0);
30 }
```

图4-33

运行该程序(example4_20_2)，查看填充渐变色的圆形效果，如图4-33所示。

使用同样的方法再创建渐变图形，修改代码如下：

```
1  PGraphics gradient1;          //声明一个图形
2  PGraphics gradient2;          //声明一个图形
3  PGraphics circle1;            //声明一个图形
4  int n=50;
5  int m=200;
6  void setup() {
7    size(400, 800);
```

```
8     gradient1=createGraphics(width, height);
9     gradient2=createGraphics(width, height);
10    circle1=createGraphics(width, height);
11  }
12  void draw() {
13    background(#442ee9);
14    //绘制第一个渐变图形
15    gradient1.beginDraw();
16    for(int i=0; i<300; i++) {
17      int col=i*(m-n)/300;
18      gradient1.fill(255-col*2, 220, col*2);
19      gradient1.noStroke();
20      gradient1.rect(i+50, 0, 1, height);
21    }
22    gradient1.endDraw();
23    //绘制第二个渐变图形
24    gradient2.beginDraw();
25    for(int i=0; i<300; i++) {
26      int col=i*(m-n)/300;
27      gradient2.fill(255-col*0.5);
28      gradient2.noStroke();
29      gradient2.rect(i+50, 0, 1, height);
30    }
31    gradient2.endDraw();
32    //绘制圆形
33    circle1.beginDraw();
34    circle1.noStroke();
35    circle1.circle(200, 400, 300);
36    circle1.endDraw();
37    //为渐变图形应用圆形蒙版
38    gradient1.mask(circle1);
39    gradient2.mask(circle1);
40    //设置渐变图形的位置
41    push();
42    translate(0, 80);
43    image(gradient2, 0, 0);
44    pop();
45    push();
46    translate(0, -100);
47    image(gradient1, 0, 0);
48    pop();
49  }
```

运行该程序(example4_20_3)，查看效果，如图4-34所示。

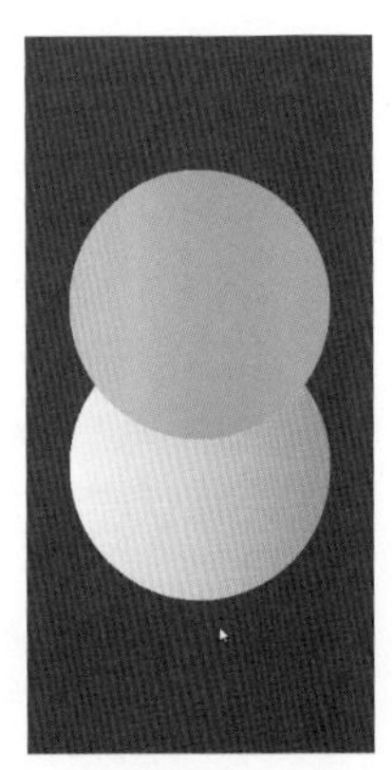

图4-34

设置两个圆形的不透明度和混合模式，在draw()函数部分添加代码如下：

```
//为渐变图形应用圆形蒙版
gradient1.mask(circle1);
gradient2.mask(circle1);
blendMode(SCREEN);
push();
translate(0, 80);
tint(255, 160);
image(gradient2, 0, 0);
pop();
blendMode(BLEND);
push();
translate(0, -100);
tint(255, 220);
image(gradient1, 0, 0);
pop();
```

运行该程序(example4_20_4)，查看效果，如图4-35所示。

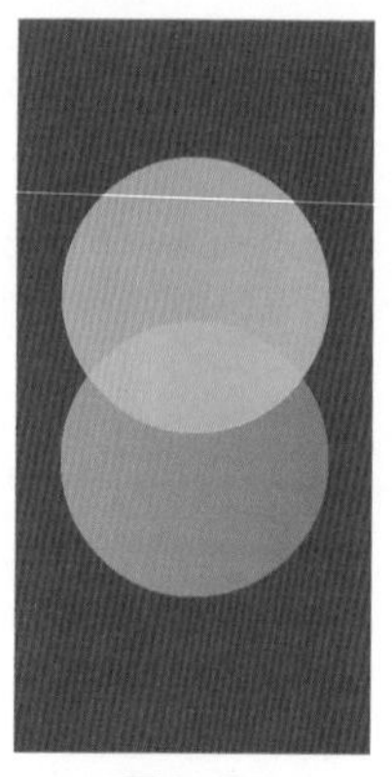

图4-35

添加文字和圆形线条作为装饰，在draw()函数部分添加代码如下：

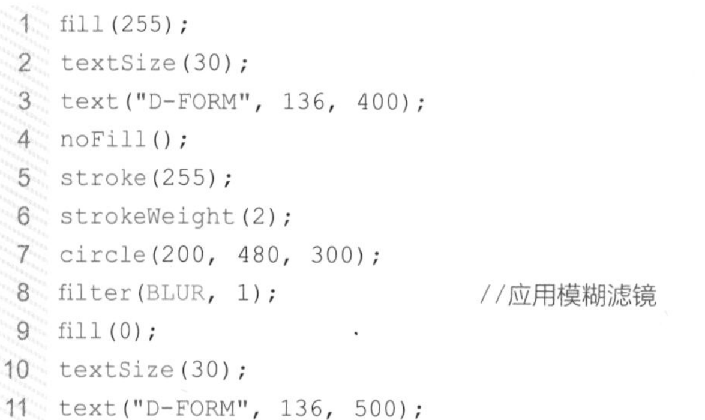

```
fill(255);
textSize(30);
text("D-FORM", 136, 400);
noFill();
stroke(255);
strokeWeight(2);
circle(200, 480, 300);
filter(BLUR, 1);                    //应用模糊滤镜
fill(0);
textSize(30);
text("D-FORM", 136, 500);
```

运行该程序(example4_20_5)，查看效果，如图4-36所示。

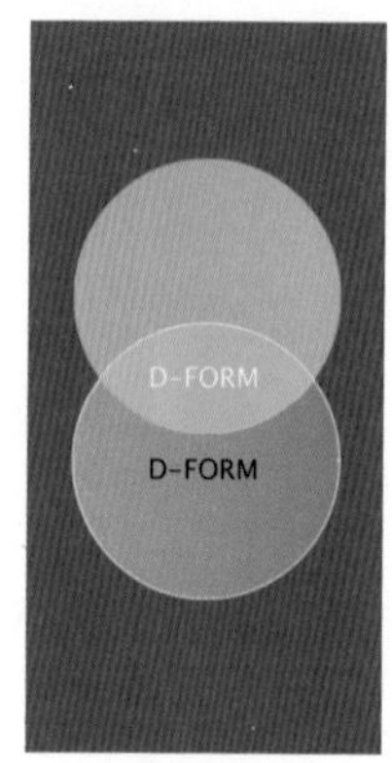

图4-36

最后再添加一些连接两个圆形的线条，创建三个变量，如下：

```
float x, y, angle;
```

在初始化部分添加代码如下：

```
frameRate(15);
```

在draw()函数部分添加代码如下：

```
stroke(255, 100);
for(int i=0; i<9; i++) {
  x=width/2+150*cos(radians(angle));
  y=300+150*sin(radians(angle));
  line(x, y, x, y+180);
  angle+=10;
}
```

运行该程序(example4_20_6)，查看效果，如图4-37所示。

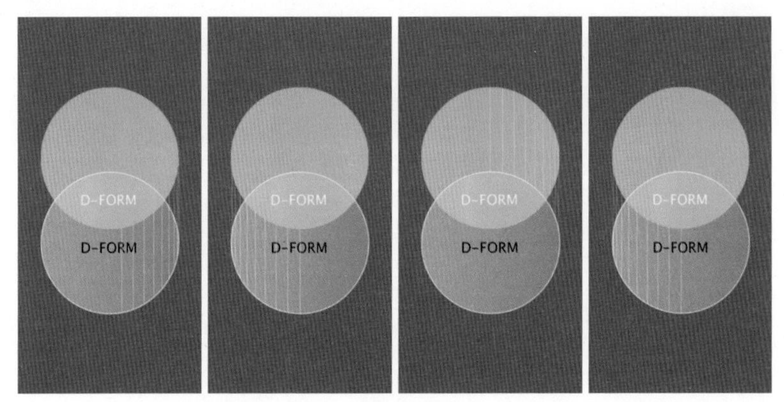

图4-37

我们还可以将上一个实例中鼠标单击停止程序循环的函数添加进来，代码如下：

```
1 void mouseClicked() {
2   noLoop();
3   redraw();
4 }
```

运行该程序(example4_20)，并通过单击鼠标呈现动态的海报样式，查看效果，如图4-38所示。

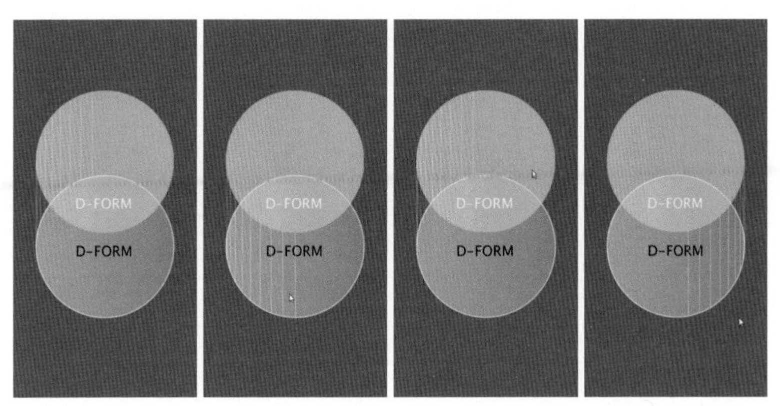

图4-38

4.5.4 动态版式设计

本例主要运用色块和文字组合的版式设计，关键在于动画的设计，类似于在After Effects中制作的动态图文效果。

先创建几个不同颜色、大小和角度的矩形，输入代码如下：

```
1 void setup() {
2   size(1280, 720);
3   rectMode(CENTER);
4   noStroke();
```

```
5   }
6   void draw() {
7    background(220);                     //设置浅灰色背景
8    //绘制蓝色矩形
9    fill(87, 145, 255);
10   push();
11   translate(width/2, height/2);
12   scale(1);
13   rect(0, 0, width, height);
14   pop();
15   //绘制浅绿色矩形
16   fill(0, 210, 176);
17   push();
18   translate(width/2, height/2);        //变换坐标原点至画布中心
19   rotate(PI/6);                        //旋转图形
20   scale(0.5, 2.0);                     //设置缩放比例
21   rect(0, 0, width, height);
22   pop();
23   //绘制粉色图形1
24   fill(238, 35, 110);
25   push();
26   translate(width/2, height/2);        //变换坐标原点至画布中心
27   rotate(-PI/6);                       //旋转图形
28   rect(-720, -80, 300, 500);
29   pop();
30   //绘制粉色图形2
31   fill(238, 35, 110);
32   push();
33   translate(width/2, height/2);        //变换坐标原点至画布中心
34   rotate(-PI/6);                       //旋转图形
35   rect(728, 80, 300, 500);
36   pop();
37   //绘制橙色矩形
38   fill(255, 198, 15);
39   push();
40   translate(width/2, height/2);        //变换坐标原点至画布中心
41   scale(0.6, 0.7);                     //设置缩放比例
42   rect(0, 0, width, height);
43   pop();
44  }
```

运行该程序(example4_21_1)，查看组合图形的效果，如图4-39所示。

图4-39

声明和指定字体，代码如下：

```
1   PFont myfont;
2   void setup() {
3    size(1280, 720);
4    rectMode(CENTER);
```

```
5    noStroke();
6    myfont=createFont("simhei.ttf", 32);
7  }
```

添加标题文字，在draw()函数部分添加代码如下：

```
1  //大文字
2  blendMode(SCREEN);                          //设置混合模式为SCREEN
3  textSize(419);
4  fill(150, 100);                             //设置文字填充的颜色和半透明状态
5  text("D-FORM STUDIO", width/2, height/2, width, height*1.5);
6  fill(50);
7  text("D-FORM STUDIO", width/2+5, height/2+5, width, height*1.5);
8  blendMode(BLEND);                           //设置标准混合模式
9  //绘制橙色矩形
10 fill(255, 198, 15);
11 push();
12 translate(width/2, height/2);
13 scale(0.6, 0.7);
14 rect(0, 0, width, height);
15 pop();
16 //标题文字
17 textFont(myfont);
18 textSize(140);
19 textAlign(CENTER);
20 fill(50, 20);                               //设置阴影文字的颜色和半透明状态
21 text("人生", width/2+5, height/2+5);
22 text("如天候", width/2+5, height/2+140+5);
23 fill(250);
24 text("人生", width/2, height/2);
25 text("如天候", width/2, height/2+140);
```

运行该程序(example4_21_2)，查看图文版式效果，如图4-40所示。

通过添加变量、跟随时间的动画及鼠标单击重新播放动画。

图4-40

创建计时器相关的变量，添加代码如下：

```
1  int timer, startTime=0, currentTime;
2  float scl_a;
```

修改draw()函数部分的代码如下：

```
1  currentTime=millis();
2  timer=currentTime-startTime;
3  scl_a=timer/15;
4  //绘制蓝色矩形
5  if (scl_a>=200) {
6    scl_a=200;
7  }
```

```
8  fill(87, 145, 255);
9  push();
10 translate(width/2, height/2);
11 scale(scl_a/200);
12 rect(0, 0, width, height);
13 pop();
```

注释掉绘制浅绿色矩形和橙色矩形部分的代码，如下：

```
1 //rect(0, 0, width, height);
```

运行该程序(example4_21_3)，查看蓝色图形缩放动画的效果，如图4-41所示。

图4-41

再创建图形变换比例的变量，添加代码如下：

```
1 float scl_a, scl_b=1, scl_c;
```

在绘制浅绿色矩形和橙色矩形部分修改代码如下：

```
1  //绘制浅绿色矩形
2  scl_b=(timer-3000)/50;
3  if (scl_b<=0) {
4    scl_b=0;
5  }
6  if (scl_b>=100) {
7    scl_b=100;
8  }
9  fill(0, 210, 176);
10 push();
11 translate(width/2, height/2);
12 rotate(PI/6);
13 scale(scl_b/200, 2.0);
14 rect(0, 0, width, height);
15 pop();
16 ......
17 //绘制橙色矩形
```

```
18 scl_c=(timer-3000)/60;
19 if (scl_c<=0) {
20   scl_c=0;
21 }
22 if (scl_c>=120) {
23   scl_c=120;
24 }
25 fill(255, 198, 15);
26 push();
27 translate(width/2, height/2);
28 scale(scl_c/200, 0.7);
29 rect(0, 0, width, height);
30 pop();
```

运行该程序(example4_21_4)，查看动态版式效果，如图4-42所示。

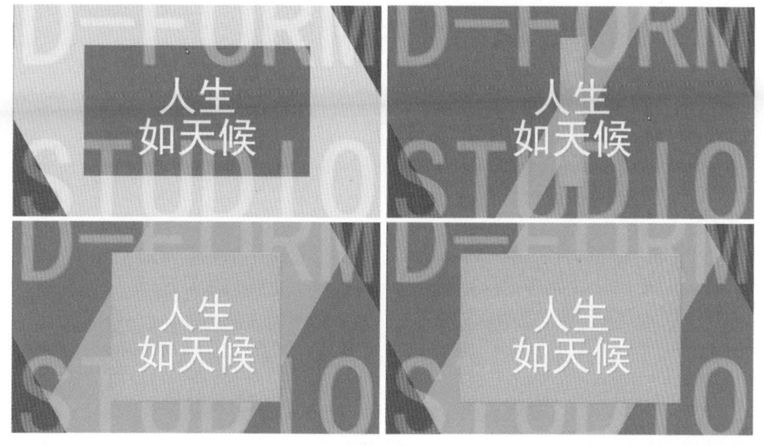

图4-42

创建角度变量，添加代码如下：

```
1 float angle;
```

在绘制浅绿色矩形部分修改代码如下：

```
1  angle=(timer-3000)*PI/36000;
2  if (angle>=PI/6) {
3    angle=PI/6;
4  }
5  fill(0, 210, 176);
6  push();
7  translate(width/2, height/2);
8  rotate(-angle);
9  scale(scl_b/200, 2.0);
10 rect(0, 0, width, height);
11 pop();
```

运行该程序(example4_21_5)，查看动态版式效果，如图4-43所示。

图4-43

创建文字不透明度的变量，添加代码如下：

```
float tt1, tt2;
```

在绘制大文字和标题文字部分修改代码如下：

```
//大文字
tt1=(timer-5000)/50;
if (tt1<=0) {
  tt1=0;
}
blendMode(SCREEN);
textSize(419);
fill(150, tt1);
text("D-FORM STUDIO", width/2, height/2, width, height*1.5);
fill(50);
text("D-FORM STUDIO", width/2+5, height/2+5, width, height*1.5);
blendMode(BLEND);
......
//标题文字
tt2=(timer-7000)/20;
if (tt2<0) {
  tt2=0;
}
textFont(myfont);
textSize(140);
textAlign(CENTER);
fill(50, tt2/8);
text("人生", width/2+5, height/2+5);
text("如天候", width/2+5, height/2+140+5);
fill(250, tt2);
text("人生", width/2, height/2);
text("如天候", width/2, height/2+140);
```

运行该程序(example4_21_6)，查看完整的动态版式效果，如图4-44所示。

图4-44

这样就完成了一次按照时间变化的图形和版式，添加鼠标单击函数，使动画重复执行，代码如下：

```
1  void mouseClicked() {
2    startTime=currentTime;
3    redraw();
4  }
```

运行该程序(example4_21)，查看循环的动态版式效果，如图4-45所示。

图4-45

4.6 本章小结

本章主要讲解色彩模式和颜色值的设置方法，通过设置透明度或混合模式使不同的颜色图层呈现新的表现内容，将颜色运用于版式设计中，能够创建非常丰富的效果。

第5章 创建动画

动画是指采用逐帧拍摄对象并连续播放而形成运动的影像技术，它的基本原理与电影、电视一样，都是视觉暂留原理，即光对人眼视网膜所产生的视觉在光停止作用后，仍保留一段时间的现象。流畅的运动是由于人们视觉的持久性特性产生的，当一组相似的图像以足够快的速度呈现时，人的大脑就会将这些图像转换成运动的影像。为了创建平滑的运动图像，Processing在draw()函数中以每秒60帧的刷新速度运行代码，也就是说Processing的图像每秒变换60次。

5.1 变换动画

图形的变换属性主要包括位置、角度和大小。

5.1.1 移动

移动是通过线性改变图形坐标的位置而获得的运动效果。下面的程序就是通过更新变量x使圆形从屏幕左侧移动到屏幕右侧，输入代码如下：

```
1  float x;                        //创建横向坐标变量
2  void setup() {
3    size(800, 600);
4  }
5  void draw() {
6    background(0);
7    circle(x, 300, 100);
8    x=x+10;                       //横向坐标变量递增10像素
9  }
```

运行该程序(example5_01)，查看效果，如图5-1所示。

如果我们将设置背景颜色的语句放置于初始化部分，当程序运行时，就可以看到圆形运动的轨迹。修改代码如下：

图5-1

```
1  float x;                               //创建横向坐标变量
2  void setup() {
3    size(800, 600);
4    background(0);
5  }
6  void draw() {
7    circle(x, 300, 100);
8    x=x+10;                              //横向坐标变量递增10像素
9  }
```

运行该程序(example5_02)，查看效果，如图5-2所示。

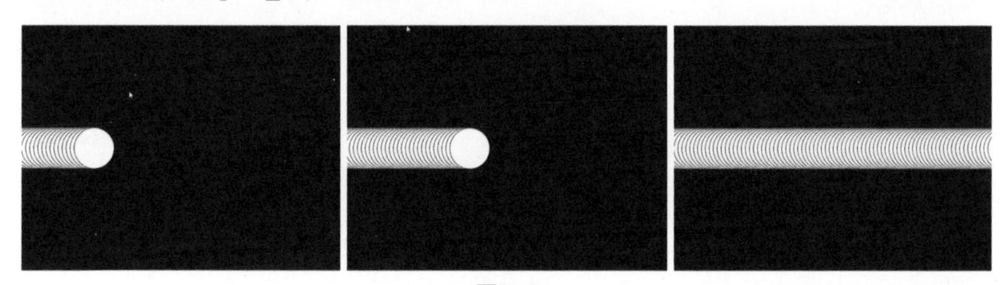

图5-2

在运行一段时间后，随着变量x的值不断增大，当大于画布的宽度时圆形最终从画面中消失。接下来对圆形的x坐标进行限制，实现圆形消失后重新回到屏幕左侧的效果。添加条件语句，代码如下：

```
1  //圆圈移动到右端之后返回左端
2  if (x>=width) {
3    x=0;
4  }
```

运行该程序(example5_03)，查看效果，如图5-3所示。

图5-3

因为每次运行draw()函数的代码都会检测x的数值(圆心)是否超过了画布宽度，当圆形的中心移出了屏幕，圆形就消失了，而实际情况应该是检测圆形的边缘是否移出屏幕时圆形才消失，相当于检测x的数值(圆心)是否超过了画布宽度加圆形半径之和的数值。修改代码如下：

```
1  //圆圈移动到右端之后返回左端
2  if (x>=width+50) {                    //检测x的数值是否超过了画布宽度加圆形半径之和
3    x=-50;
4  }
```

提示

这是一种很简单很常用的重复运动的方式，在前面的实例中已经有所提及。

继续将前面的程序代码(example5_04)进行扩展，使圆形碰到屏幕边缘时可以改变运动方向形成反弹的效果，这时需要创建一个速度变量speed，修改代码如下：

```
1  float x=50;                          //运行起始位置
2  float speed=5;                       //创建速度变量，值为5
3  void setup() {
4    size(800, 600);
5  }
6  void draw() {
7    background(0);
8    x+=speed;                          //水平位置递增量为速度变量
9    if (x>=width-50||x<=50) {
10     speed=-speed;                    //速度反转使运动反向
11   }
12   circle(x, 300, 100);
13 }
```

运行该程序(example5_05)，查看圆形在画布之间左右移动并触及边界反弹的效果，如图5-4所示。

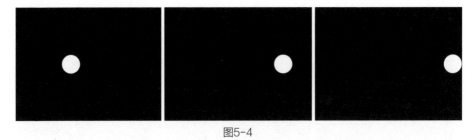

图5-4

speed值的正负代表圆形运动的方向，在此通过反转speed值实现圆形在屏幕上的反弹效果。

5.1.2 角度

在学习图形的旋转函数之前，需要先了解三角函数，正弦余弦曲线是做图形旋转的基础。首先，了解正弦曲线与角度的关系，输入代码如下：

```
1  float angle=0;                       //创建一个角度变量
2  void setup() {
3    size(400, 240);
4    strokeWeight(2);
5  }
6  void draw() {
7    //sin函数的参数使用弧度计算，需要使用radians函数将角度转换为弧度
8    float sinVal=sin(radians(angle));
9    sinVal=map(sinVal, -1, 1, 0, 360/PI);
10   point(angle, sinVal);
11   if (angle<360) {
12     angle+=1;
13   }
14 }
```

运行该程序(example5_06)，查看效果，如图5-5所示。

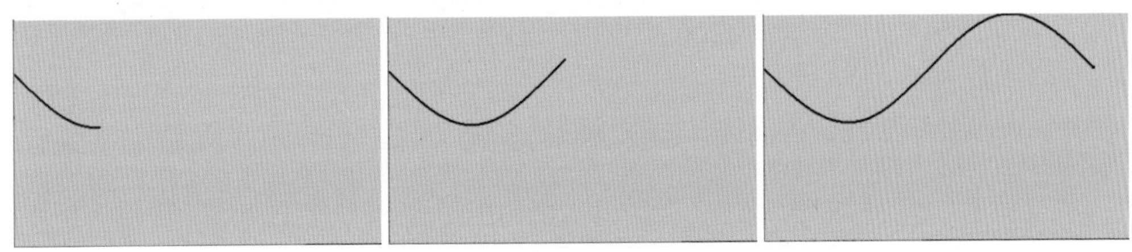

图5-5

在Processing中，sin()和cos()函数返回指定角度的正弦或余弦数值，该数值为-1～1。为了能够将图形表现出来，sin()和cos()函数返回的浮点值通常要乘以一个较大的值进行区间放大，或者使用map()函数将-1～1的数值映射到使用的数值区间。

下面再看看余弦曲线，输入代码如下：

```
1  float angle=0.0;
2  void setup() {
3    size(720, 480);
4    smooth();
5  }
6  void draw() {
7    float cosVal=cos(radians(angle));
8    cosVal=map(cosVal, -1, 1, 0, 360/PI);
9    circle(angle, cosVal+160, 20);
10   if (angle<720) {
11     angle+=6;
12   }
13 }
```

运行该程序(example5_07)，查看效果，如图5-6所示。

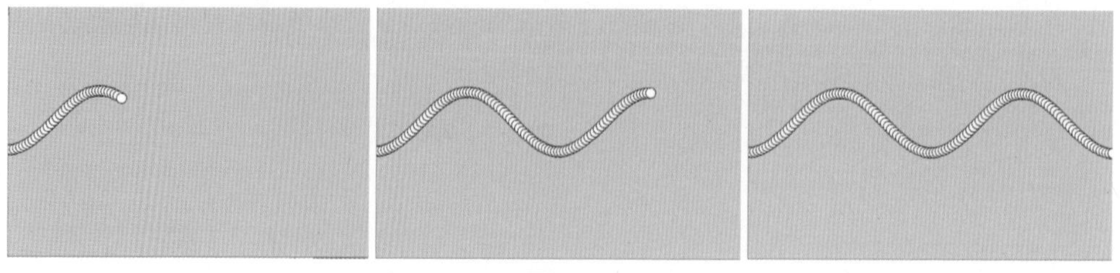

图5-6

理解正弦余弦函数后，就可以尝试实现圆周运动了。想让图形围绕着某一点旋转，需要使用三角函数找到圆周上某一点与原点的位置关系，如图5-7所示。

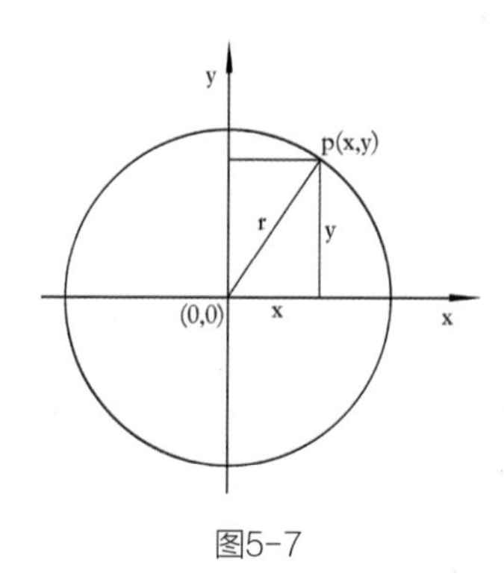

图5-7

圆周上任一点与原点连线所形成夹角的cos值乘以半径可以获得该点的x坐标，而该夹角的sin值乘以半径可以获得该点的y坐标。如果将夹角数值增大或减小，那么可以得到一个在圆周上运动的点的坐标值。输入代码如下：

```
1  float angle=0.0;
2  float r=200;
3  void setup() {
4    size(600, 600);
5    background(100);
6  }
7  void draw() {
8    stroke(255-angle);
9    float x=width/2+r*cos(angle);
10   float y=height/2+r*sin(angle);
11   line(width/2, height/2, x, y);
12   angle+=0.2;
13 }
```

运行该程序(example5_08)，查看连续绘制线段的效果，如图5-8所示。

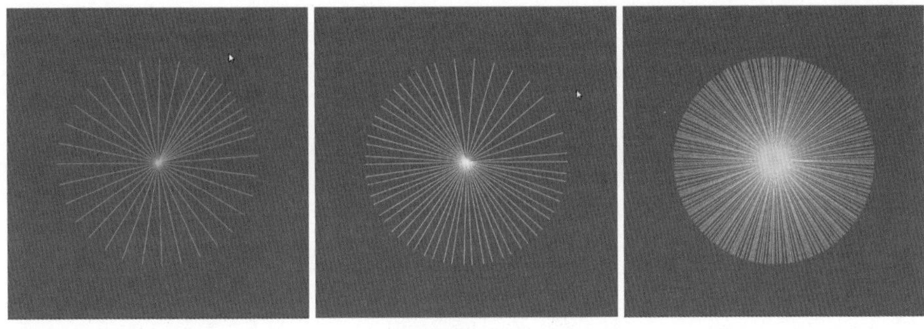

图5-8

还可以修改代码如下：

```
1 float x=width/2+(r-angle)*cos(angle);
2 float y=height/2+(r-angle)*sin(angle);
```

运行该程序(example5_09)，查看效果，如图5-9所示。

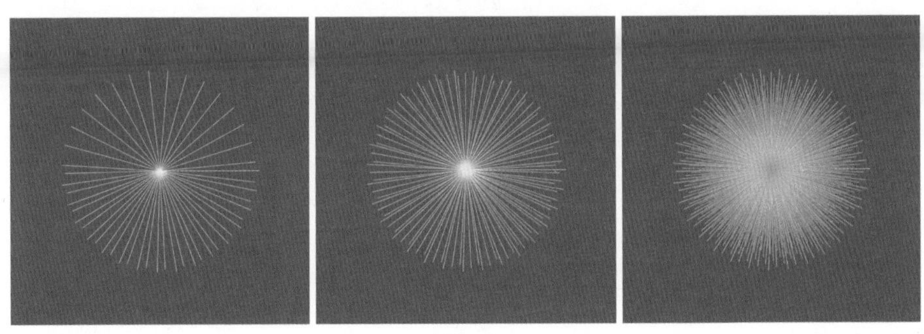

图5-9

5.1.3 平移

平移与前面讲解的移动不太一样，前面通过更改图形自身位置坐标的方法实现了移动。本小节将学习如何使用平移函数更改画布的坐标原点以完成图形的移动。除了可以实现移动之外，还可以对图形进行旋转和缩放等变换。输入代码如下：

```
1  float x=200;
2  float y=100;
3  void setup() {
4    size(600, 400);
5  }
6  void draw() {
7    if (keyPressed==true) {
8      if (keyCode==37) {                //若按下左箭头键，则x递减
9        x -=2;
10     }else if (keyCode==39) {          //若按下右箭头键，则x递增
11       x+=2;
12     }else if (keyCode==38) {          //若按下上箭头键，则y递减
13       y -=2;
```

```
14      }else if (keyCode==40) {          //若按下下箭头键，则y递增
15        y+=2;
16      }
17    }
18    translate(x, y);
19    rect(0, 0, 50, 50);
20  }
```

运行该程序(example5_10)，查看效果，如图5-10所示。

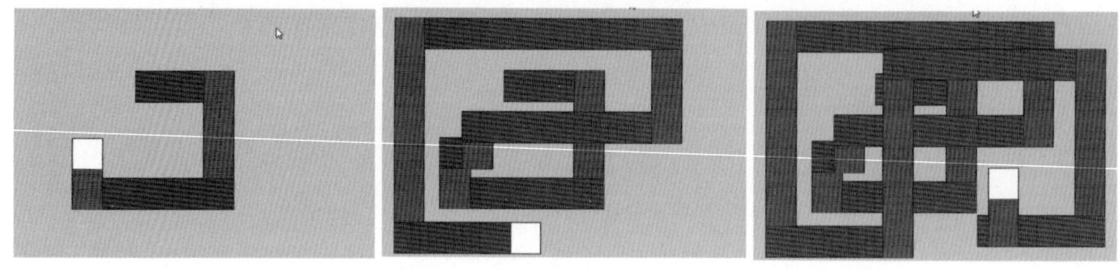

图5-10

虽然在本例中绘制的效果与改变矩形坐标的效果没有区别，但它们实现的原理却不一样。一个是将变化的变量x、y作为矩形绘制的位置参数，而本例中将画布坐标原点设置为x、y，矩形始终绘制在画布坐标原点的位置。

下面查看多个图形中对个别图形进行旋转的情况。输入代码如下：

```
1  float angle=0;
2  void setup() {
3    size(400, 400);
4    noStroke();
5    fill(220, 0, 0);
6    rectMode(CENTER);
7  }
8  void draw() {
9    background(200);
10   translate(100, 100);             //平移坐标原点
11   rotate(angle);
12   rect(0, 0, 80, 80);
13   resetMatrix();                   //恢复坐标
14   translate(300, 100);             //平移坐标原点
15   rotate(angle);
16   rect(0, 0, 80, 80);
17   resetMatrix();                   //恢复坐标
18   translate(100, 300);             //平移坐标原点
19   rotate(angle);
20   rect(0, 0, 80, 80);
21   resetMatrix();                   //恢复坐标
22   translate(300, 300);             //平移坐标原点
23   rotate(angle);
24   rect(0, 0, 80, 80);
25   resetMatrix();                   //恢复坐标
```

```
26    angle=angle+0.02;                    //角度递增
27  }
```

运行该程序(example5_11)，查看图形的旋转效果，如图5-11所示。

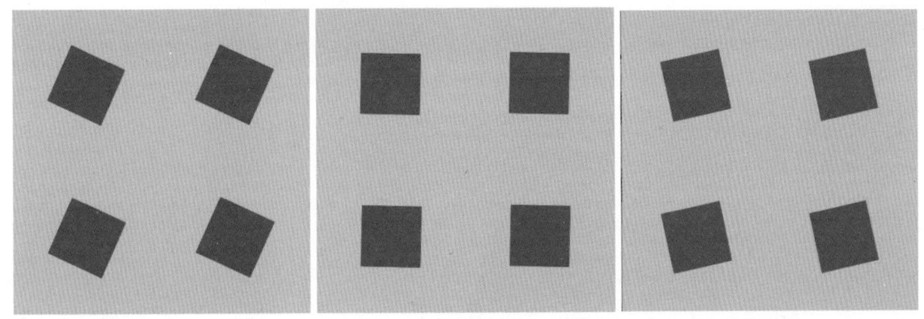

图5-11

5.1.4 旋转

rotate()函数可以旋转整体画布坐标系，其参数用于设置旋转角度，该参数也是以弧度制进行计算的。

绘制旋转的图形，首先编写rotate()函数设置旋转角度，然后再编写图形绘制函数。输入代码如下：

```
1  float angle=0;
2  void setup() {
3    size(600, 400);
4  }
5  void draw() {
6    rotate(radians(angle));
7    rect(0, 0, 200, 200);
8    angle++;
9  }
```

运行该程序(example5_12)，查看效果，如图5-12所示。

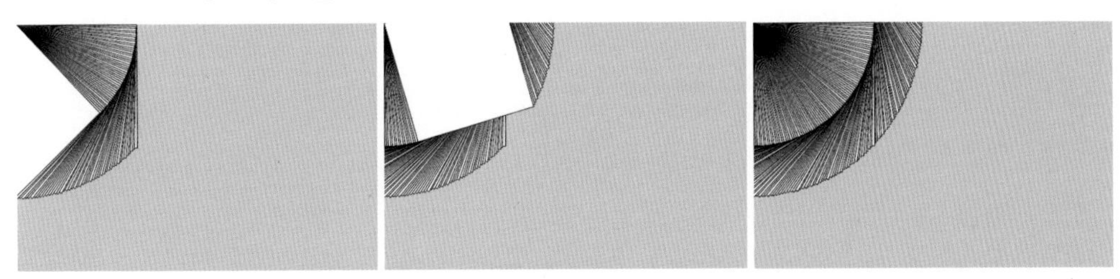

图5-12

矩形一直围绕着画布坐标原点(矩形左上角)进行旋转，接下来使用translate()函数将画布坐标原点移动到屏幕中心再执行rotate()函数。修改代码如下：

```
1  float angle=0;
2  void setup() {
```

```
3    size(600, 400);
4  }
5  void draw() {
6    translate(300, 200);                    //移动画布坐标原点至画布中心
7    rotate(radians(angle));
8    rect(0, 0, 200, 200);
9    angle++;
10 }
```

运行该程序(example5_13)，查看效果，如图5-13所示。

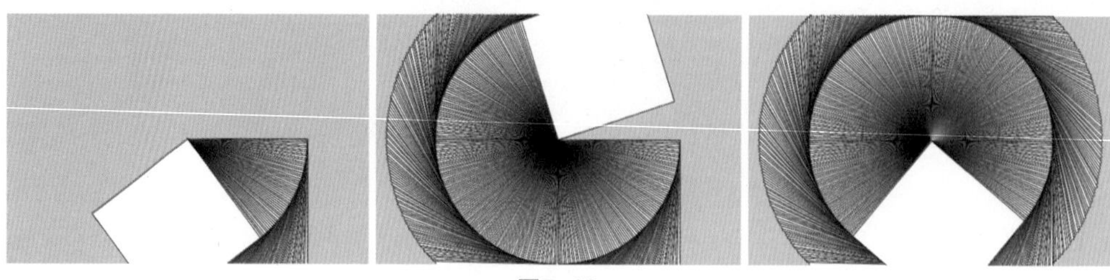

图5-13

先平移坐标系，还是先旋转坐标系，这两个函数的编写顺序不同，所呈现的效果是截然不同的。修改代码如下：

```
1  void draw() {
2    rotate(radians(angle));
3    translate(300, 200);                    //移动画布坐标原点至画布中心
4    rect(0, 0, 200, 200);
5    angle++;
6  }
```

运行该程序(example5_14)，对比效果，如图5-14所示。

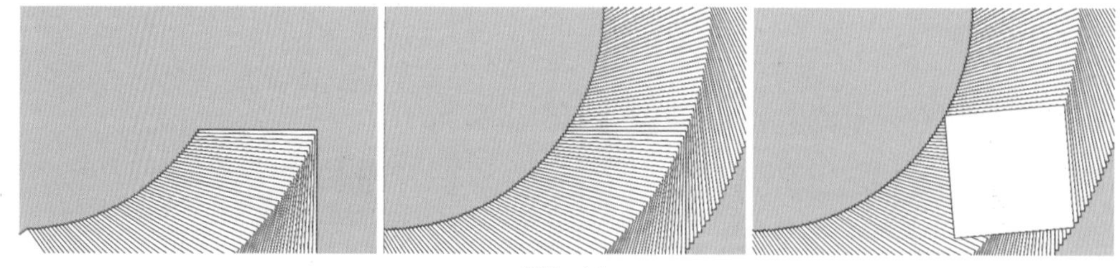

图5-14

5.1.5 缩放

scale()函数可以拉伸画布的坐标系，图形会随着坐标系而缩放。将scale()函数的参数值设置为5，相当于放大坐标系的500%；而将参数值设置为0.5，相当于缩小到坐标系的50%。输入代码如下：

```
1  void setup() {
2    size(600, 400);
3    rectMode(CENTER);
```

```
4   background(0);
5 }
6 void draw() {
7   translate(300, 200);
8   scale(map(mouseX, 0, 600, 0, 3));
9   rect(0, 0, 100, 100);
10 }
```

运行该程序(example5_15)，查看效果，如图5-15所示。

图5-15

本例使用map()函数将鼠标指针的x轴坐标数值从0～600区间映射到0～5区间，然后赋给scale()函数的参数，绘制的矩形会根据鼠标指针x轴的位置进行从0～500%的放大变化。

如果在实例中同时出现了平移、旋转和缩放函数，那么需要注意它们的顺序。通常都是先平移，然后再旋转和缩放。输入代码如下：

```
1 float ang=0;
2 void setup() {
3   size(600, 400);
4   background(0);
5 }
6 void draw() {
7   ang+=0.1;
8   translate(mouseX, mouseY);          //跟随鼠标位置平移坐标原点
9   rotate(ang);
10  scale(map(mouseX, 0, 600, 0, 1));
11  rect(0, 0, 100, 100);
12 }
```

运行该程序(example5_16)，查看效果，如图5-16所示。

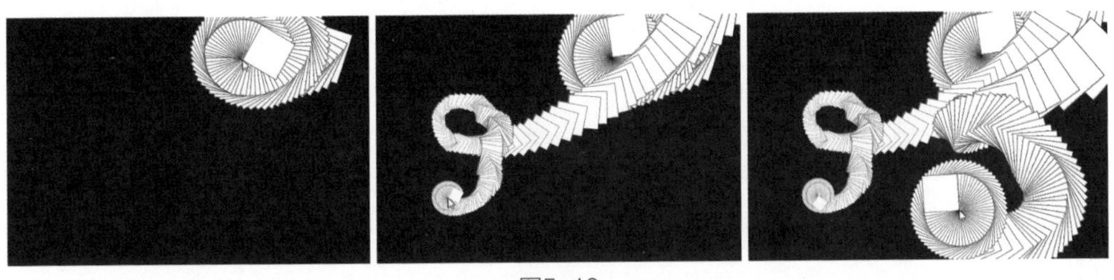

图5-16

5.1.6 push()和pop()函数

Processing程序的执行顺序是从上向下的，前面的几何变换函数会对后面的图形产生影响，有时就需要将一些几何变换函数隔离开，这时就用到了push()和pop()函数。当push()函数运行时，它会保存当前坐标系和绘图样式，在pop()函数运行后再恢复。这样在项目中有些图形需要变换，而有些图形不需要变换，使用push()和pop()函数就能完成这个效果。输入代码如下:

```
1  float a=0;
2  void setup() {
3    size(600, 400);
4    noFill();
5    stroke(0);
6  }
7  void draw() {
8    background(255);
9    a+=0.1;
10   //单独旋转矩形
11   push();
12   translate(300, 200);
13   rotate(a);
14   translate(-100, -100);
15   rect(0, 0, 200, 200);
16   pop();
17   //单独缩放圆形
18   push();
19   stroke(0, 50);
20   translate(300, 200);
21   scale(random(5));
22   ellipse(0, 0, 40, 40);
23   pop();
24 }
```

运行该程序(example5_17)，查看效果，如图5-17所示。

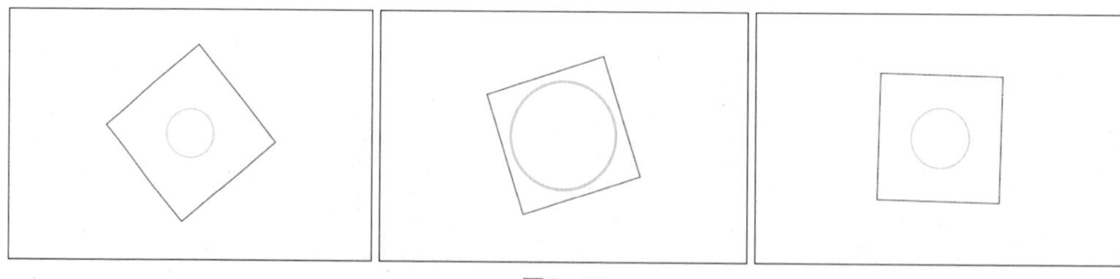

图5-17

如果要修改代码，可将绘制矩形的push()和pop()函数注释掉，下面查看图形的效果。

```
1  void draw() {
2   background(255);
3   a+=0.1;
```

```
4   //单独旋转矩形
5   //push();
6   translate(300, 200);
7   rotate(a);
8   translate(-100, -100);
9   rect(0, 0, 200, 200);
10  //pop();
11  //单独缩放圆形
12  //push();
13  stroke(0, 50);
14  translate(300, 200);
15  scale(random(5));
16  ellipse(0, 0, 40, 40);
17  //pop();
18 }
```

运行该程序(example5_18)，查看效果，可见绘制的圆形并不在画面的中心，这是因为前面的translate()函数对其也存在影响，如图5-18所示。

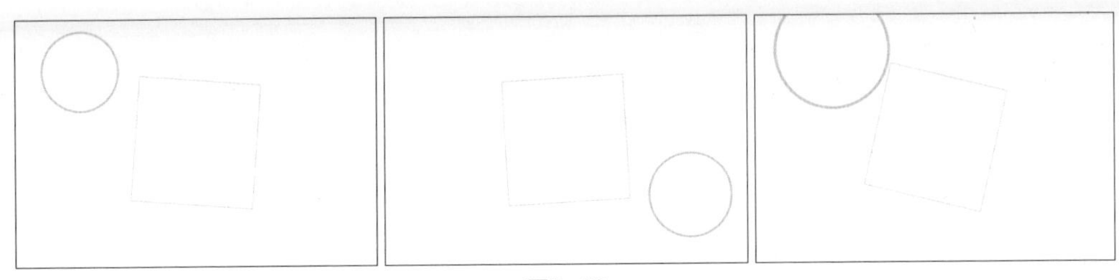

图5-18

5.2 路径动画

在前面已经学习过如何绘制贝塞尔曲线，那么如何实现从贝塞尔曲线的开端沿着曲线路径运动到曲线的末端呢？Processing提供了一个bezierPoint()函数，它可以在贝塞尔曲线上进行插值运算，求出曲线上0~1之间t时刻点的坐标值。输入代码如下：

```
1  float t;
2  void setup() {
3    size(900, 600);
4    background(200);
5    rectMode(CENTER);
6  }
7  void draw() {
8    noFill();
9    bezier(100, 200, 150, 400, 450, 400, 500, 200); //设置曲线参数
10   float x=bezierPoint(100, 150, 450, 500, t);      //曲线上点的x坐标
11   float y=bezierPoint(200, 400, 400, 200, t);      //曲线上点的y坐标
12   fill(255, 0, 0);
13   rect(x, y, 50, 30);
```

```
14    if (t<=1) {
15      t+=0.01;
16    }
17  }
```

运行该程序(example5_19)，查看矩形沿曲线运动的效果，如图5-19所示。

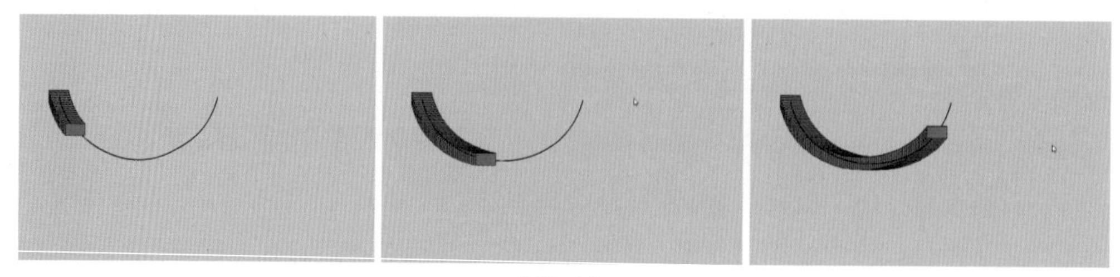

图5-19

矩形沿曲线路径运动，通过bezierTangent()函数实时计算它在曲线上的切线方向，并旋转它的角度，使它跟随路径的同时能够改变角度。输入代码如下：

```
1   void draw() {
2     noFill();
3     bezier(100, 200, 150, 400, 450, 400, 500, 200);      //设置曲线参数
4     float x=bezierPoint(100, 150, 450, 500, t);          //曲线上点的x坐标
5     float y=bezierPoint(200, 400, 400, 200, t);          //曲线上点的y坐标
6     float tx=bezierTangent(100, 150, 450, 500, t);       //求出切线方向x分量
7     float ty=bezierTangent(200, 400, 400, 200, t);       //求出切线方向y分量
8     float radian=atan2(ty, tx);                          //根据切线方向分量求出角度
9     translate(x, y);                                     //坐标原点移到曲线上点的位置
10    rotate(radian);                                      //坐标系旋转
11    fill(255, 0, 0);
12    rect(0, 0, 50, 30);
13    if (t<=1) {
14      t+=0.01;
15    }
16  }
```

运行该程序(example5_20)，查看矩形沿曲线运动的效果，如图5-20所示。

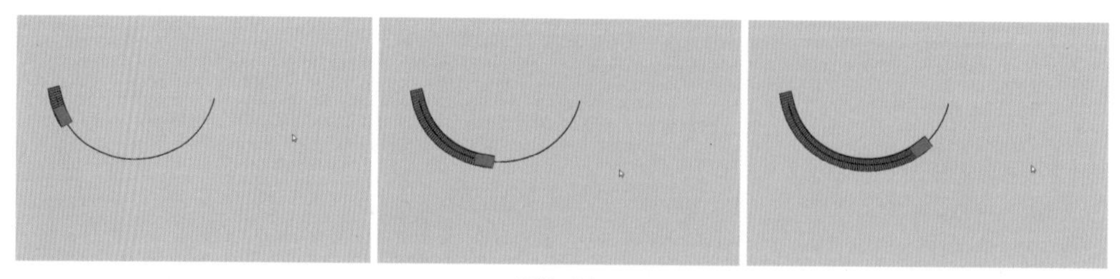

图5-20

绘制Curve曲线和绘制Bezier曲线的方法类似，都需要给定两个控制点和两个锚点，不同的是Curve曲线开始绘制的时候需要先给定控制点，再给定锚点。在Processing中绘制Curve曲线使用curve()函数。

读者可以尝试使用curvePoint()函数和curveTangent()函数创建在多条曲线上的连续路径动画。

5.3 随机动画

在真实世界中并非所有运动都是线性匀速地平移或旋转，大多数的运动往往是不规则的。例如，从树上飘落的树叶或在土路上颠簸行驶的车辆，它们的运动都具有随机性。Processing可以通过random()函数和noise()函数产生随机数值模拟现实世界不可预测的行为。

下面几行简短的代码可以输出随机数值并显示在控制台上，输入代码如下：

```
1 void setup() {
2   size(600, 400);
3 }
4 void draw() {
5   float x=random(0, 20);
6   println(x);
7 }
```

运行该程序(example5_21)，在控制台中可以查看x的随机数值，如图5-21所示。

图5-21

random()函数可以设置一个或两个参数。如果仅有一个参数，随机从0至这个参数之间获取任意浮点数值；如果有两个参数，随机获取这两个参数之间的任意浮点数值。

如果要获得整数，也可以取整，输入代码如下：

```
1 void draw() {
2   int x=int(random(0, 20));
3   println(x);
4 }
```

运行该程序(example5_22)，在控制台中显示的数值都是整数，如图5-22所示。

图5-22

也可以用下面的代码：

```
1 void draw() {
2   int x=round(random(0, 20));
3   println(x);
4 }
```

同样可以输出整数，但与int()取整是有区别的，读者可以去查阅相关知识。

结合前面学习过的三角函数知识，绘制从屏幕的中心连接到半径呈随机分布的圆周上的线段。输入代码如下：

```
1  float angle=0;
2  void setup() {
3    size(800, 600);
4    colorMode(HSB, 360, 100, 100);                    //定义色彩模式
5    strokeWeight(3);
6  }
7  void draw() {
8    stroke(random(360), 100, 100);                    //定义描边颜色
9    float r=random(20, 300);
10   for(angle=0; angle<=3600; angle+=10) {
11     float x=width/2+cos(radians(angle))*r;         //圆周上点的x坐标
12     float y=height/2+sin(radians(angle))*r;        //圆周上点的y坐标
13     line(width/2, height/2, x, y);                 //绘制画布中心到圆周的线条
14   }
15 }
```

运行该程序(example5_23)，查看效果，如图5-23所示。

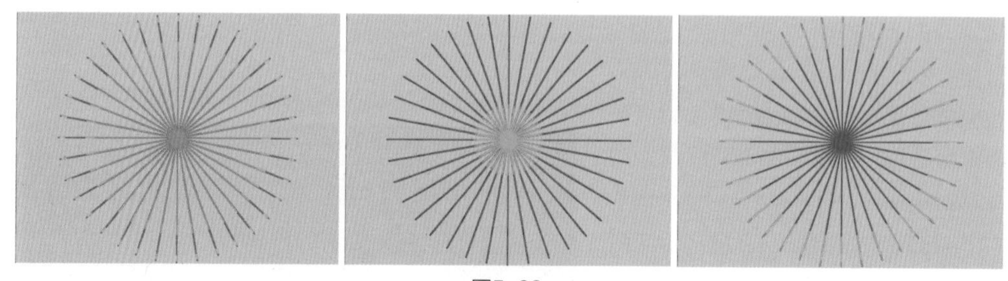

图5-23

下面再看一个圆形以随机速度运动的例子，draw()函数每次运行都会随机改变圆形的位置，为了避免圆形可能会移动到画布外面并且消失，需要添加一些限制条件或者使用constrain()函数将位置变量限制在特定的范围内。输入代码如下：

```
1  float speed=5.0;
2  float x;
3  float y;
4  void setup() {
5    size(600, 400);
6    background(200);
7    x=width/2;
8    y=height/2;
9  }
10 void draw() {
11   x+=random(-speed, speed);
12   y+=random(-speed, speed);
13   x=constrain(x, 0, width);          //限定变量x的数值在0和宽度区间
14   y=constrain(y, 0, height);         //限定变量y的数值在0和高度区间
15   circle(x, y, 30);
16 }
```

运行该程序(example5_24)，查看效果，如图5-24所示。

图5-24

除了使用random()函数生成随机数值，还可以使用noise()函数生成随机数值。

noise()函数也称噪波函数，它是一种随机序列，与random()函数相比，它产生的随机数值更自然且有序。该算法是Ken Perlin在20世纪80年代初期发明的，用于在图形应用程序中生成纹理、形状和地形。noise()函数生成的噪波图形非常像音频信号，类似于物理学中的谐波。

创建一个随机图形，输入代码如下：

```
1  float x, y;
2  float ty=0;
3  void setup() {
4    size(600, 400);
5    strokeWeight(4);
6  }
7  void draw() {
8    x=x+1;
9    y=noise(ty);
10   y=map(y, 0, 1, 0, 400);
11   ty+=0.01;
12   point(x, y);
13 }
```

运行该程序(example5_25)，查看效果，如图5-25所示。

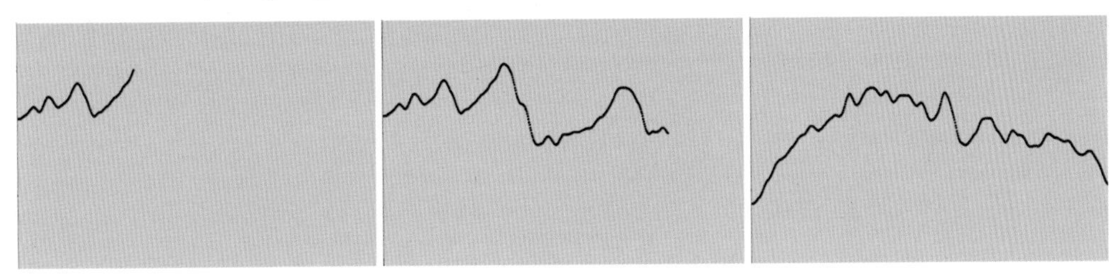

图5-25

noise()函数根据所给的参数可以生成一维、二维和三维噪波，其值从0至1随机分布。因此，noise()函数经常与map()函数一起使用，目的是将随机的0～1的数值映射到需要的数值区间中。输入代码如下：

```
1  float time=0;
2  void setup() {
3    size(900, 600);
```

```
4  }
5  void draw() {
6    background(255);
7    float x=0;
8    while (x<width) {
9      float y=map(noise(x/100, time), 0, 1, 0, 50);
10     line(x, 300+y, x, height);
11     x=x+1;
12   }
13   time=time+0.02;
14 }
```

运行该程序(example5_26)，查看类似波浪的效果，如图5-26所示。

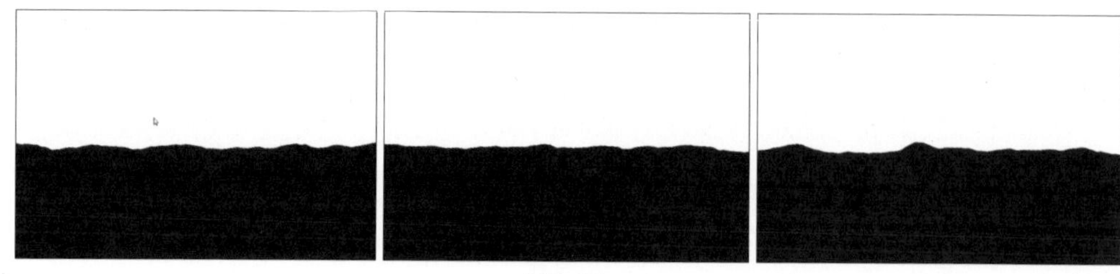

图5-26

5.4 运动缓冲

运动缓冲是指从运动到停止之间有一定的减速时间，而不是很直接地停止或启动，该技术称为缓动(easing)。比如下面的实例，当移动鼠标时，红色的小圆形紧跟其后，但只有当鼠标停下来，这个小圆形才慢慢停到鼠标的位置，这样的跟随更具弹性，也使动作更加流畅、自然。

使用easing()函数得到两个值，即当前的值和向前运动的值。输入代码如下：

```
1  float x=300;                        //定义图形初始位置
2  float y=200;
3  float easing=0.05;                  //定义缓动因子
4  void setup() {
5    size(900, 600);
6  }
7  void draw() {
8    background(0);
9    float diffX=mouseX-x;             //光标位置与当前图形中心位置的距离
10   float diffY=mouseY-y;
11   x+=diffX*easing;
12   y+=diffY*easing;
13   fill(240, 50, 50);
14   noStroke();
15   ellipse(x, y, 40, 40);
16 }
```

运行该程序(example5_27)，移动鼠标，查看红色圆形跟随鼠标的运动效果，如图5-27所示。

图5-27

X和Y变量的值总是接近于targetX和targetY，圆形只有在鼠标停止或长或短的时间之后才能位置重合，这个时间长短取决于easing的值，值越小，延迟时间就越长；值越大，则延迟时间就越短。如果easing的值为1，就不存在延迟，圆形就直接跟着鼠标移动了。

下面修改背景的代码，创建圆形的拖尾效果，这种延迟的效果会更明显。修改代码如下：

```
1  ......
2  void draw() {
3    //background(0);
4    fill(0, 10);                        //设置矩形的填充颜色和不透明度
5    rect(0, 0, width, height);          //绘制一个全屏的矩形
6    float diffX=mouseX-x;               //光标位置与当前图形中心的距离
7    float diffY=mouseY-y;
8    x+=diffX*easing;
9    y+=diffY*easing;
10   fill(240, 50, 50);
11   noStroke();
12   ellipse(x, y, 40, 40);
13 }
```

运行该程序(example5_28)，移动鼠标，查看红色圆形跟随鼠标的运动拖尾效果，如图5-28所示。

图5-28

用户在理解easing()函数的基础上，下面可以手动绘制光滑的线条。输入代码如下：

```
1  float x, y, px, py;                   //定义位置变量
2  float easing=0.08;                    //定义缓冲因子
3  void setup() {
4    size(600, 400);
```

```
5    background(255);
6  }
7  void draw() {
8    fill(255, 1);
9    noStroke();
10   rect(0, 0, width, height);
11   float diffX=mouseX-x;                //光标位置与当前图形位置的距离
12   float diffY=mouseY-y;
13   x+=diffX*easing;
14   y+=diffY*easing;
15   float speed=dist(px, py, x, y);      //当前位置与前位置的距离，代表鼠标移动速度
16   stroke(0);
17   float weight=abs(16-speed);          //描边宽度与鼠标移动速度反比
18   strokeWeight(weight);
19   line(x, y, px, py);
20   px=x;
21   py=y;
22 }
```

运行该程序(example5_29)，移动鼠标，查看手绘线条的效果，如图5-29所示。

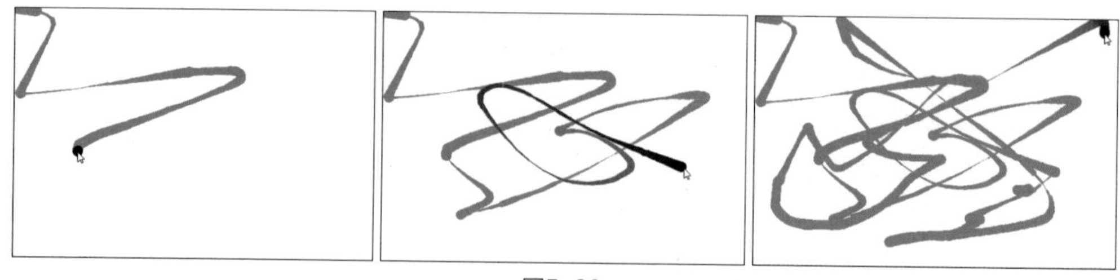

图5-29

5.5 事件流

frameRate()函数用于设置每秒显示的帧数，意味着draw()函数循环执行的次数。noLoop()函数用于从循环中停止draw()函数，附加函数loop()和redraw()提供了当组合使用鼠标和键盘事件函数时的更多选择。

如果一个程序被noLoop()函数暂停，loop()函数可恢复其运行。因为在程序被noLoop()函数暂停之后，只有事件函数能继续运行，在事件函数中能用loop()函数继续运行draw()函数中的代码。在下面的实例中，每次按下鼠标按键时，程序都将运行draw()函数两秒，然后暂停。输入代码如下：

```
1  int frame=0;
2  void setup() {
3    size(600, 400);
4  }
5  void draw() {
6    if (frame>120) {
7      noLoop();
```

```
8      background(0);
9    }else {
10     background(204);
11     line(mouseX, 0, mouseX, 400);
12     line(0, mouseY, 600, mouseY);
13     frame++;                          //帧计数
14   }
15 }
16 void mousePressed() {                 //按下鼠标，重新运行程序和帧计数
17   loop();
18   frame=0;
19 }
```

运行该程序(example5_30)，查看效果，如图5-30所示。

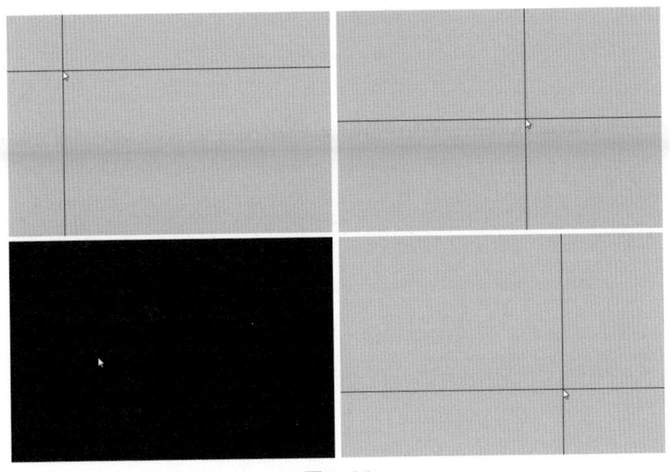

图5-30

redraw()函数运行draw()函数中的代码一次，然后停止执行。当显示窗口不需要持续更新时，这个函数很有用。下面的实例在用户每次按下鼠标按键时，draw()函数中的代码就运行一次。

```
1  int wi;
2  int col;
3  void setup() {
4    size(500, 400);
5    colorMode(HSB, 100);
6    noStroke();
7    wi=int(random(500));
8    col=int(random(100));
9  }
10 void draw() {
11   int x=0;
12   fill(col, 80, 80);
13   rect(x, 0, wi, height);
14   x=x+wi;
15 }
16 void mousePressed() {
```

```
17    setup();                                //运行一次初始化
18    redraw();                               //运行一次绘制函数
19  }
```

运行该程序(example5_31)，查看效果，如图5-31所示。

图5-31

5.6 动画实战

5.6.1 星空效果

本例主要使用数组定义众多粒子的位置、速度、大小和亮度，以模拟星空的效果。

首先应用数组创建随机位置的点，输入代码如下：

```
1  float[] x=new float[200];               //创建x数组，长度为200
2  float[] y=new float[200];               //创建y数组，长度为200
3  void setup() {
4    size(900, 600);
5    background(0);
6    stroke(255);
7    noCursor();                           //隐藏光标
8    //使用循环随机获取位置参数
9    int i=0;
10   while (i<200) {
11     x[i]=random(0, width);
12     y[i]=random(0, height);
13     i=i+1;
14   }
15 }
16 void draw() {
17   background(0);
18   int i=0;
19   while (i<200) {
20     stroke(255);
21     strokeWeight(5);
22     point(x[i], y[i]);
23     i=i+1;
24   }
25 }
```

运行该程序(example5_32_1)，查看随机粒子效果，如图5-32所示。

图5-32

要让这些星星运动起来，可创建速度变量数组，代码如下：

```
1  float[] speed=new float[200];
```

修改初始化部分代码如下：

```
1  while (i<200) {
2    x[i]=random(0, width);
3    y[i]=random(0, height);
4    speed[i]=random(1, 5);              //速度随机值
5    i=i+1;
6  }
```

修改绘画部分代码如下：

```
1  point(x[i], y[i]);
2  x[i]=x[i]-speed[i]/2;                 //x坐标递增量
3  if (x[i]<0) {                         //限定星星向左移出画布返回最右边
4    x[i]=width;
5  }
6  i=i+1;
```

运行该程序(example5_32_2)，查看粒子向左运动的效果，如图5-33所示。

图5-33

将星星运动快慢与大小进行关联，修改描边宽度代码如下：

```
1  strokeWeight(speed[i]);
```

运行该程序(example5_32_3)，查看粒子的运动效果，如图5-34所示。

图5-34

继续使星星的亮度与速度发生关联，修改代码如下：

```
1  float col=map(speed[i], 1, 5, 100, 255);
2  stroke(col);
```

运行该程序(example5_32)，查看一张大图，星空的层次就比较丰富了，如图5-35所示。

图5-35

5.6.2 飘动的卡片

本例主要使用噪波函数增强图片运动的流畅性和自然性。

首先创建移动、旋转和大小变换的图片，输入代码如下：

```
1  float num=10;                                          //定义一个变量
2  void setup() {
3    size(900, 600);
4    fill(255);
5    noStroke();
6    smooth();
7    rectMode(CENTER);
8  }
9  void draw() {
10   background(#810C2F);                                 //设置一个紫红色背景颜色
11   //平移坐标原点，用噪波随机确定位置
12   translate(width*noise(num+120), height*noise(num+150));
13   //旋转画布，确定噪波随机角度
14   rotate(10*noise(num+40));
15   //绘制矩形，噪波随机确定宽度和高度
16   rect(0, 0, 300*noise(30+num), 300*noise(30+num));
17   num=num+0.02;
18 }
```

运行该程序(example5_33_1)，查看卡片的动画效果，如图5-36所示。

图5-36

在draw()部分修改代码如下：

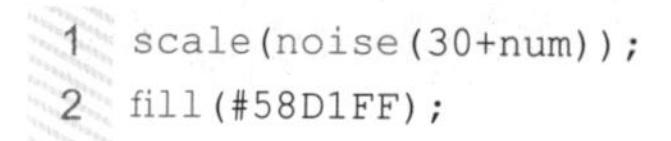

```
1  scale(noise(30+num));
2  fill(#58D1FF);                                         //设置矩形填充颜色为青蓝色
```

```
3 //绘制矩形，噪波随机确定宽度和高度
4 rect(0, 0, 300, 300);
```

运行该程序(example5_33_2)，查看卡片的动画效果，如图5-37所示。

图5-37

继续创建文字，添加代码如下：

```
1 fill(0);                              //设置文字填充颜色为黑色
2 textAlign(CENTER, CENTER);            //设置文字为中心对齐方式
3 textSize(42);                         //设置字号大小
4 text("D-Form", 0, -50);               //文字内容
5 text(58388116, 0, 30);
```

运行该程序(example5_33_3)，查看文字卡片的动画效果，如图5-38所示。

图5-38

再创建一个矩形，并设置为橙色边框，添加代码如下：

```
1 fill(#FFAF00);                        //设置矩形填充颜色为橙色
2 rect(0, 0, 320, 320);
3 fill(#58D1FF);                        //设置矩形填充颜色为青蓝色
4 //绘制矩形，噪波随机确定宽度和高度
5 rect(0, 0, 300, 300);
```

运行该程序(example5_33)，查看完成的卡片动画效果，如图5-39所示。

图5-39

图5-39(续)

5.6.3 动态进度表

本例先创建16个围绕中心均匀分布的四边形，输入代码如下：

```
1  int num=16;                        //定义一个整数变量，作为四边形的个数
2  float ang=PI/(num-1);              //四边形均匀分布的角度
3  float x1[]=new float [num];        //创建四边形顶点坐标的数组
4  float y1[]=new float [num];
5  float x2[]=new float [num];
6  float y2[]=new float [num];
7  float x3[]=new float [num];
8  float y3[]=new float [num];
9  float x4[]=new float [num];
10 float y4[]=new float [num];
11 float r1=300, r2=400;              //定义内外圆形半径的大小
12 float at=PI/40;                    //相邻四边形之间的夹角
13 void setup() {
14   size(900, 600);
15   smooth();
16   frameRate(25);
17 }
18 void draw() {
19   background(0);
20   translate(width/2, 500);         //平移画布坐标原点
21   rotate(PI);                      //旋转画布
22   //循环绘制16个环绕的四边形
23   for(int i=0; i<num; i++) {
24     stroke(100);
25     strokeWeight(6);
26     fill(100, 100);
27     quad(x1[i], y1[i], x2[i], y2[i], x3[i], y3[i], x4[i], y4[i]);
28     x1[i]=r1*cos(i*ang-at);
29     y1[i]=r1*sin(i*ang-at);
30     x2[i]=r2*cos(i*ang-at);
31     y2[i]=r2*sin(i*ang-at);
32     x3[i]=r2*cos(i*ang+at);
33     y3[i]=r2*sin(i*ang+at);
34     x4[i]=r1*cos(i*ang+at);
35     y4[i]=r1*sin(i*ang+at);
36   }
37 }
```

运行该程序(example5_34_1)，查看围绕分布四边形的效果，如图5-40所示。

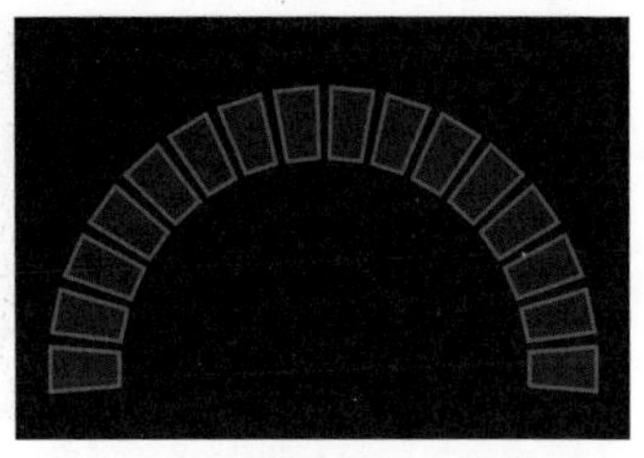

图5-40

继续绘制装饰用的环绕的点，添加代码如下：

```
1  //绘制16个环绕的点
2  for(int i=0; i<num; i++) {
3    stroke(255);
4    strokeWeight(3);
5    point(410*cos(i*ang), 410*sin(i*ang));
6  }
```

运行该程序(example5_34_2)，查看效果，如图5-41所示。

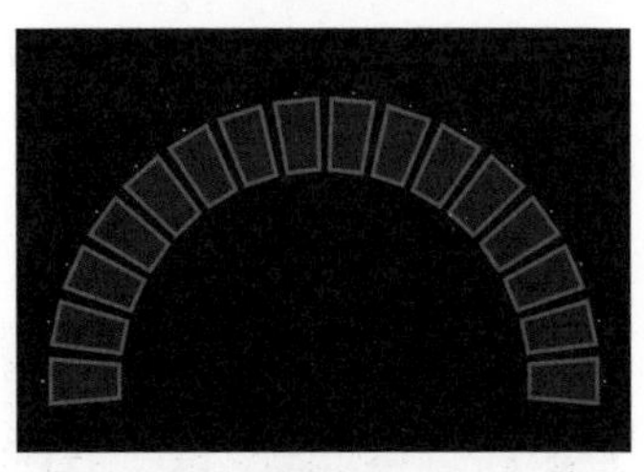

图5-41

再绘制一条半圆弧，添加代码如下：

```
1  //绘制一条半圆弧
2  noFill();
3  strokeWeight(2);
4  arc(0, 0, 560, 560, -at, PI+at);
```

运行该程序(example5_34_3)，查看效果，如图5-42所示。

图5-42

再绘制一条圆弧，作为小三角指针的运动路径。首先创建一个变量，并初始化，添加代码如下：

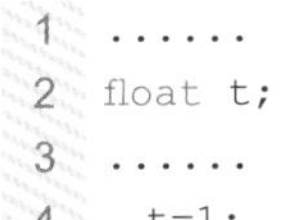

```
1  ......
2  float t;
3  ......
4    t=1;
5  ......
```

在draw()函数中添加代码如下：

```
1  //小三角指针运动路径
2  curve(320, -3450, -430, 0, 430, 0, -322, -3450);      //绘制曲线
3  float x=curvePoint(320, -430, 430, -320, t);           //曲线上点的x坐标
4  float y=curvePoint(-3450, 0, 0, -3450, t);             //曲线上点的y坐标
5  float tx=curveTangent(320, -430, 430, -320, t);        //曲线上点的切角分量
6  float ty=curveTangent(-3450, 0, 0, -3450, t);          //曲线上点的切角分量
7  float radian=atan2(ty, tx);                            //曲线上点面对圆心的角度
8  t -=0.00165;
9  if (t<0) {
10   t=0;
11 }
12 push();
13 translate(x, y);
14 rotate(radian-PI);                                     //小三角指针旋转角度
15 fill(255, 0, 0);
16 triangle(0, 16, -10, -8, 10, -8);
17 pop();
```

运行该程序(example5_34_4)，查看红色小三角指针运动的效果，如图5-43所示。

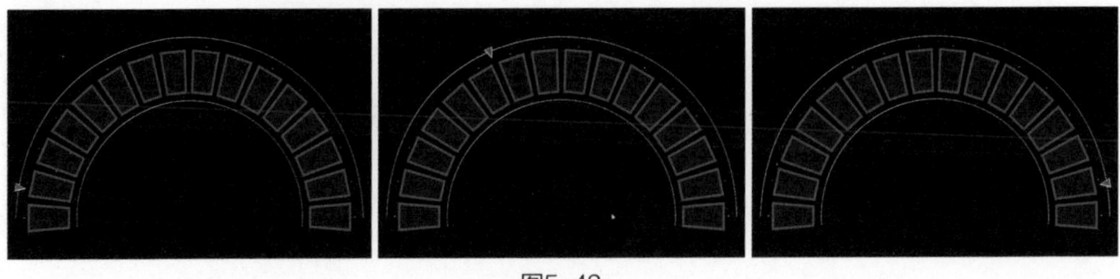

图5-43

在这一部分代码的上面添加代码如下：

```
1  noStroke();
```

运行该程序(example5_34_5)，查看效果，如图5-44所示。

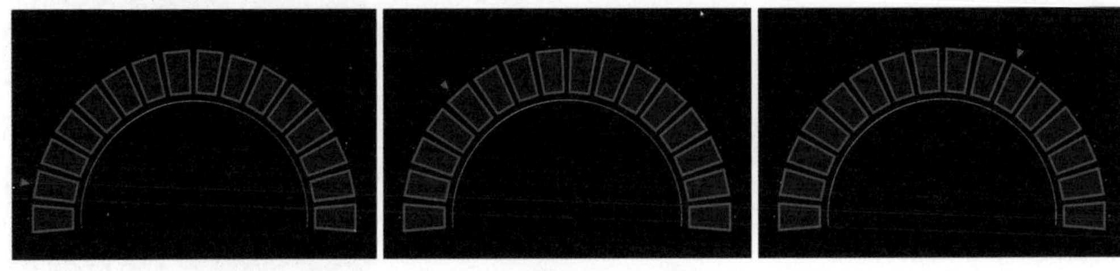

图5-44

创建图形并应用动态蒙版。添加代码如下：

```
1  PGraphics P1;                     //声明图形
2  PGraphics P2;
3  float att;                        //创建一个变量
4  ......
```

在setup()函数部分添加代码如下：

```
1  ......
2    P1=createGraphics(width, height);
3    P2=createGraphics(width, height);
4    att=-at;
5  ......
```

在draw()函数部分添加代码如下：

```
1  ......
2  //绘制环绕分布四边形的图形
3  P1.beginDraw();
4  P1.translate(width/2, 500);
5  P1.rotate(PI);
6  for(int i=0; i<num; i++) {
7    P1.noStroke();
8    P1.fill(255);
9    P1.quad(x1[i], y1[i], x2[i], y2[i], x3[i], y3[i], x4[i], y4[i]);
10   x1[i]=r1*cos(i*ang-at);
```

```
  y1[i]=r1*sin(i*ang-at);
  x2[i]=r2*cos(i*ang-at);
  y2[i]=r2*sin(i*ang-at);
  x3[i]=r2*cos(i*ang+at);
  y3[i]=r2*sin(i*ang+at);
  x4[i]=r1*cos(i*ang+at);
  y4[i]=r1*sin(i*ang+at);
}
P1.endDraw();
//绘制动态蒙版图形
P2.beginDraw();
P2.translate(width/2, 500);
P2.rotate(PI);
P2.noFill();
P2.stroke(#00D387);
P2.strokeCap(SQUARE);
P2.strokeWeight(100);
P2.arc(0, 0, 700, 700, -at, att);
att+=0.0054;
if (att>PI+at) {
  att=PI+at;
}
P2.endDraw();
//应用图形蒙版
resetMatrix();                          //重置坐标原点
P2.mask(P1);
image(P2, 0, 0);
......
```

运行该程序(example5_34_6)，查看色块环形填充的动画效果，如图5-45所示。

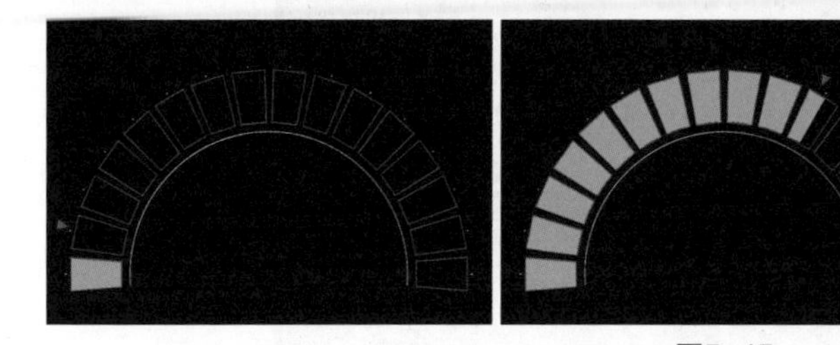
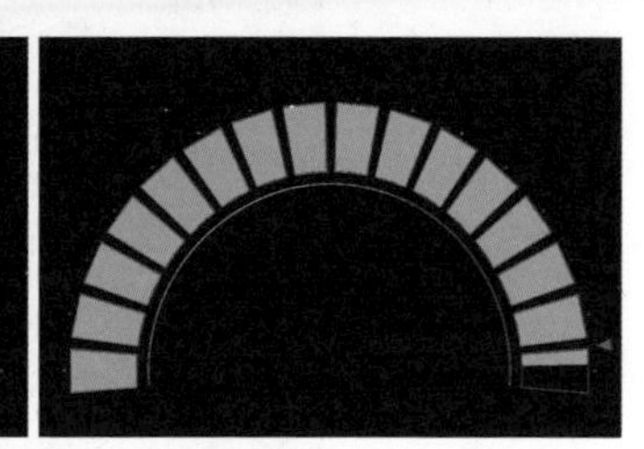

图5-45

添加文字，在draw()函数部分添加代码如下：

```
//创建动态计数文字
fill(255);
textSize(148);
textAlign(CENTER);                      //设置文字对齐方式
text(int(frameCount/6), 450, 450);//动态计数文字
textSize(42);
text("PERCENT", 450, 500);
if (frameCount>600) {                   //设置计数停止条件
```

```
9     frameCount=600;
10  }
```

运行该程序(example5_34_7)，查看动画效果，如图5-46所示。

图5-46

当程序运行到600帧，也就是20秒的时候，文字计数停留在100，绿色四边形填满，红色小三角指针也停留在最后位置。单击鼠标，重新开始动画。

在setup()函数中添加代码如下：

```
1  frameCount=0;
```

在代码的最后添加鼠标单击函数代码如下：

```
1  void mouseClicked() {
2    setup();
3    redraw();
4  }
```

运行该程序(example5_34)，查看完成的动态进度表效果，如图5-47所示。

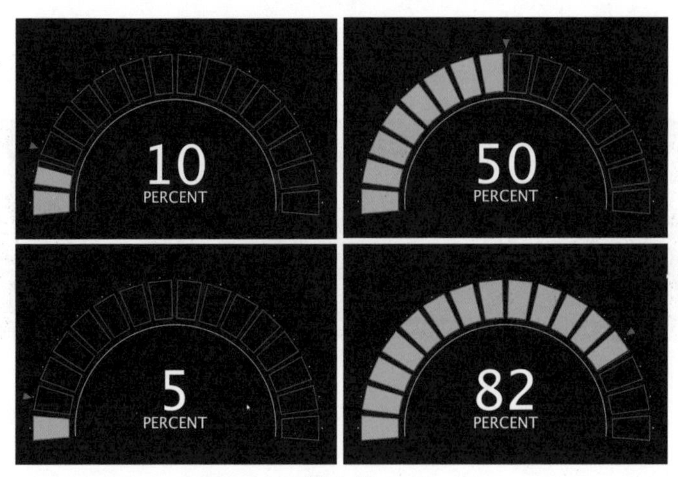

图5-47

5.6.4 运动感海报

本例主要运用运动拖尾美化动感图形，通过创建类优化程序结构，提高创意编程的效率。

首先绘制几个大小和运动速度不同的图形，输入代码如下：

```
1  Motion[] motions;                        //声明一个类
2  void setup() {
3    size(900, 600);
4    background(0);
5    colorMode(HSB, 360, 100, 100);
6    noStroke();
7    motions=new Motion[6];                 //定义数组
8    for(int i=0; i<6; i++) {
9      motions[i]=new Motion();
10   }
11 }
12 void draw() {
13   background(0);
14   for(int i=0; i<6; i++) {               //执行类
15     motions[i].display();
16   }
17 }
18 class Motion {                           //定义类
19   float x;
20   float y;
21   float radius;
22   float sp;
23   Motion() {
24     x=random(200, 600);
25     y=random(120, height);
26     radius=random(10, 40);
27     sp=random(2, 5);
28   }
29   void display() {
30     y -=sp;
31     if (y<-200) {
32       y=height+200;
33     }
34     rect(x, y, radius, radius*4);
35   }
36 }
```

运行该程序(example5_35_1)，查看运动图形的效果，如图5-48所示。

图5-48

为了方便用户管理代码，避免在一个程序中代码过长，可创建新的标签。单击▾按钮，新建标签命令，并进行命名，如图5-49所示。

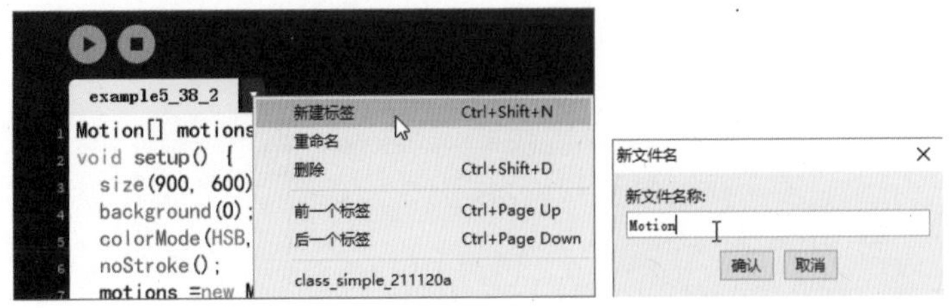

图5-49

将原来的代码复制并粘贴过来，如图5-50所示。

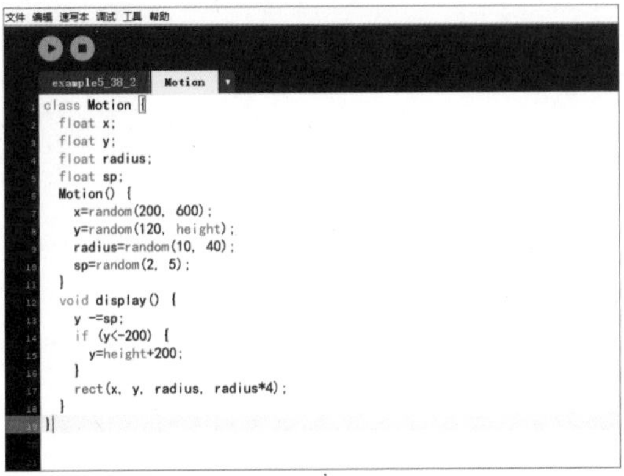

```
class Motion {
  float x;
  float y;
  float radius;
  float sp;
  Motion() {
    x=random(200, 600);
    y=random(120, height);
    radius=random(10, 40);
    sp=random(2, 5);
  }
  void display() {
    y -=sp;
    if (y<-200) {
      y=height+200;
    }
    rect(x, y, radius, radius*4);
  }
}
```

图5-50

为运动的方块设置填充颜色。创建变量，添加代码如下：

```
1  float col;
```

在setup()函数中进行初始化，添加代码如下：

```
1  col=random(260, 330);
```

在Motion标签的display()函数中添加颜色语句如下：

```
1  fill(col, 100, 100);
2  rect(x, y, radius, radius*4);
3  ......
```

运行该程序(example5_35_2)，查看动画效果，如图5-51所示。

图5-51

再创建一个类，修改代码如下：

```
1 Motion2[] motions2;
```

在setup()函数中添加代码如下：

```
1 motions 2=new Motion2[8];              //定义数组
2 for(int i=0; i<8; i++) {
3   Motions2[i]=new Motion2();
4 }
```

在draw()函数中添加代码如下：

```
1 for(int i=0; i<8; i++) {               //执行类
2   motions2[i].display();
3 }
```

新建标签Motion2，代码如下：

```
1  class Motion2 {
2    float x;
3    float y;
4    float radius;
5    float sp;
6    Motion2() {
7      x=random(200, 500);
8      y=random(120, height);
9      radius=random(10, 40);
10     sp=random(1, 6);
11   }
12   void display() {
13     y -=sp;
14     if (y<-200) {
15       y=height+200;
16     }
17     fill(col-90, 100, 100);
18     rect(x, y, radius, radius*4);
19   }
20 }
```

运行该程序(example5_35_3)，查看动画效果，如图5-52所示。

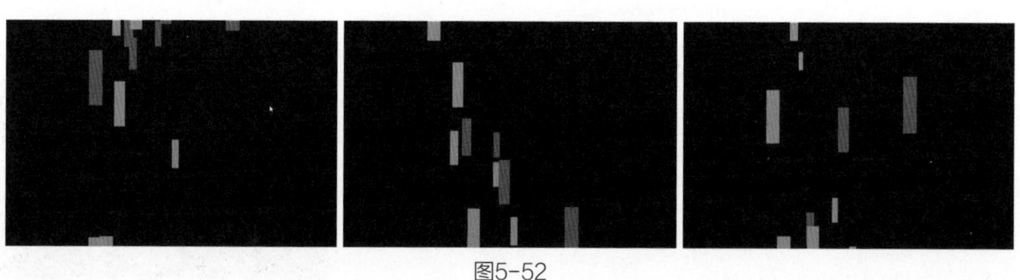

图5-52

创建拖尾效果，修改绘画部分的代码如下：

```
1 fill(0, 20);
2 rect(0, 0, width, height);
```

运行该程序(example5_35_4)，查看动画效果，如图5-53所示。

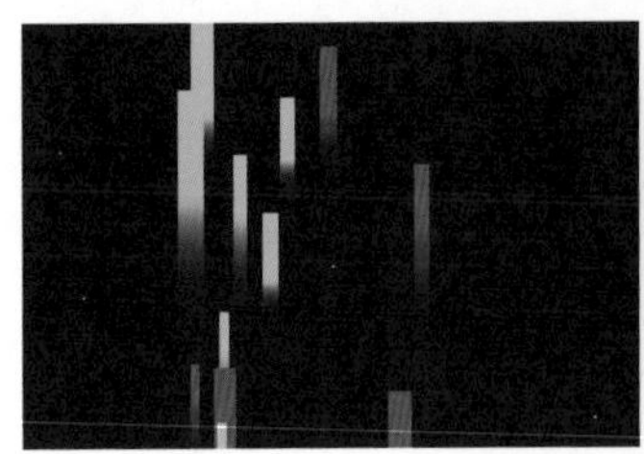
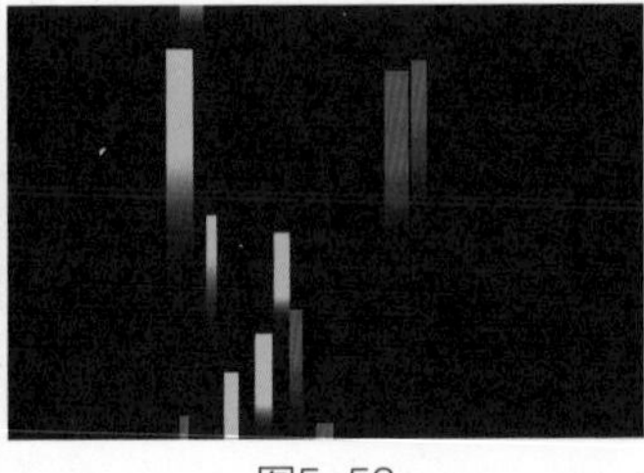
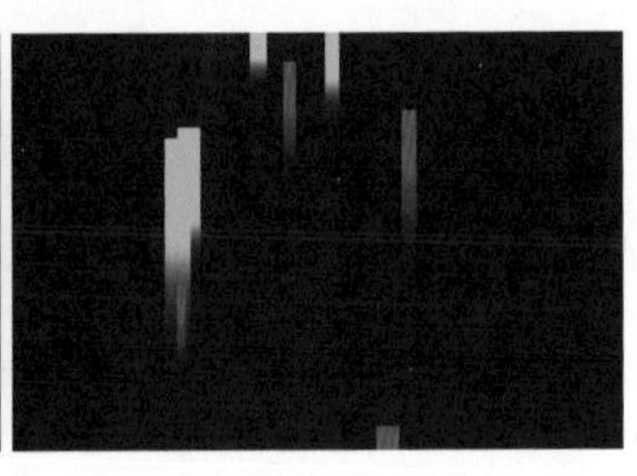

图5-53

旋转图形的方向，在draw()函数中添加代码如下：

```
1 translate(260, -100);                    //平移画布坐标原点
2 rotate(PI/6);                            //旋转画布
```

运行该程序(example5_35_5)，查看动画效果，如图5-54所示。

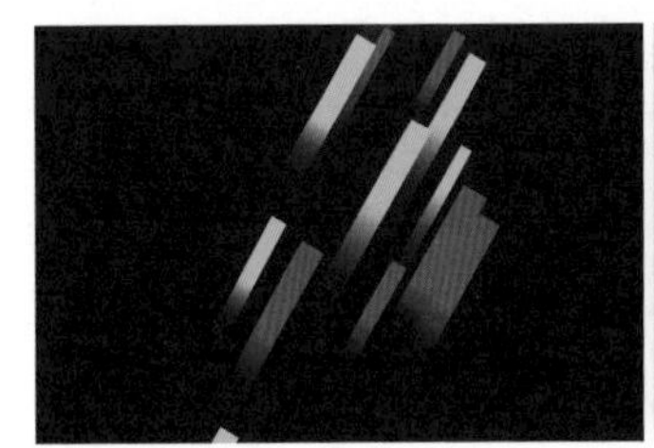

图5-54

添加标题文字，添加代码如下：

```
1 resetMatrix();                 //恢复画布坐标原点
2 fill(240);
3 textAlign(CENTER);
4 textSize(46);
5 text("sports", 450, 180);
6 textSize(160);
7 text("LET'S", 450, 340);
8 text("RUN", 450, 500);
```

运行该程序(example5_35_6)，查看效果，如图5-55所示。

图5-55

设置图形、文字的混合模式，在draw()函数中添加代码如下：

```
1 void draw() {
2   fill(0, 20);
3   rect(0, 0, width, height);
```

```
4    translate(260, -100);
5    rotate(PI/6);
6    for(int i=0; i<6; i++) {
7      motions[i].display();
8    }
9    blendMode(SCREEN);
10   for(int i=0; i<8; i++) {
11     motions2[i].display();
12   }
13   resetMatrix();
14   fill(240);
15   textAlign(CENTER);
16   textSize(46);
17   text("sports", 450, 180);
18   textSize(160);
19   text("LET'S", 450, 340);
20   text("RUN", 450, 500);
21   blendMode(BLEND);
22 }
```

运行该程序(example5_35_7)，查看动画效果，如图5-56所示。

图5-56

因为图形的颜色是随机的，每次运行都会有所不同，添加鼠标单击重新初始化的代码如下：

```
1 void mouseClicked() {
2   setup();
3 }
```

运行该程序(example5_35)，查看完成的动感效果，如图5-57所示。

图5-57

此时整体效果基本完成，当然读者可以应用所学的方法为文字创建动画效果。

5.7 本章小结

本章主要讲解在Processing中创建动画的方法，通过随机和缓冲模拟动画的真实自然感，以四种风格的实例帮助读者理解动画的原理，以及不同风格动画的组合技巧。

第6章 生成抽象图案

图案，顾名思义是指图形的设计方案，是设计者根据使用和美化目的，通过艺术构思，对器物的造型、色彩、装饰纹样等进行设计，然后按照设计思路和要求制成的图样。伴随着人类的发展和社会的进步，图案的价值逐渐显现并不断提高，图案的形式也越来越丰富多彩，对装点人们的生活有着重要的作用，甚至成为当今社会不可缺失的一部分。

6.1 理解for循环

在创作实践过程中，经常会需要将单一图形的代码进行多次复制并放置在不同的位置，但是由于复制后的图形坐标或大小需要发生变化，代码中要进行大量的修改，倘若每一行代码都要进行修改那就太麻烦了。例如下面的实例，绘制8个圆形，它们的位置和半径都发生梯次的变化。代码如下：

```
1  void setup() {
2   size(800, 600);
3   background(200);
4  }
5  void draw() {
6   circle(50, 300, 20);
7   circle(150, 300, 30);
8   circle(250, 300, 40);
9   circle(350, 300, 50);
10  circle(450, 300, 60);
11  circle(550, 300, 70);
12  circle(650, 300, 80);
13  circle(750, 300, 90);
14 }
```

运行该程序(example6_01)，查看效果，如图6-1所示。

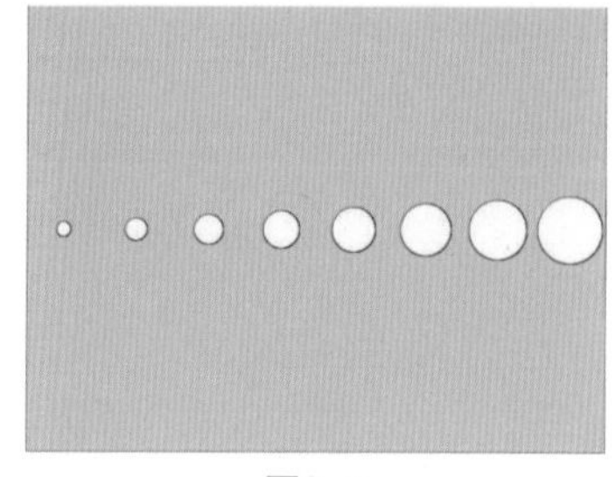
图6-1

本例绘制了8个圆形，在draw()函数中分别写入8段代码描述这些圆形的位置和直径。无论是一行行编写还是复制、粘贴代码，这个过程都非常枯燥乏味。如果使用for循环来完成这项工作，只需一行代码便能够多次执行，从而绘制出多个重复的图形。这样做让程序看起来更加有秩序，修改起来更加方便。修改后的代码如下：

```
1  float a=20;
2  void setup() {
3    size(800, 600);
4    background(200);
5  }
6  void draw() {
7    float x=50;
8    float r=20;
9    for(int i=1; i<=8; i++) {
10     circle(x, 300, r);
11     x=x+100;
12     r=r+10;
13   }
14 }
```

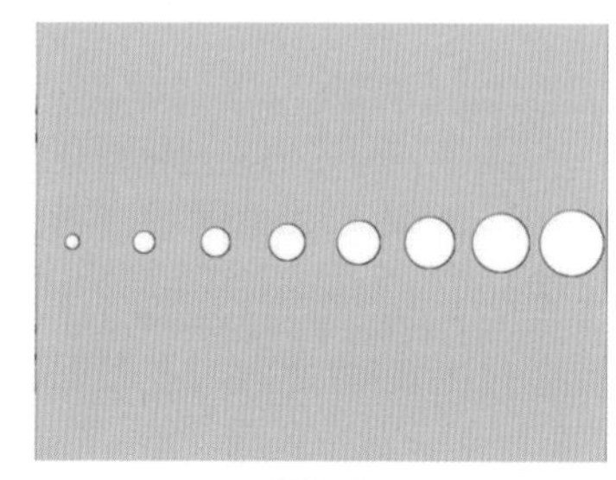
图6-2

运行该程序(example6_02)，查看效果，如图6-2所示。

可以看到，for循环的基本结构如下：

```
1  for(变量初始化; 变量比较; 计数) {
2    绘制函数或运算;
3  }
```

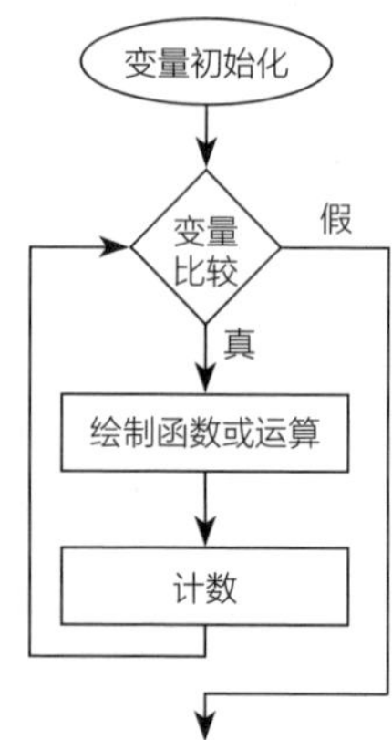

for后面紧跟的圆括号中包含三条用分号隔开的语句，它们决定了花括号中代码循环运行的次数。这三条语句依次被称为变量初始化、变量比较和计数。

(1) 变量初始化会创建变量并进行初始化赋值。比如，变量初始化创建的变量名称为i并赋值1。这里的i并没有什么特殊的含义，也可以定义为a、b、c或者其他的单词。

(2) 变量比较会判断此变量的当前值与比较值是否符合设定的条件，如果符合条件，那么执行花括号内的运算。比如，变量比较i<=10，它是一个关系表达式，判断变量i的值是否小于或等于10，如果条件满足，那么就执行绘制圆形的函数及其他运算。

(3) 每当执行完花括号内的运算，计数便会更改变量的值，之后再重复进行变量比较过程，让更新后的变量值与比较值再次进行比较。

使用for循环最大的好处是能够快速更改代码参数并获得不一样的效果。它与一行一行地更改参数相比显然会大大提高效率。在上面实例的基础上稍微修改代码，整个画面效果便截然不同。代码如下：

```
1  float a=20;
2  void setup() {
3    size(800, 600);
4    background(200);
5  }
6  void draw() {
7    float x=50;
8    float r=100;
9    for(int i=1; i<=12; i++) {
10     circle(x, 300, r);
11     x=x+80;
12     r=r-10;
13   }
14 }
```

运行该程序(example6_03)，查看效果，如图6-3所示。

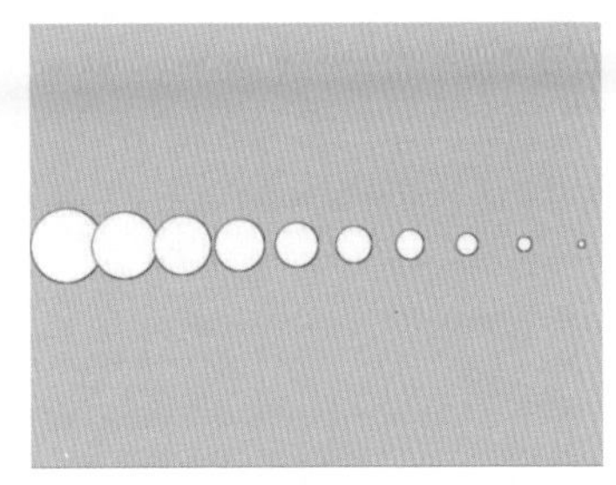

图6-3

当一个循环中嵌入另一个循环时，重复的次数将成倍增加。比如下面的代码：

```
1  float a=40;
2  void setup() {
3    size(800, 600);
4    background(200);
5    strokeWeight(4);
6    fill(180, 5, 5);
7  }
8  void draw() {
9    for(float x=0; x<=width; x+=a) {
10     for(float y=0; y<=height; y+=a) {
11       rect(x, y, 40, 40);
12     }
13   }
14 }
```

运行该程序(example6_04)，查看效果，如图6-4所示。

图6-4

6.2 几何抽象图案

抽象图案造型是对具象形态的概括和提炼，凡由集合形、偶然形、抽象文字等组成的不表现任何自然物或人为物的造型都是抽象造型。几何抽象图案是用抽象的点、线、面按照一定的方向、角度、距离，有规则地用排列、交错、重叠、连续等方法构成的图案形式。

点、线、面是图案造型的基础，因此图案造型的训练从此起步是十分必要的。

1. 点

在造型艺术中相对比较小的图形称为点。点的排列有横、竖、斜、折、波、曲等方向变化，点的组织有疏密、大小、反复、间隔、渐变等形式。输入代码如下：

```
1  size(900, 600);
2  strokeWeight(6);
3  for(int i=0; i<width; i+=60) {
4    point(i, 200);
5    push();
6    translate(i, 300);
7    rotate(PI/4);
8    square(0, 0, 10);
9    pop();
10 }
```

运行该程序(example6_05)，查看效果，如图6-5所示。

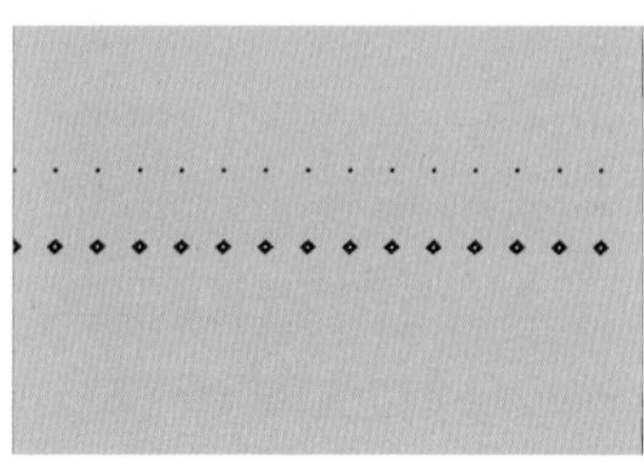

图6-5

下面增加几列点，组成稍复杂一些的图案，修改代码如下：

```
1  size(900, 600);
2  strokeWeight(6);
3  for(int i=0; i<width; i+=60) {
4    for(int j=0; j<height; j+=40) {
5      push();
6      translate(0, 200);
7      rotate(-PI/4);
8      push();
9      translate(i, j);
10     rotate(-PI/4);
11     square(0, 0, 10);
12     point(30, 20);
13     pop();
14     pop();
15   }
16 }
```

运行该程序(example6_06)，查看效果，如图6-6所示。

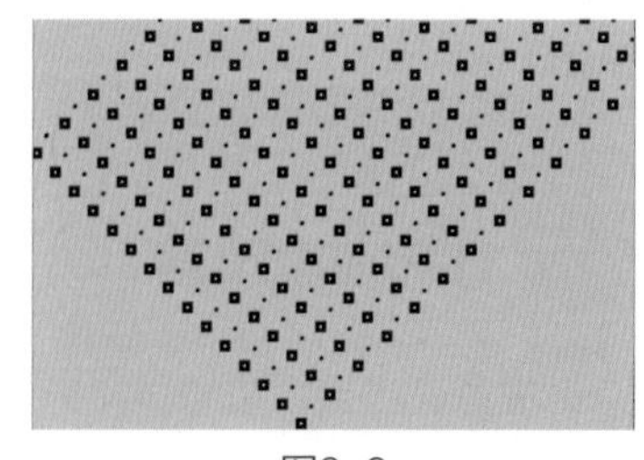

图6-6

点与面是相对的，当对点进行扩大就是面。点是构成形态的基础，在它的基础上可以产生线和面。输入代码如下：

```
1  float r;
2  void setup() {
3    size(800, 800);
4    fill(0);
5  }
6  void draw() {
```

```
7     for(int i=0; i<width; i+=80) {
8       for(int j=0; j<height; j+=80) {
9         r=dist(i, j, width/2, height/2);      //计算点与画布中心之间的距离
10        push();
11        translate(i+40, j+40);
12        circle(0, 0, r/10);
13        pop();
14      }
15    }
16  }
```

运行该程序(example6_07)，查看效果，如图6-7所示。

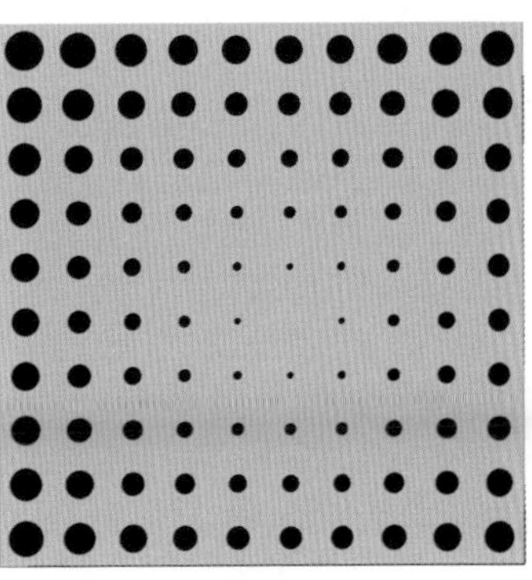
图6-7

围绕中心有规律分布的点，其实也构成了面。输入代码如下：

```
1  float angle;
2  void setup() {
3    size(800, 800);
4  }
5  void draw() {
6    drawsquare(350, 1);          //执行绘制小方块函数
7    drawsquare(350, 0.8);
8    drawsquare(350, 0.6);
9  }
10 //创建绘制小方块函数
11 void drawsquare(float r, float scl) {
12   noStroke();
13   push();
14   translate(width/2, height/2);
15   scale(scl);
16   float x=r*cos(radians(angle));
17   float y=r*sin(radians(angle));
18   fill(0);
19   square(x, y, 20);
20   pop();
21   angle+=5;
22 }
```

运行该程序(example6_08)，查看效果，如图6-8所示。

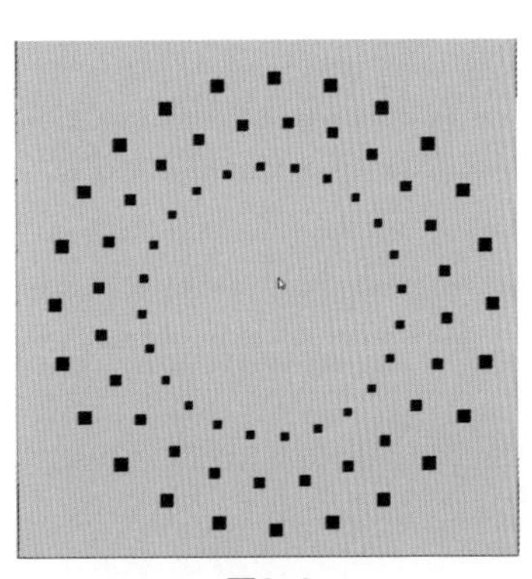
图6-8

2. 线

线可分为直线和曲线两种形态。运用线的疏密、长短、粗细、重叠、交叉、角度和方向等变化，能产生多种多样的形态，不同形态的线相互组合，能产生变化无穷的图案样式。输入代码如下：

```
1  void setup() {
2    size(800, 800);
```

```
3    strokeCap(SQUARE);              //描边末端模式为方形
4  }
5  void draw() {
6    background(240);
7    drawlines(0, -400, -400);       //执行画线函数
8    drawlines(180, 400, 400);       //执行画线函数
9  }
10 //创建画线函数
11 void drawlines(float angle, float x, float y) {
12   push();
13   translate(x, y);                //平移画布坐标原点
14   push();
15   translate(width/2, height/2);   //平移坐标原点至画布中心
16   rotate(radians(angle));         //旋转画布
17   for(int i=0; i<width; i+=40) {  //循环绘制40条直线
18     strokeWeight(i/40);           //线的粗线变化与序号相关
19     line(i, i*0.8+100, i, 0);
20   }
21   pop();
22   pop();
23 }
```

运行该程序(example6_09)，查看效果，如图6-9所示。

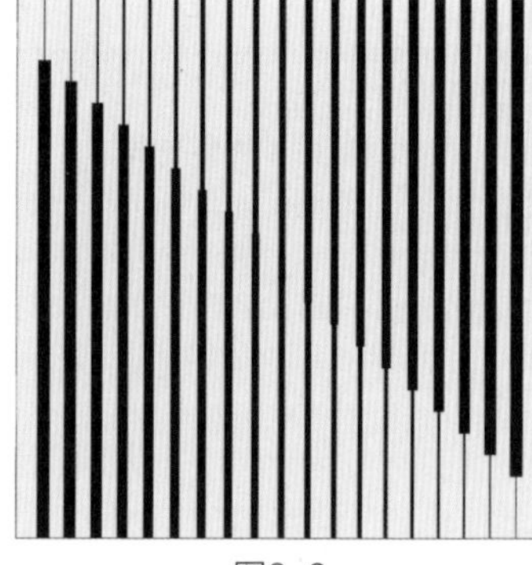

图6-9

这是比较简单的线条图案，下面设置得稍复杂一些，依然利用translate()和rotate()函数，输入代码如下：

```
1  void setup() {
2    size(1200, 800);
3    strokeWeight(2);
4  }
5  void draw() {
6    background(240);
7    //绘制左上角四个矩形
8    drawrect(-160, -160, 0, 255, 0);
9    drawrect(-160, -160, 90, 255, 0);
10   drawrect(-160, -160, 180, 255, 0);
11   drawrect(-160, -160, 270, 255, 0);
12   //绘制右上角四个矩形
13   drawrect(160, -160, 0, 0, 255);
14   drawrect(160, -160, 90, 0, 255);
15   drawrect(160, -160, 180, 0, 255);
16   drawrect(160, -160, 270, 0, 255);
17   //绘制左下角四个矩形
18   drawrect(160, 160, 0, 255, 0);
19   drawrect(160, 160, 90, 255, 0);
20   drawrect(160, 160, 180, 255, 0);
21   drawrect(160, 160, 270, 255, 0);
22   //绘制右下角四个矩形
```

```
  drawrect(-160, 160, 0, 0, 255);
  drawrect(-160, 160, 90, 0, 255);
  drawrect(-160, 160, 180, 0, 255);
  drawrect(-160, 160, 270, 0, 255);
}
//创建绘制矩形函数
void drawrect(float x, float y, float angle, float col1, float col2) {
  push();
  translate(x, y);
  fill(col1);
  stroke(col2);
  push();
  translate(width/2, height/2);
  rotate(radians(angle));
  rect(0, 0, 160, 40);
  rect(0, 40, 160, 40);
  rect(0, 80, 160, 40);
  rect(0, 120, 160, 40);
  pop();
  pop();
}
```

运行该程序(example6_10)，查看效果，如图6-10所示。

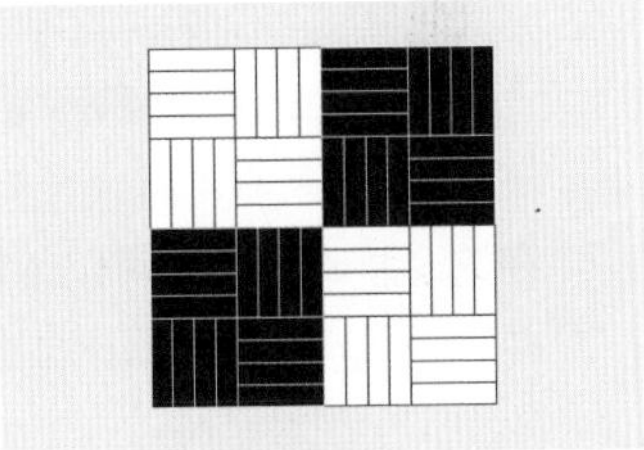

图6-10

下面再来看一个通过线条组成的图案，输入代码如下：

```
void setup() {
  size(1200, 800);
colormode(HSB, 360, 100, 100)
}
void draw() {
  background(#62FFC4);
  //为了方便在调整模式下改变参数，定义变量
  int n=39;
  float r1=100;
  float r2=600;
  translate(width/2, height/2);              //平移坐标原点至画布中心
  rotate(radians(60));                       //旋转画布
  for(int i=0; i<n; i++) {
    float theta=2*PI*i/n;
    float x=r1*cos(theta);                   //圆弧上x坐标
    float y=-r1*sin(theta);                  //圆弧上y坐标
    float x2=r2*cos(theta+PI/2);
    float y2=r2*sin(theta+PI/2);
    float x3=r2*cos(theta-PI/2);
    float y3=r2*sin(theta-PI/2);
    line(x, y, x2, y2);                      //连接大小圆形绘制线段
    line(x, y, x3, y3);
  }
}
```

运行该程序(example6_11)，查看效果，如图6-11所示。

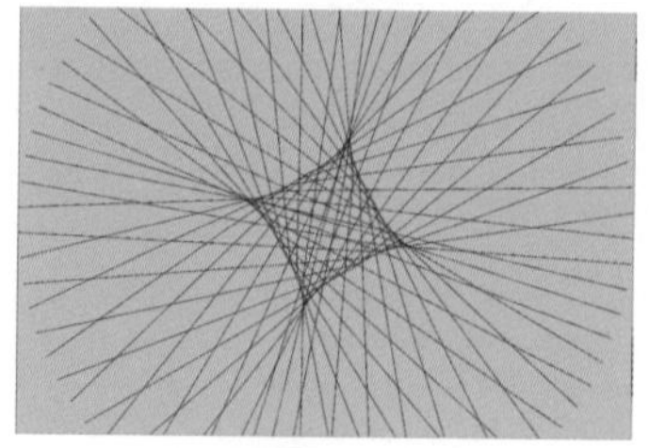

图6-11

在调整模式下改变参数n、r1和r2，对比效果，如图6-12所示。

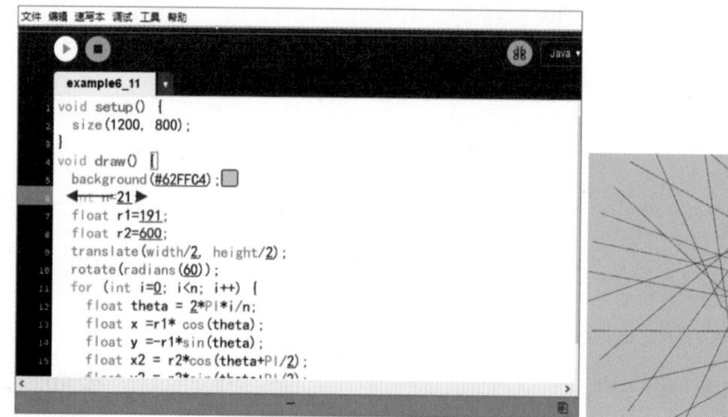

图6-12

在这个基础上，还可以添加与线条数量关联的描边宽度和颜色。

在setup()函数中初始化色彩模式，添加代码如下：

```
1 colorMode(HSB, 360, 100, 100);
```

在draw()函数中添加代码如下：

```
1 background(180);
2 int n=21;
3 float r1=191;
4 float r2=600;
5 strokeWeight(100/n);
6 stroke(n*5, 100, 100);
```

运行该程序(example6_12)，查看效果，如图6-13所示。

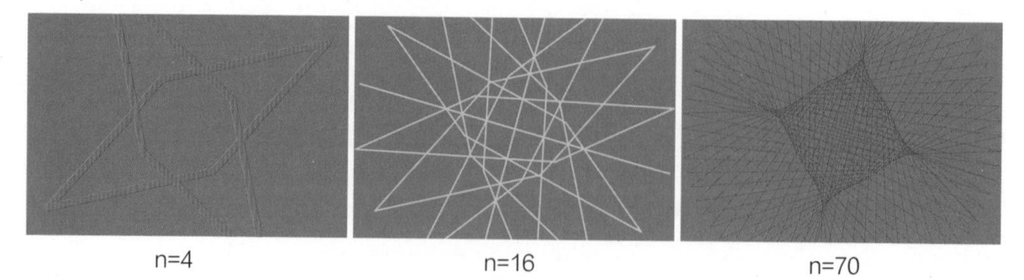

n=4　　n=16　　n=70

图6-13

3. 面

点的扩展或线的平铺都可构成面。面可分为规则面和不规则面两类。通过面的相交、相连、相叠能组织出变化丰富的图案。

下面通过图形交叠绘制一个鱼鳞图案，输入代码如下：

```
1  int radius=75;
2  void setup() {
3    size(900, 600);
4    smooth();
5  }
6  void draw() {
7    for(int y=height; y>=-radius; y=y-radius/2) {
8      for(int x=-radius; x<width+radius; x=x+radius) {
9        fill(150);
10       //判断奇偶行
11       int even=int(y % 2);
12       if (even==0) {
13         ellipse(x, y, radius, radius);
14       }else {
15         ellipse(x+radius/2, y, radius, radius); //奇数行错位排列
16       }
17     }
18   }
19 }
```

运行该程序(example6_13_1)，查看鱼鳞状图案效果，如图6-14所示。

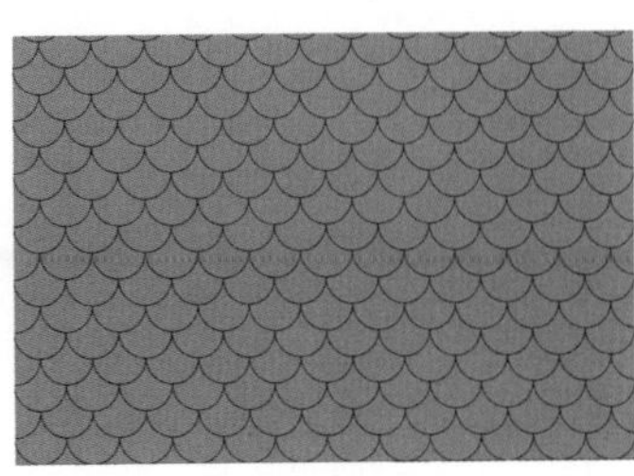

图6-14

添加随机颜色的语句，首先声明一个颜色值的数组，其中#FFA703为橙色，其余均为不同层次的蓝色。

声明数组代码如下：

```
1  color[] colortheme={#00B9EE, #009FE3, #00497F,
   #03326C, #FFA703, #83D0F5, #006F9E,
   #004899, #052453};
```

在draw()函数中添加代码如下：

```
1  //fill(150);
2  fill(getRamdomColor());
```

在结尾部分添加不循环语句如下：

```
1  noLoop();
```

在后面还要创建一个getRamdomColor()函数，代码如下：

```
1  //随机获取颜色
2  color getRamdomColor() {
```

```
3    int indice=int(random(colortheme.length));
4    return colortheme[indice];
```

图6-15

运行该程序(example6_13_2)，查看彩色图案效果，如图6-15所示。

6.3 自由抽象图案

自由抽象图案是指按照一定的形式美规律，将自由抽象的点、线、面作为基本造型元素，以自由的构图形式、色彩组合和处理手法，重新组织产生的抽象化自由造型。它的特点是具有生动、活泼、富有动感的个性特征。

下面以一个递归函数创建随机分布的不同颜色圆形构成的图案，输入代码如下：

```
1  void setup() {
2    size(900, 600);
3    background(#B9E4FF);
4    noStroke();
5    DrawPattern(width/2, height/2, 200);                  //执行绘制图案函数
6  }
7  //创建一个绘制图案的函数
8  void DrawPattern(float x, float y, float r) {
9    float ang, nx, ny;
10   fill(lerpColor(#FFD321, #06C688, random(1)), 150);   //设置插值颜色
11   circle(random(width), random(height), r);
12   if (r>1) {
13     ang=random(TWO_PI);
14     nx=x+r/2*sin(ang);
15     ny=y+r/2*cos(ang);
16     DrawPattern(nx, ny, r/2);
17     ang=random(TWO_PI);
18     nx=x+r/2*sin(ang);
19     ny=y+r/2*cos(ang);
20     DrawPattern(nx, ny, r/2);
21     ang=random(TWO_PI);
22     nx=x+r/2*sin(ang);
23     ny=y+r/2*cos(ang);
24     DrawPattern(nx, ny, r/2);
25   }
26 }
```

运行该程序(example6_14)，查看效果，如图6-16所示。

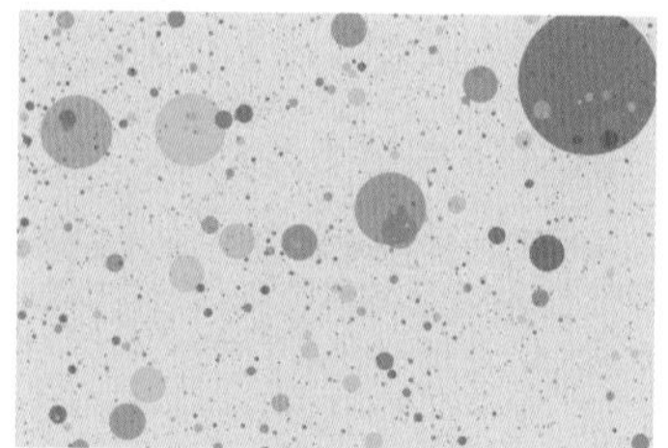
图6-16

修改代码如下：

```
1  void setup() {
2    size(900, 600);
3    background(#B9E4FF);
4    noStroke();
```

```
5   noLoop();
6  }
7  void draw() {
8   DrawPattern(width/2, height/2, 200);
9  }
```

在代码的结尾创建鼠标单击函数，如下：

```
1  void mouseClicked() {
2   setup();
3   redraw();
4  }
```

运行该程序(example6_15)，查看效果，如图6-17所示。

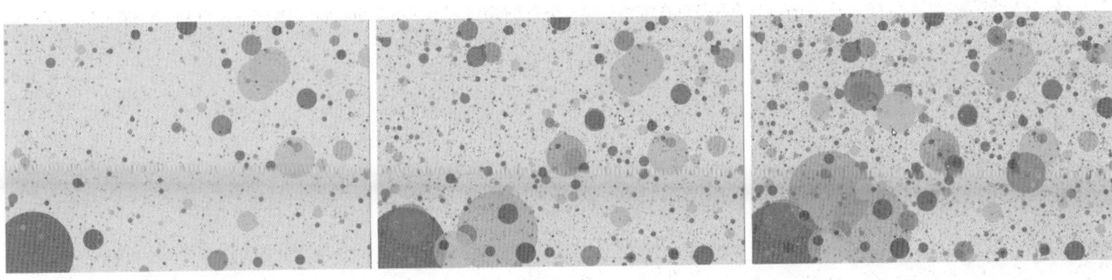

图6-17

6.4 图案组织形式

图案组织形式分为两大类：单独式和重复式，这两种形式因组合和骨架的不同又产生了不同的图案样式。

6.4.1 单独式图案

单独式图案是最基本的图案组织形式之一，具有相对的独立性和完整性。所有单独式图案均可单独存在，一般用于包装设计、纺织品设计、产品设计、标志设计等形式中。输入代码如下：

```
1  float r=400;
2  float sp;
3  int n=320;
4  void setup() {
5   size(1200, 900);
6  }
7  void draw() {
8   background(0);
9   translate(width/2, height/2);
10  sp=0.05*frameCount;
11  float s=1+sp;
12  for(int i=0; i<n; i++) {
13    float theta=TWO_PI*i/n;
```

```
14      float x=r*cos(theta);
15      float y=r*sin(theta);
16      float x2=r*cos(s*theta);
17      float y2=r*sin(s*theta);
18      stroke(255-s, s, 100);
19      line(x, y, x2, y2);
20    }
21    if (s>=100) {
22      sp=-sp;
23    }
24  }
```

运行该程序(example6_16)，查看效果，如图6-18所示。

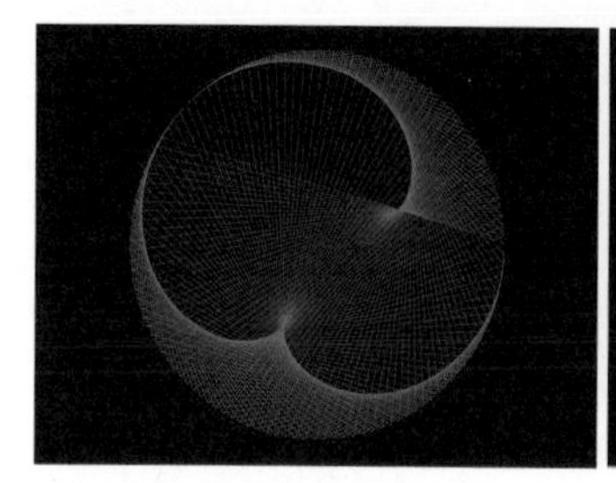
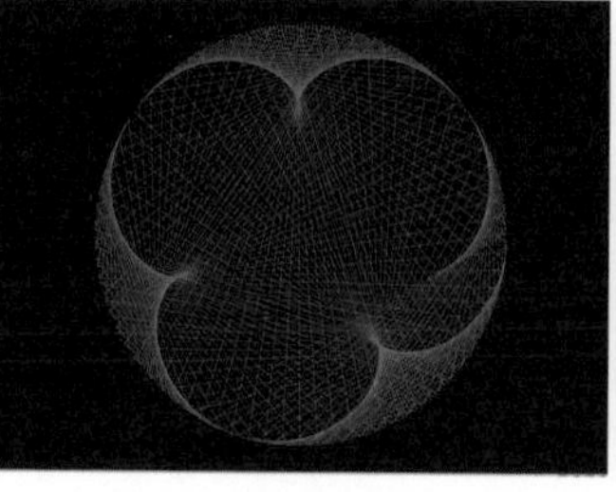
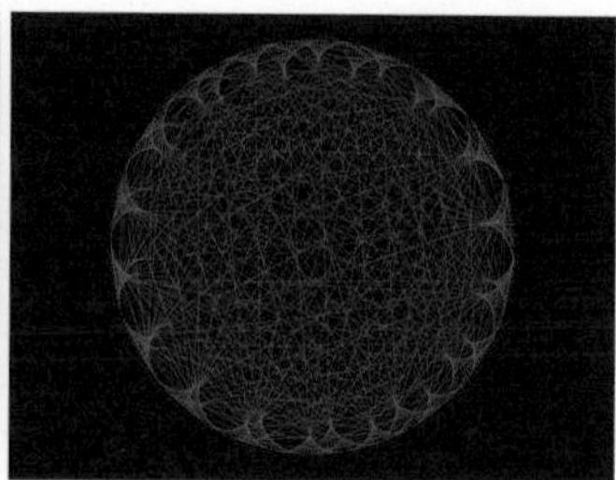

图6-18

6.4.2 重复式图案

重复式图案是指以一个或一组形象作为基本单元，在一定面积中进行有规律的重复排列，产生具有无限反复、无限扩展、强烈连续感的图案。重复式图案一般包括二方连续图案和四方连续图案。

1. 二方连续图案

二方连续图案指由一个或几个基本图案组成图案单元，向左右或上下的两个重复排列后形成的条带状图案。在二方连续图案中，单元图案的排列组织方式丰富多样，可以分以下几种形式：

1) 散点式

散点式是用一个或几个散点形象为单位进行等距离反复连续的排列形式。输入代码如下：

```
1  float x;
2  void setup() {
3    size(600, 300);
4  }
5  void draw() {
6    circle(x, 150, 60);
7    x+=80;
8  }
```

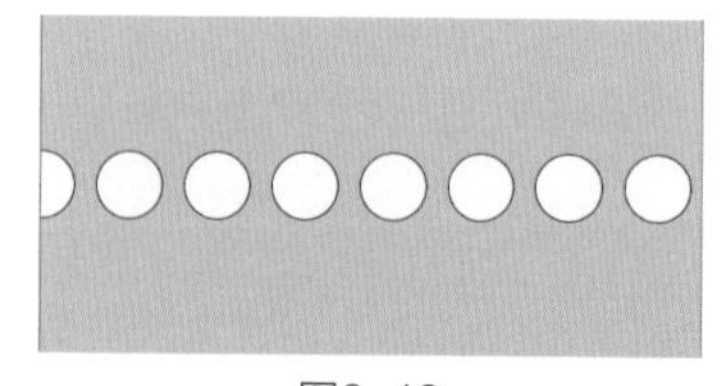

图6-19

运行该程序(example6_17)，查看效果，如图6-19所示。

下面再来看一个稍复杂些的图案，输入代码如下：

```
1  PImage pic1, pic2;                        //声明位图变量
2  float x;
3  void setup() {
4    size(1200, 300);
5    background(0);
6    pic1=loadImage("pic01.png");            //指定位图
7    pic2=loadImage("pic02.jpg");
8    imageMode(CENTER);                       //设置为位图中心对齐模式
9  }
10 void draw() {
11   translate(x+50, 100);                   //平移坐标原点
12   rotate(PI/6);
13   image(pic1, 0, 0);                      //显示位图
14   resetMatrix();                          //恢复坐标原点
15   translate(x+50, 200);
16   rotate(5*PI/6);
17   image(pic1, 0, 0);
18   resetMatrix();
19   image(pic2, x-25, 150);
20   x+=150;                                 //x坐标递增
21 }
```

运行该程序(example6_18)，查看效果，如图6-20所示。

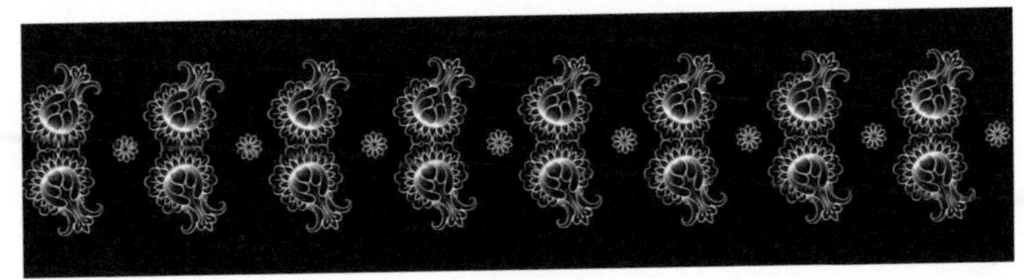

图6-20

2) 垂直式

垂直式是用具有垂直方向性的单元图案进行反复的连续排列形式。输入代码如下：

```
1  PImage pic3;                              //声明位图变量
2  float x;
3  void setup() {
4    size(1200, 300);
5    background(255);
6    pic3=loadImage("pic03.png");            //指定位图
7    imageMode(CENTER);
8    strokeWeight(3);
9  }
10 void draw() {
11   translate(x, 130);
12   rotate(PI);
```

```
13    image(pic3, 0, 0);
14    resetMatrix();
15    translate(x+120, 170);
16    image(pic3, 0, 0);
17    resetMatrix();
18    x+=240;
19    line(0, 40, 1200, 40);
20    line(0, 260, 1200, 260);
21  }
```

运行该程序(example6_19)，查看效果，如图6-21所示。

图6-21

3) 倾斜式

倾斜式是以明显倾斜感的单元图案进行单向、相对或交叉的连续排列形式。输入代码如下:

```
1  PImage pic1, pic2;
2  float x;
3  void setup() {
4    size(1200, 300);
5    background(0);
6    pic1=loadImage("pic01.png");
7    pic2=loadImage("pic02.jpg");
8    imageMode(CENTER);
9  }
10 void draw() {
11   image(pic2, x, 100);
12   translate(x+50, 160);
13   rotate(PI/6);
14   image(pic1, 0, 0);
15   resetMatrix();
16   x+=90;
17 }
```

运行该程序(example6_20)，查看效果，如图6-22所示。

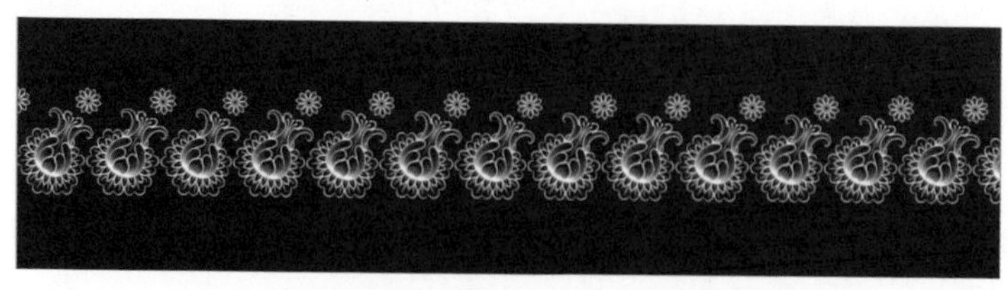

图6-22

4) 波浪式

波浪式是以波浪线为骨架的连续图案形式。图案富于生动、流畅的美感，是中国传统图案中常见的装饰纹样。输入代码如下：

```
1  PImage pic;
2  float angle, x, y;
3  void setup() {
4    size(1200, 300);
5    background(250);
6    strokeWeight(8);
7    pic=loadImage("pic02.png");
8  }
9  void draw() {
10   angle+=40;
11   x=angle;
12   y=sin(radians(angle))*50+150;
13   image(pic, x, y);
14   image(pic, x-180, y);
15 }
```

运行该程序(example6_21)，查看效果，如图6-23所示。

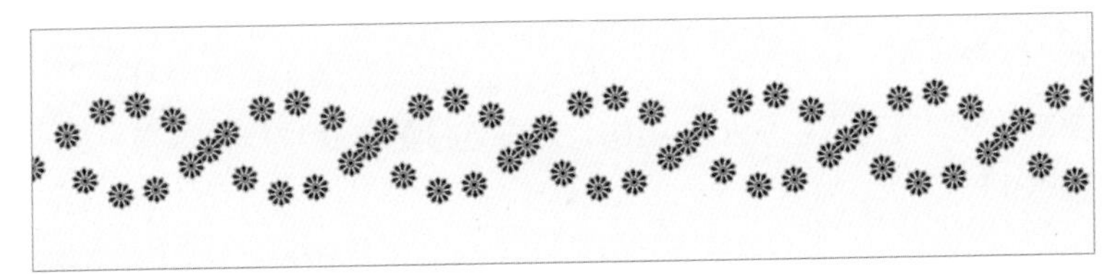

图6-23

5) 折线式

折线式是以直线转折构成连续骨架的图案形式。输入代码如下：

```
1  PImage pic1, pic2;
2  float x=0, y=200;
3  float speed1=40, speed2=40;
4  void setup() {
5    size(1200, 400);
6    background(250);
7    strokeWeight(4);
8    pic1=loadImage("pic01.png");
9    pic2=loadImage("pic02.png");
10   imageMode(CENTER);
11 }
12 void draw() {
13   line(0, 350, width, 350);
14   line(0, 50, width, 50);
15   point(x+20, y+20);
16   point(x-20, y-20);
```

```
17      image(pic2, x, y);
18      x+=speed1;
19      y+=speed2;
20      if (y<100||y>300) {
21        speed2=-speed2;
22      }
23      image(pic1, x*12-360, 140, 200, 200);
24      translate(x*12-600, 240);
25      rotate(PI);
26      image(pic1, 0, 0, 200, 200);
27      resetMatrix();
28    }
```

运行该程序(example6_22)，查看效果，如图6-24所示。

图6-24

6) 连锁式

连锁式的单元图案具有互相挽扣的结构，形成连续的带状纹样，具有一环扣一环的连锁效果。输入代码如下:

```
1   float x;
2   void setup() {
3     size(1200, 300);
4     background(250);
5     noFill();
6   }
7   void draw() {
8     circle(x, 150, 50);
9     circle(x+60, 150, 100);
10    x+=120;
11    translate(x+60, 130);
12    rotate(PI/4);
13    square(0, 0, 30);
14  }
```

运行该程序(example6_23)，查看效果，如图6-25所示。

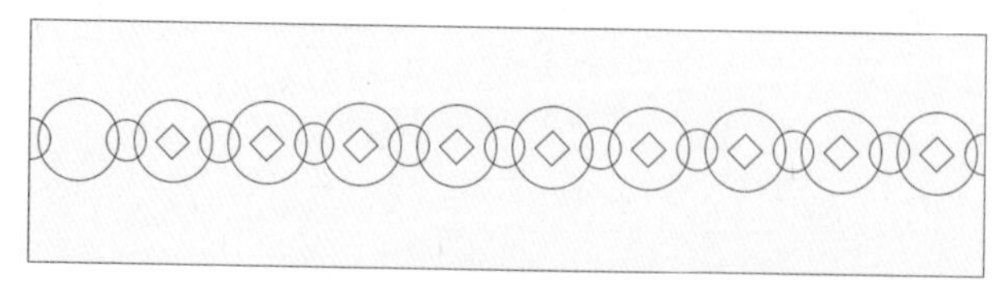

图6-25

7) 接圆式

接圆式是以圆形或圆弧、半圆作为骨架，并相互衔接的一种连续排列形式。输入代码如下：

```
1  PImage pic1, pic2;
2  void setup() {
3    size(1200, 400);
4    pic1=loadImage("pic04.png");
5    pic2=loadImage("pic05.png");
6    imageMode(CENTER);
7    strokeWeight(3);
8  }
9  void draw() {
10   background(255);
11   line(0, 80, width, 80);
12   line(0, 320, width, 320);
13   for(int i=0; i<9; i++) {
14     image(pic1, i*150, 200, 150, 150);
15     image(pic2, i*150+75, 140, 60, 60);
16     translate(i*150+75, 260);
17     rotate(PI);
18     image(pic2, 0, 0, 60, 60);
19     resetMatrix();
20   }
21 }
```

运行该程序(example6_24)，查看效果，如图6-26所示。

图6-26

8) 二剖式

二剖式是由两个剖开的形象，在中心线两侧沿着边缘排列的图案形式。输入代码如下：

```
1  PImage pic1, pic2;
2  void setup() {
3    size(1200, 400);
4    pic1=loadImage("pic06.png");
5    pic2=loadImage("pic08.png");
6    imageMode(CENTER);
7    strokeWeight(4);
8    rectMode(CENTER);
9  }
```

```
10 void draw() {
11   background(0);
12   stroke(255);
13   line(0, 200, width, 200);
14   for(int i=0; i<9; i++) {
15     noFill();
16     circle(i*250, 100, 200);
17     circle(i*250, 300, 200);
18     image(pic1, i*250, 100, 150, 150);
19     image(pic1, i*250, 300, 150, 150);
20     image(pic2, i*250+125, 160, 60, 60);
21     translate(i*250+125, 240);
22     rotate(PI);
23     image(pic2, 0, 0, 60, 60);
24     resetMatrix();
25   }
26   fill(0);
27   rect(width/2, 0, width, 200);
28   rect(width/2, 400, width, 200);
29 }
```

运行该程序(example6_25)，查看效果，如图6-27所示。

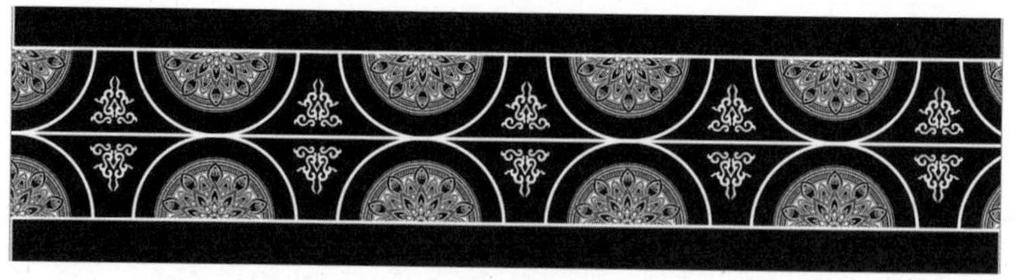

图6-27

9) 混合式

混合式是用两种或两种以上的骨架结合构成的二方连续图案形式。输入代码如下：

```
1  PImage pic1, pic2;
2  void setup() {
3    size(1200, 400);
4    pic1=loadImage("pic08.png");
5    pic2=loadImage("pic09.png");
6    imageMode(CENTER);
7    strokeWeight(4);
8    rectMode(CENTER);
9    ellipseMode(CENTER);
10 }
11 void draw() {
12   background(0);
13   stroke(255);
14   for(int i=0; i<24; i++) {
15     noFill();
```

```
16      circle(i*220, 200, 200);
17      ellipse(i*220+110, 200, 60, 30);
18      image(pic1, i*220+110, 260, 50, 50);
19      image(pic2, i*220, 200, 150, 188);
20      translate(i*220+110, 140);
21      rotate(PI);
22      image(pic1, 0, 0, 50, 50);
23      resetMatrix();
24      point(i*55, 200);
25    }
26    fill(0);
27    rect(width/2, 0, width, 200);
28    rect(width/2, 400, width, 200);
29  }
```

运行该程序(example6_26)，查看效果，如图6-28所示。

图6-28

2. 四方连续图案

四方连续图案是由一个或几个基本图案组成单元图案，向上、下、左、右重复排列产生的图案。这种连续方式常用于较大的装饰面积中，是可以无限扩展的面状图案，具有循环往复、连绵不断的特点，组织排列方式很丰富。

根据单元图案的组织特征，四方连续图案可分为以下几种形式：

1) 散点式

散点式是以一个或几个基本图案组成单元图案，向上、下、左、右四个相对的方向分散排列的形式，单元图案之间互不连接。在绘制时应根据单位内基本图案的数量确定散点的点数并画出布点格，然后在布点格中安排基本图案即可。输入代码如下：

```
1  PImage pic1, pic2;
2  float tt=200;
3  void setup() {
4    size(900, 700);
5    pic1=loadImage("pic11.png");
6    pic2=loadImage("pic10.png");
7    imageMode(CENTER);
8  }
9  void draw() {
```

```
10    background(0);
11    stroke(255);
12    translate(tt/4, tt/4);
13    for(int i=0; i<width; i+=tt) {
14      for(int j=0; j<height; j+=tt) {
15        image(pic1, i, j, 100, 100);
16        image(pic1, i-tt/2, j-tt/2, 100, 100);
17      }
18    }
19    for(int i=0; i<width; i+=tt/2) {
20      for(int j=0; j<height; j+=tt/2) {
21        line(0-tt/4, j-tt/4, i+3*tt, j-tt/4);
22        line(i-tt/4, 0-tt/4, i-tt/4, j+3*tt);
23      }
24    }
25  }
```

运行该程序(example6_27)，查看效果，如图6-29所示。

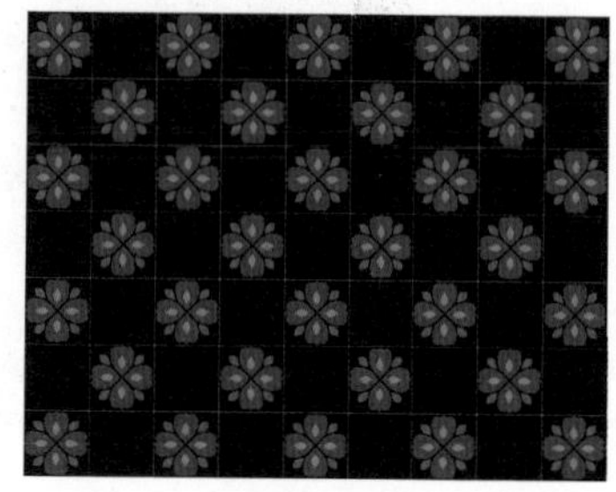

图6-29

2) 连缀式

连缀式以可见或不可见的几何块面作为基础，相互连接或穿插，有序重复，扩展连接，再填入图案或仅对块面进行变化，这类图案有连绵不断、穿插排列的连续效果，严密紧凑，主要有波形连缀、几何连缀等样式。

波形连缀以波浪状的曲线为基础构造，使图案显得流畅柔和、典雅圆润。输入代码如下：

```
1   PImage pic1, pic2;                          //声明位图变量
2   void setup() {
3     size(900, 600);
4     background(250);
5     pic1=loadImage("pic01.png");              //指定位图
6     pic2=loadImage("pic02.png");
7     imageMode(CENTER);
8   }
9   void draw() {
10    background(250);
11    for(int i=0; i<8; i++) {
12      for(int j=0; j<8; j++) {
13        drawcurve(0, i*100);                  //循环绘制波浪线
14        image(pic1, i*300, j*300);            //显示位图
15        push();                               //显示镜像位图
16        translate(width/2, height/2+160);
17        rotate(PI);
18        image(pic1, i*300-300, j*300);
19        pop();
20        image(pic2, i*300, j*300-221);        //显示位图
```

```
21        image(pic2, i*300, j*300-120);
22        image(pic2, i*300-150, j*300-63);
23      }
24    }
25  }
26  //创建绘制波浪线函数
27  void drawcurve(float x, float y) {
28    float nx=frameCount;
29    float ang=map(nx, 0, width, 0, 6*PI);
30    float ny=30*cos(ang);
31    stroke(0);
32    strokeWeight(3);
33    push();
34    translate(x, y);
35    point(nx, ny);
36    pop();
37  }
```

运行该程序(example6_28)，查看效果，如图6-30所示。

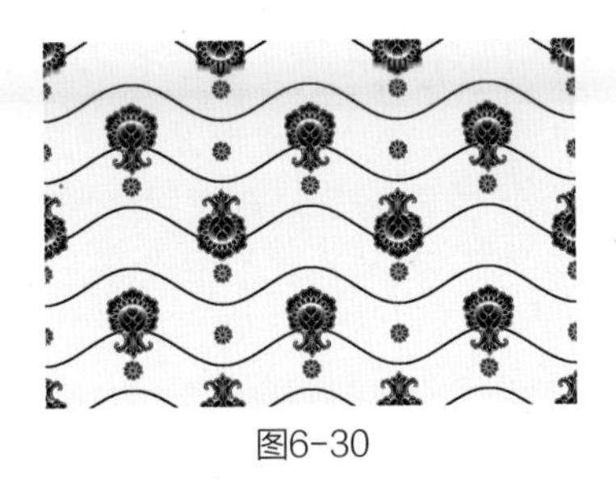
图6-30

3) 条带式

条带式是以不同大小的条带或格子分割画面，进行组织排列的连续图案。在条格中还可以用几何形象或自然形象加以点缀，其形式很适合染织加工，是服装面料图案中十分常见的形式。输入代码如下：

```
1   PImage pic1, pic2;
2   void setup() {
3     size(900, 600);
4     pic1=loadImage("pic01.png");
5     pic2=loadImage("pic02.png");
6     imageMode(CENTER);
7     stroke(255);
8     strokeWeight(8);
9   }
10  void draw() {
11    background(0);
12    for(int i=0; i<8; i++) {
13      for(int j=0; j<8; j++) {
14        drawline(i*200-400, j*200);              //执行绘制线条函数
15        push();
16        translate(width/2, height/2);
17        rotate(PI/2);
18        drawline(i*200-750, j*200-450);          //执行绘制线条函数
19        pop();
20        //添加装饰图案
21        image(pic2, i*200+5, j*200-45);
22        image(pic2, i*200-105, j*200-45);
```

```
23        image(pic2, i*200+5, j*200-155);
24        image(pic2, i*200-105, j*200-155);
25      }
26    }
27  }
28  //创建绘制线条函数
29  void drawline(float x, float y) {
30    push();
31    translate(x, y);
32    line(width/2, 0, width/2, height);
33    line(width/2-20, 0, width/2-20, height);
34    line(width/2+20, 0, width/2+20, height);
35    pop();
36  }
```

运行该程序(example6_29)，查看效果，如图6-31所示。

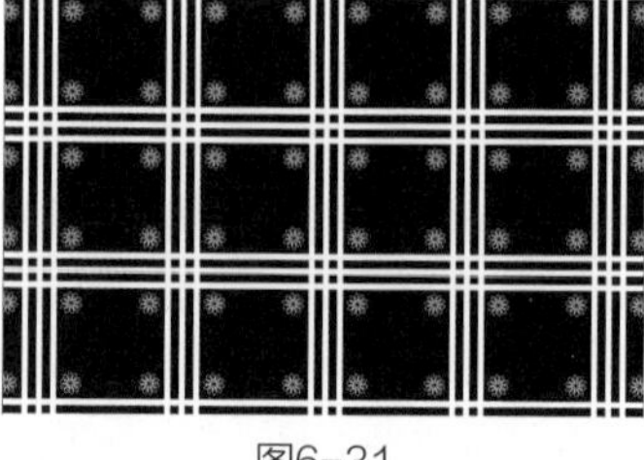

图6-31

4) 重叠式

重叠式由两个图案上下重叠组成，具有层次丰富的视觉效果。两个图案可以相同，也可以不同，上层图案称浮纹，下层图案称地纹。浮纹是主纹，地纹多用条带式或连缀式，也有浮纹和地纹都用散点式的。输入代码如下：

```
1   PImage pic1, pic2;
2   void setup() {
3     size(900, 600);
4     pic1=loadImage("pattern03.png");
5     pic2=loadImage("pic08.png");
6     imageMode(CENTER);
7     stroke(255);
8     strokeWeight(8);
9   }
10  void draw() {
11    background(255);
12    //循环铺设地纹图案
13    for(int i=0; i<10; i++) {
14      for(int j=0; j<8; j++) {
15        image(pic2, i*100-50, j*100+50);
16      }
17    }
18    //绘制浮纹图案
19    drawflower(242, 187, 0.6);
20    drawflower(600, 393, 1.1);
21    drawflower(717, 98, 0.3);
22    //添加颜色叠加
23    fill(#AD0000);
24    rect(0, 0, width, height);
```

```
25    blendMode(MULTIPLY);
26  }
27  //创建绘制浮纹花图案函数
28  void drawflower(float x, float y, float scl) {
29    for(int i=0; i<6; i++) {
30      push();
31      translate(x, y);
32      scale(scl);
33      rotate(i*PI/3);
34      image(pic1, 10, -120);
35      pop();
36    }
37  }
```

运行该程序(example6_30)，查看效果，如图6-32所示。

图6-32

6.5 图案设计实战

下面用不同的思路创建几个不同风格的图案，主要是使用循环结构。

6.5.1 网格排列的色块

本例主要应用while循环语句和三角函数，确定点的分布位置和颜色填充，从而产生渐变图案。输入代码如下：

```
1   void setup() {
2     size(900, 600);
3     colorMode(HSB, 10);                    //指定色彩模式
4   }
5   void draw() {
6     float x=0;
7     while (x<width) {                      //循环语句
8       float y=0;
9       while (y<height) {
10        float v=sin(x/30+y/30);            //利用三角函数
11        float h=map(v, -1, 1, 0, 10);      //映射为色相取值
12        stroke(h, 10, 8);                  //描边颜色
13        point(x, y);                       //确定点的位置
14        y+=1;
15      }
16      x+=1;
17    }
18  }
```

运行该程序(example6_31_1)，查看效果，如图6-33所示。

图6-33

修改一句代码，就可以创建不同的图案，如下：

```
1  float v=sin(x/30+y/30)*sin(x/30-y/30);                    //利用三角函数
```

运行该程序(example6_31_2)，查看效果，如图6-34所示。

图6-34

下面再尝试修改一句代码，如下：

```
1  float h=map(v, -1, 1, 0, 6);    //映射为色相取值
```

运行该程序(example6_31_3)，又产生一种不同的图案，查看效果，如图6-35所示。

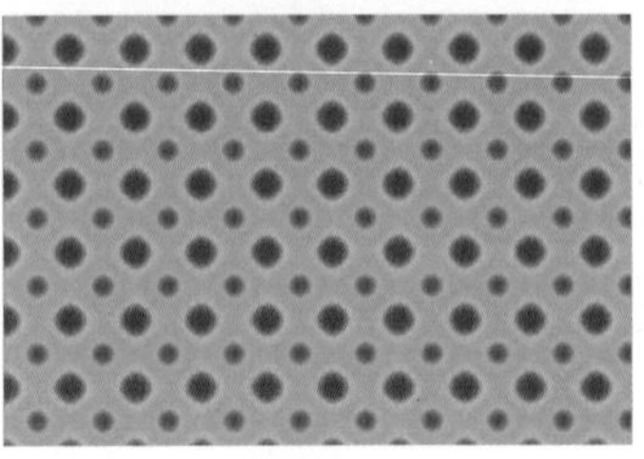
图6-35

6.5.2 立方块

本例主要应用for循环结构，通过图形位置的平移而产生循环图案。

首先利用四边形函数quad()绘制三个四边形，组成一个对比明显的立方体。输入代码如下：

```
1  void setup() {
2    size(900, 600);
3  }
4  void draw() {
5    background(160);
6    push();
7    translate(width/2, height/2);                    //平移坐标原点
8    scale(0.5);                                      //缩放画布
9    //绘制两个蓝绿色四边形
10   fill(0, 190, 190);
11   quad(0, 0, 100, -100, 0, -200, -100, -100);
12   quad(0, 0, 100, -100, 100, 100, 0, 200);
13   //绘制一个深灰色四边形
14   fill(20);
15   quad(0, 0, -100, -100, -100, 100, 0, 200);
16   pop();
17 }
```

运行该程序(example6_32_1)，查看效果，如图6-36所示。

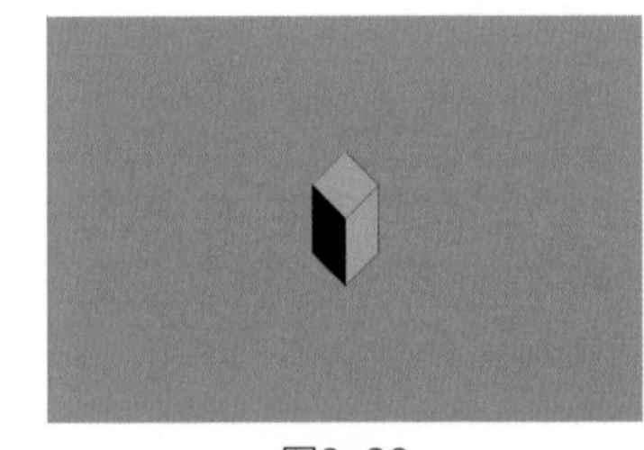
图6-36

创建一个绘制立方体的函数，方便循环绘制更多的立方体，修改代码如下：

```
1  void draw() {
2    background(160);
3    quadgroup(width/2, height/2);                    //执行一次绘制立方体的函数
4  }
5  //创建一个绘制立方体的函数
```

```
6  void quadgroup(float x, float y) {
7    push();
8    translate(x, y);
9    scale(0.5);
10   fill(0, 190, 190);
11   quad(0, 0, 100, -100, 0, -200, -100, -100);
12   quad(0, 0, 100, -100, 100, 100, 0, 200);
13   fill(20);
14   quad(0, 0, -100, -100, -100, 100, 0, 200);
15   pop();
16 }
```

运行该程序(example6_32_2)，查看效果，如图6-37所示。

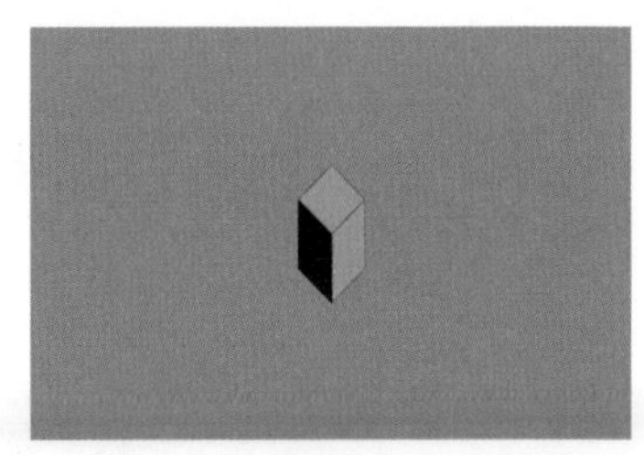

图6-37

应用for循环，重复执行绘制立方体函数，修改draw()函数部分的代码如下：

```
1  void draw() {
2    background(0);
3    for(int i=0; i<9; i++) {     //定义9列
4      for(int j=0; j<6; j++) {   //定义6行
5        quadgroup(i*100, j*300); //执行立方体组函数
6        quadgroup(i*100+50, j*300-150);
7      }
8    }
9  }
```

运行该程序(example6_32)，查看效果，如图6-38所示。

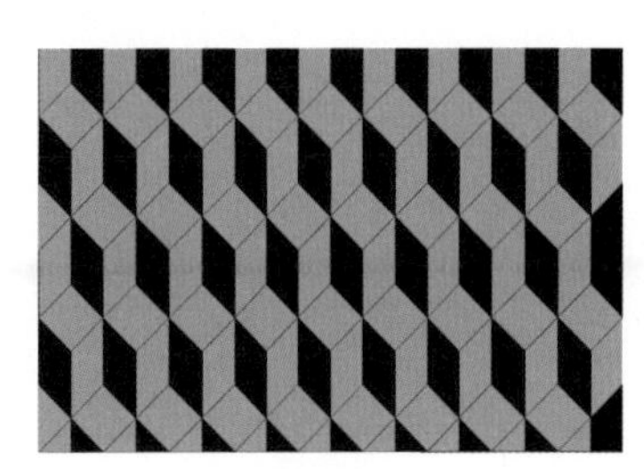

图6-38

6.5.3　生成海浪纹理

本例主要运用随机和三角函数确定圆形的位置，创建不规则排列的模拟浪花的图案。输入代码如下：

```
1  float r;
2  float num;
3  void setup() {
4    colorMode(HSB, 360, 100, 100, 100);
5    background(360, 0, 100);
6    size(1280, 720);
7    r=30;
8    num=80;
9  }
10 void draw() {
11   for(float a=0; a<200; a+=2) {
12     float theta=a*PI/180;
13     stroke(0);
14     strokeWeight(0.05);
15     r=r+20*cos(random(20)*a);
16     float x=width/2+r*cos(theta);
```

```
17      float y=height/2+r*sin(theta);
18      ellipse(x, y, num, num);
19    }
20  }
```

运行该程序(example6_33_1)，查看效果，如图6-39所示。

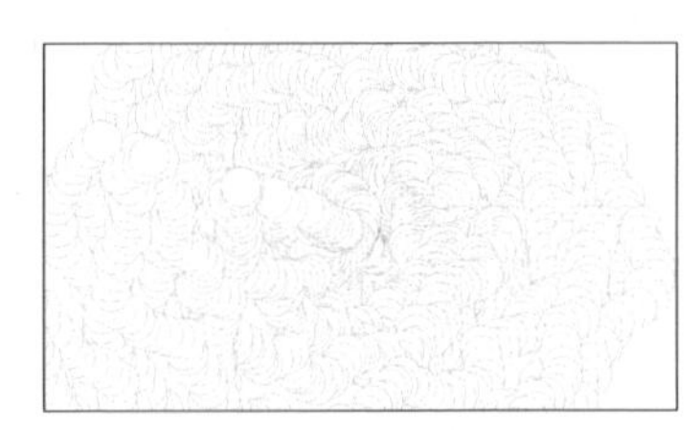
图6-39

下面丰富图形的层次，创建位置变换和大小递减的圆形，在draw()函数部分添加代码如下：

```
1  for(int i=0; i<num; i+=2) {
2    float angle=100*noise(cos(radians(num-i))*num);
3    float x2=sin(radians(a-angle))*(i*4);
4    float y2=cos(radians(a-angle))*(i*4);
5    ellipse(x+x2, y+y2, num-i, num-i);
6  }
```

运行该程序(example6_33_2)，查看效果，如图6-40所示。

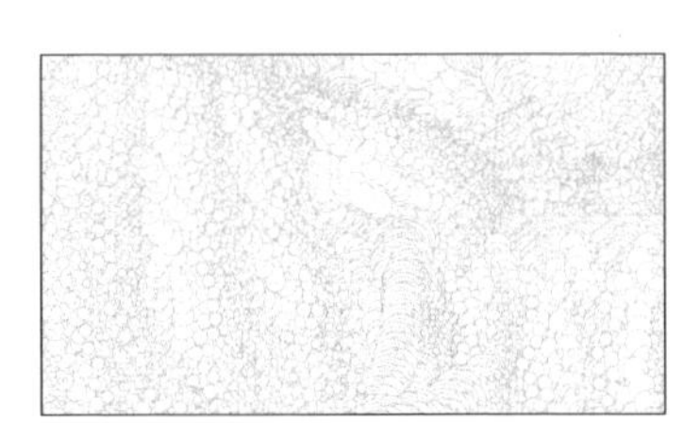
图6-40

为圆形添加颜色，模拟海浪的感觉。

创建一个变量，添加代码如下：

```
1  float col;
```

在setup()函数中进行初始化，添加代码如下：

```
1  col=200;
```

在draw()函数中添加代码如下：

```
1  fill(col, 120-2*i, 10+1.5*i);
```

运行该程序(example6_33_3)，查看效果，如图6-41所示。

图6-41

多次运行随机函数，呈现不同的结果，创建鼠标单击函数，添加代码如下：

```
1  void mouseClicked() {
2    setup();
3    redraw();
4  }
```

运行该程序(example6_33)，单击鼠标，对比浪花效果，如图6-42所示。

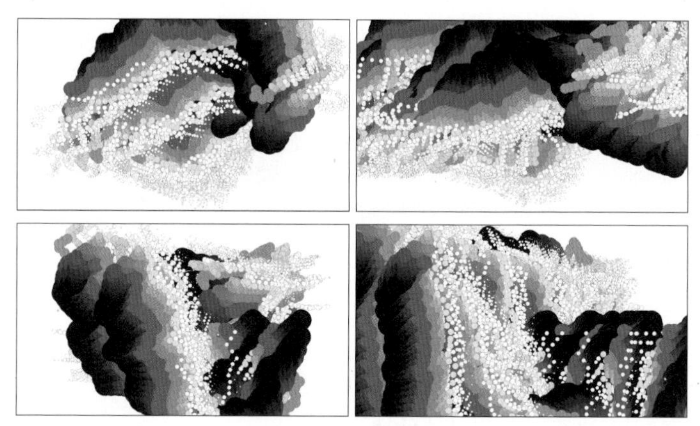

图6-42

6.5.4　动态组合图案

本例是一组由多个花瓣组成的图案，由鼠标移动改变花瓣组合的相互位置关系，构建交互的动态花样图案。

首先绘制基本圆形，也是后面很多花纹图案分布的参照。输入代码如下：

```
1  void setup() {
2    size(600, 1000);
3  }
4  void draw() {
5    background(255, 170, 0);
6    noFill();
7    strokeWeight(5);
8    stroke(0, 110, 250);
9    circle(width/2, height/2+100, 234);
10   strokeWeight(6);
11   stroke(255, 0, 140);
12   circle(width/2, height/2+100, 395);
13 }
```

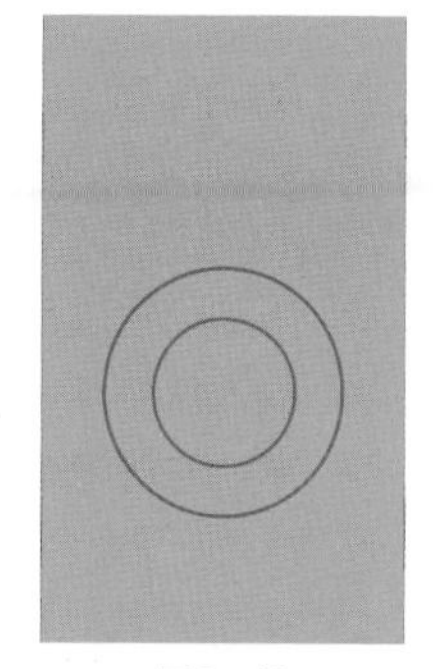

图6-43

运行该程序(example6_34_1)，查看效果，如图6-43所示。

导入要使用的图案花纹，修改代码如下：

```
1  //声明位图变量
2  PImage element1, element2, element3, element4, element5, element6, element7;
3  float num=12, r=200;          //定义图案花纹个数和绕圈半径
4  float angle;                  //角度变量
5  void setup() {
6    size(600, 1000);
7    //指定导入位图
8    element1=loadImage("Element01.png");
9    element2=loadImage("Element02.png");
10   element3=loadImage("Element03.png");
11   element4=loadImage("Element04.png");
```

```
12    element5=loadImage("Element05.png");
13    element6=loadImage("Element06.png");
14    element7=loadImage("Element07.png");
15    imageMode(CENTER);          //位图中心对齐模式
16  }
```

接下来分布一圈花纹，在draw()函数中添加代码如下：

```
1  for(int i=0; i<num; i++) {
2    angle=i*2*PI/num;
3    pushMatrix();
4    translate(width/2, height/2+100);
5    rotate(angle);
6    image(element4, r+0, 0, 100, 60);
7    popMatrix();
8  }
```

运行该程序(example6_34_2)，查看效果，如图6-44所示。

图6-44

使用相同的方法，添加其他的几圈装饰花纹，在draw()函数部分添加代码如下：

```
1  for(int i=0; i<num; i++) {
2    angle=i*2*PI/num;
3    pushMatrix();
4    translate(width/2, height/2+100);
5    rotate(angle);
6    image(element4, r+0, 0, 100, 60);
7    image(element5, r+-20, 0, 60, 36);
8    image(element2, r-105, 0, 70, 42);
9    image(element1, r-120, 0, 40, 24);
10   popMatrix();
11 }
```

运行该程序(example6_34_3)，查看效果，如图6-45所示。

图6-45

添加最外圈的装饰花纹，在for循环的最后添加代码如下：

```
1  push();
2  translate(width/2, height/2+100);
3  rotate(angle+PI/num);
4  image(element7, r-50, 0, 70, 42);
5  image(element6, r-60, 0, 50, 30);
6  image(element3, r+25, 0, 27, 50);
7  pop();
```

运行该程序(example6_34_4)，查看效果，如图6-46所示。

图6-46

在圆形花纹的中心添加蓝色圆形，在for循环之后添加代码如下：

```
1  //绘制中心蓝色圆环
2  fill(0, 110, 250);
3  stroke(250);
```

```
4  strokeWeight(3);
5  circle(width/2, height/2+100, 120);
```

运行该程序(example6_34_5)，查看效果，如图6-47所示。

最后添加标题文字，添加代码如下：

```
1  textSize(21);
2  text("D-Form Interaction Designer", 150, 150);
```

运行最终程序(example6_34_6)，查看以花纹为主要元素的图案效果，如图6-48所示。

图6-47

图6-48

用户也可以应用前面学习过的动画知识，创建一个与鼠标交互的动态图案。

在for循环之前添加一句代码，如下：

```
1  r=200+map(mouseX, 0, width, -80, 100);          //圆环半径与鼠标x坐标关联
```

针对中心圆形，修改代码如下：

```
1  circle(width/2, height/2+100, r/2);
```

运行该程序(example6_34)，拖动鼠标，查看动态图案的变化效果，如图6-49所示。

图6-49

6.6 本章小结

本章主要讲解循环结构的用法及图案的组织形式，通过将不同的图案元素进行不同形式组织的方法，生成丰富多彩的图案，与鼠标位置变量进行关联，可以轻松创建动态图案。

应用位图

在Processing中除了可以绘制图形和创建文本，还可以插入图片文件，将互动艺术的可能性延伸到影像。

7.1 加载位图

在Processing中创建一个程序，执行菜单【速写本】|【添加文件】命令，选择并添加需要的文件，就可以自动创建data文件夹。如果要检查这些文件，执行菜单【速写本】|【打开程序目录】命令，就会看到一个名称为data的文件夹，里面包含刚才添加的所有文件。除了使用添加文件的菜单命令外，还可以通过直接将文件拖曳到Processing窗口的编辑区，文件同样会被复制到data文件夹中，如果原先没有data文件夹的话，将会自动创建。

用户可将需要加载的位图、音频、视频、字体等很多文件存储在data文件夹中，以方便组织和管理素材。

7.1.1 加载和显示单张图片

将一幅图像绘制到屏幕上之前需要执行以下三个步骤：

01 将图像添加到Processing程序的data文件夹中。

02 创建PImage变量以存储图像。

03 使用loadImage()函数将图像加载到变量。

输入代码如下：

```
1  PImage img;                          //声明位图变量
2  void setup() {
3    size(800, 540);
4    img=loadImage("pic_021.jpg");      //加载图像文件
5  }
```

```
6 void draw() {
7   image(img, 0, 0);                    //显示图像
8 }
```

图7-1

运行该程序(example7_01)，查看效果，如图7-1所示。

image(name,x,y,w,h)函数最多有五个参数，第一个参数为图像变量名，第二和第三个参数为图像的位置参数，第四和第五个参数决定显示图像的宽度和高度。当一张图片从原始尺寸放大或者缩小的时候，它有可能被拉伸扭曲，所以要注意图像的宽高比例。用户可以使用image()函数改变图像的尺寸和位置。输入代码如下：

```
1 PImage img;                          //声明变量
2 void setup() {
3   size(800, 540);
4   img=loadImage("pic_021.jpg");      //加载图像文件
5 }
6 void draw() {
7   image(img, 0, 0, width, height); //显示图像
8 }
```

图7-2

运行该程序(example7_02)，查看效果，如图7-2所示。

如果要加载更多的图像，首先要将需要的文件都添加到data文件夹中，如图7-3所示。

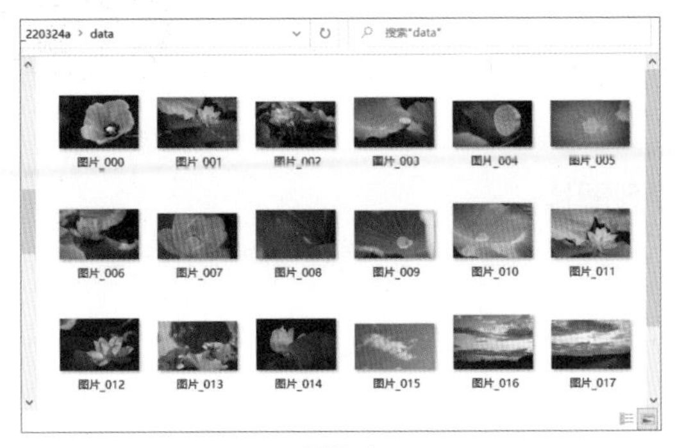

图7-3

输入代码如下：

```
1 PImage img1;                         //声明变量
2 PImage img2;
3 PImage img3;
4 void setup() {
5   size(1200, 600);
6   img1=loadImage("pic_048.jpg");     //指定导入位图
7   img2=loadImage("pic_049.jpg");
8   img3=loadImage("pic_047.jpg");
```

```
9  }
10 void draw() {
11   image(img1, 0, 0);              //显示位图
12   image(img2, 400, 0);
13   image(img3, 800, 0);
14 }
```

运行该程序(example7_03)，查看效果，如图7-4所示。

图7-4

在平面设计中，设计师可以根据自己的需要设置图片的大小和位置，形成自己的版式。输入代码如下：

```
1  PImage img1;                      //声明位图变量
2  PImage img2;
3  PImage img3;
4  void setup() {
5    size(1280, 720);
6    img1=loadImage("pic_048.jpg");   //指定导入位图
7    img2=loadImage("pic_049.jpg");
8    img3=loadImage("pic_047.jpg");
9  }
10 void draw() {
11   image(img2, 0, 0);              //显示位图
12   image(img1, 270, 200, 400, 260);
13   image(img3, 610, 60, 400, 260);
14 }
```

运行该程序(example7_04)，查看效果，如图7-5所示。

图7-5

7.1.2 加载和播放序列图片

如果要加载序列图片，可以使用数组。首先将序列图片放置在data文件夹中，输入代码如下：

```
1  int numframes=10;                          //确定数组长度
2  int frame=0;
3  PImage[] images=new PImage[numframes];     //创建数组
4  void setup() {
5    size(1280, 720);
6    frameRate(15);                           //设置帧率
7    images[0]=loadImage("water_000.jpg");
8    images[1]=loadImage("water_001.jpg");
9    images[2]=loadImage("water_002.jpg");
10   images[3]=loadImage("water_003.jpg");
11   images[4]=loadImage("water_004.jpg");
12   images[5]=loadImage("water_005.jpg");
13   images[6]=loadImage("water_006.jpg");
14   images[7]=loadImage("water_007.jpg");
```

```
15   images[8]=loadImage("water_008.jpg");
16   images[9]=loadImage("water_009.jpg");
17 }
18 void draw() {
19   image(images[frame], 0, 0);                    //显示图像
20   frame++;
21   if (frame==numframes) {
22     frame=0;
23   }
24 }
```

运行该程序(example7_05)，查看序列图片的显示效果，如图7-6所示。

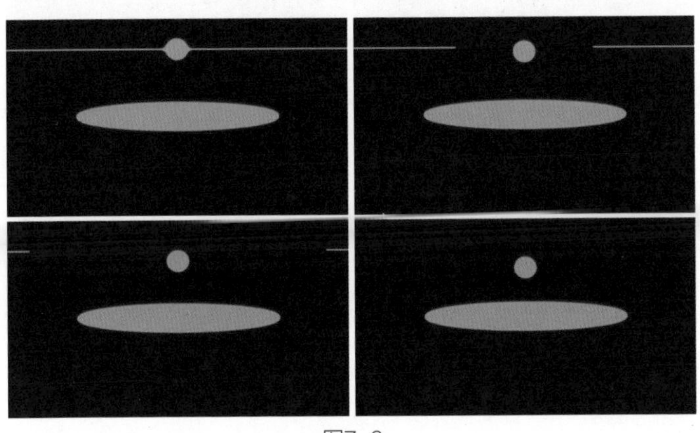

图7-6

使用for循环是一种非常快捷的加载序列图像的方法。输入代码如下：

```
1  int numframes=80;                               //确定数组长度
2  PImage[] images=new PImage[numframes];          //创建数组
3  void setup() {
4    size(1280, 720);
5    frameRate(15);
6    for(int i=0; i<images.length; i++) {
7      String imageName="water_"+nf(i, 3)+".jpg"; //位图名称字符串
8      images[i]=loadImage(imageName);
9    }
10 }
11 void draw() {
12   int frame=frameCount%numframes;
13   image(images[frame], 0, 0);
14 }
```

运行该程序(example7_06)，查看效果，如图7-7所示。

nf()函数用于格式化需要加载的图像的名称，使它们可以按照正确的顺序排列。例如，文件被命名为water_001.jpg而不是water_1.jpg。

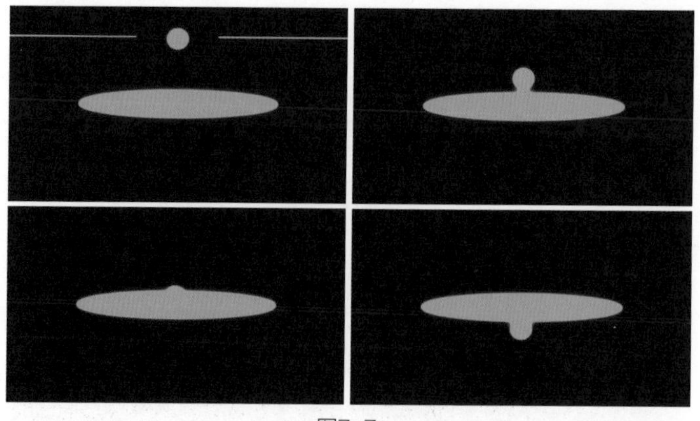

图7-7

通过改变numframes的值，可以加载1～999张图像。nf()函数使用0填充for循环中较小的数字，第二个数值确定序号的位数，比如3是指序号为三位数000，最大至999，以此类推。%操作符使用frameCount变量使每帧帧数加1，当frameCount的值达到80时就会归零。

在Processing中有很多种方法可以控制序列帧动画播放的速度，使用frameRate()函数是其中最为简单的一种。如果想要序列图像以自定义的速度切换的话，可以设置一个计时器，当计时器的数值超过预定值时，新的一帧才会被播放。代码如下：

```
1  int numframes=20;                                     //数组长度
2  PImage[] images=new PImage[numframes];                //位图数组
3  int lastTime;                                         //最新时间变量
4  float timer;                                          //计时器变量
5  int count;                                            //帧数变量
6  void setup() {
7    size(640, 360);
8    frameRate(30);
9    for(int i=0; i<images.length; i++) {
10     String imageName="图片_"+nf(i, 3)+".jpg";         //位图名称字符串
11     images[i]=loadImage(imageName);
12   }
13 }
14 void draw() {
15   timer=millis()-lastTime;
16   image(images[count], 0, 0, width, height);
17   if (timer>1000) {                                   //设置时间间隔为1秒
18     lastTime=millis();
19     count=(count+1)%numframes;
20     image(images[count], 0, 0, width, height);
21   }
22 }
```

运行该程序(example7_07)，查看效果，如图7-8所示。

图7-8

提 示

Processing可以加载和显示JPEG、GIF、PNG等格式的图像。在加载图像的时候应包含文件后缀，如*.gif、*.jpg或者*.png等，还要确保图像名称输入正确，和文件夹中的原名一致，尤其要注意大小写必须一致。

GIF和PNG格式图像都支持透明效果，但它们有一定的区别，GIF格式图像只有1位的透明度，要么是全透明要么是不透明，而PNG格式图像有8位的透明度，每个像素都可以有丰富的透明层次。输入代码如下：

```
1  PImage img1;                                    //声明位图变量
2  PImage img2;
3  PImage img3;
4  PImage img4;
5  void setup() {
6    size(1280, 720);
7    img1=loadImage("pic_045.jpg");                //指定导入位图
8    img2=loadImage("pic_047.jpg");
9    img3=loadImage("水墨02.png");
10   img4=loadImage("水墨06.png");
11 }
12 void draw() {
13   image(img1, 0, 0);                            //显示位图
14   image(img2, 640, 0);
15   image(img3, 740, 260, 450, 400);
16   image(img4, mouseX, 140, 460, 295);           //位图跟随鼠标移动
17 }
```

运行该程序(example7_08)，查看图片叠加的效果，如图7-9所示。

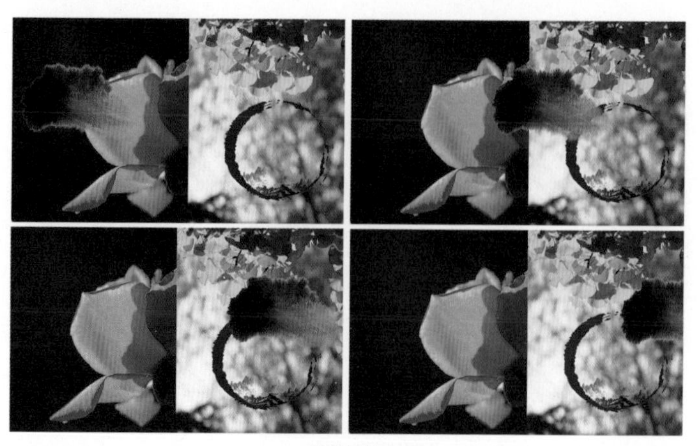

图7-9

7.2 图像蒙版

学习过Photoshop的用户应该比较熟悉，在图像的合成中经常会使用图像的局部，或者控制图像的透明度。

用户使用tint()函数，可以调整图像的透明度。tint()函数有以下几种重载方法。

- tint(gray);
- tint(gray,alpha);
- tint(rgb);
- tint(rgb,alpha);
- tint(r,g,b);
- tint(r,g,b,alpha);

这些重载方法看上去与fill()和stroke()很相似，输入代码如下：

```
1  PImage img1;
2  PImage img2;
3  void setup() {
4    size(1280, 720);
5    img1=loadImage("pic_042.jpg");
6    img2=loadImage("pic_040.jpg");
7  }
8  void draw() {
9    image(img1, 0, 0);
10   tint(200, 255, 0);                          //右侧树林图片改变颜色
11   image(img1, 640, 0);
12   tint(127);                                  //右侧树叶图片降低透明度
13   image(img2, 640, 340, 406, 266);
14   noTint();
15   image(img2, 234, 340, 406, 266);
16 }
```

运行该程序(example7_09)，查看效果，如图7-10所示。

图7-10

如果在图像合成中要使用图像的局部，或者控制部分图像的透明度，使用蒙版是一种非常高效的方法。蒙版图像应该只包含灰度数据，而且必须与应用蒙版的图像尺寸一致。如果该图像不是灰度的，可以先通过filter()函数转换。蒙版的明亮区域让原图通过，暗区则遮盖原图。输入代码如下：

```
1  PImage img1, img2, maskimg;                  //声明位图变量
2  void setup() {
3    size(1280, 720);
4    img1=loadImage("图片_001.jpg");             //指定导入位图
5    img2=loadImage("图片_016.jpg");
6    maskimg=loadImage("水墨07.jpg");
7    maskimg.filter(INVERT);                     //应用反转滤镜
8    maskimg.filter(BLUR, 5);                    //应用模糊滤镜
9    img1.mask(maskimg);                         //应用蒙版
10 }
11 void draw() {
12   background(220, 220, 210);                  //设置背景颜色
13   image(img2, 0, 0);                          //显示位图
14   image(img1, 0, 0);
15 }
```

运行该程序(example7_10)，查看风光背景与荷花部分叠加的效果，如图7-11所示。

修改代码，只显示背景和荷花位图，不再显示天空图像，查看效果，如图7-12所示。

图7-11

图7-12

7.3 图像混合

除了设置图像的透明度和应用蒙版之外，利用位图的混合模式，可产生不同的混合效果。混合就是将两张位图中相对应的像素的各通道的颜色进行叠加运算，得到新的像素值。使用位图对象的blend()函数可以产生混合效果，下面是其使用方法：

```
1 blend(src, sx, sy, sw, sh, dx, dy, dw, dh, mode);
```

其中，各参数的含义如下。

- src：源位图对象。
- sx：源位图区域的x坐标。
- sy：源位图区域的y坐标。
- sw：源位图区域的宽度。
- sh：源位图区域的高度。
- dx：目标位图区域的x坐标。
- dy：目标位图区域的y坐标。
- dw：目标位图区域的宽度。
- dh：目标位图区域的高度。
- mode：混合模式常量。

比如，在draw()函数中混合两个图像，并指定混合区域，代码如下：

```
1 img1.blend(img2, 0, 0, 200, 200, 0, 0, 200, 200, ADD);
2 image(img1, 0, 0);
```

在执行混合操作的时候，源图像和目标图像的尺寸要一致。如果源图像的尺寸大于或小于目标图像，程序会自动把源图像的尺寸设置为目标图像的尺寸。

混合模式用mode常量来定义，PImage对象支持14种混合模式：ADD(加亮)、SUBTRACT(减亮)、LIGHTEST(变亮)、DARKEST(变暗)、DIFFERENCE(差值)、EXCLUSION(排除)、MULTIPLY(正片叠底)、SCREEN(滤色)、HARD_LIGHT(强光)、OVERLAY(叠加)、SOFT_LIGHT(柔光)、DODGE(颜色减淡)、BURN(颜色加深)和BLEND(混合)。其中，除了BLEND(混合)模式没有像素变化外，其他13种混合模式与Photoshop或大多数图像处理软件中的混合处理效果相似。

下面查看整个画面混合的效果，输入代码如下：

```
1 PImage img1, img2;
2 void setup() {
3   size(1280, 720);
4   img1=loadImage("pic_002.jpg");
5   img2=loadImage("pic_004.jpg");
```

```
6  }
7  void draw() {
8    background(20);
9    image(img1, 0, 0);
10   image(img2, 0, 300);
11   //blendMode(ADD);
12 }
```

运行该程序(example7_11)，查看未执行混合模式的效果，如图7-13所示。

取消注释代码blendMode(ADD)，执行相加混合模式效果，如图7-14所示。

图7-13

图7-14

也可以尝试其他的混合模式，查看对比效果，如图7-15所示。

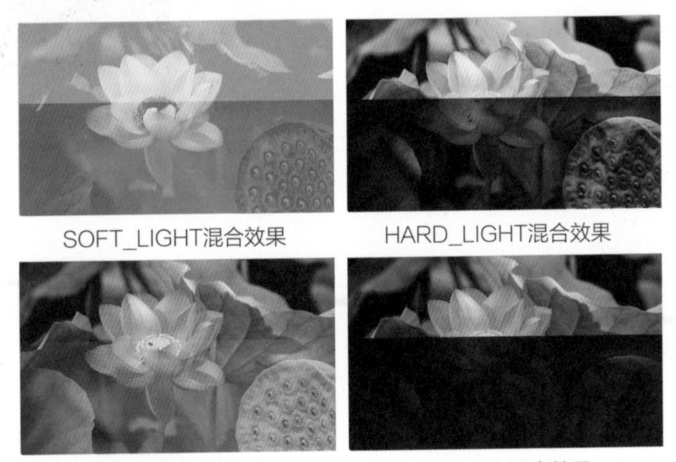

图7-15

接下来查看图像部分混合的情况，输入代码如下：

```
1  PImage img1, img2;
2  void setup() {
3    size(1280, 720);
4    img1=loadImage("pic_002.jpg");
5    img2=loadImage("pic_004.jpg");
6    noLoop();
7  }
8  void draw() {
9    img1.blend(img2, 700, 100, 800, 400, 500, 100, 800, 400, SCREEN);
10   image(img1, 0, 0);
11 }
```

运行该程序(example7_12)，查看效果，如图7-16所示。

图7-16

还有一种方式进行图像混合，就是复制确定区域中的内容进行混合。输入代码如下：

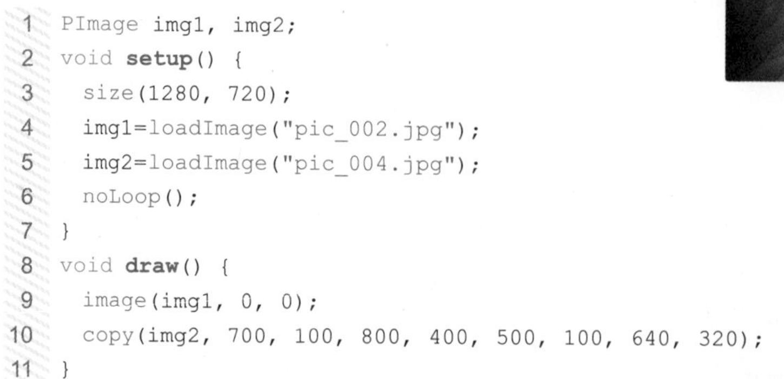

```
1  PImage img1, img2;
2  void setup() {
3    size(1280, 720);
4    img1=loadImage("pic_002.jpg");
5    img2=loadImage("pic_004.jpg");
6    noLoop();
7  }
8  void draw() {
9    image(img1, 0, 0);
10   copy(img2, 700, 100, 800, 400, 500, 100, 640, 320);
11 }
```

运行该程序(example7_13)，查看效果，如图7-17所示。

图7-17

添加混合模式，修改代码如下：

```
1  PImage img1, img2;
2  void setup() {
3    size(1280, 720);
4    img1=loadImage("pic_002.jpg");
5    img2=loadImage("pic_004.jpg");
6    //noLoop();
7  }
8  void draw() {
9    background(0);
10   image(img1, 0, 0);
11   blendMode(SCREEN);
12   copy(img2, 700, 100, 800, 400, 500, 100, 640, 320);
13 }
```

运行该程序(example7_14)，查看效果，如图7-18所示。

图7-18

再添加一个纯色的图形，查看不同区域不同颜色的混合效果。输入代码如下：

```
1  PImage img1, img2;
2  void setup() {
3    size(1280, 720);
4    img1=loadImage("pic_002.jpg");
5    img2=loadImage("pic_004.jpg");
6    //noLoop();
7  }
8  void draw() {
9    background(0);
10   image(img1, 0, 0);
11   blendMode(SCREEN);
```

```
12    copy(img2, 700, 100, 800, 400, 500, 100, 640, 320);
13    fill(200, 50, 50);
14    circle(mouseX, 400, 200);
15  }
```

运行该程序(example7_15)，查看效果，如图7-19所示。

图7-19

使用这种方式也可以完成很多图像的局部混合效果。

7.4 应用滤镜

在图像的创意设计中，滤镜有着非常重要的作用。Processing提供了filter()函数为图像添加滤镜，共有8个选项：THRESHOLD(阈值)、GRAY(灰度)、INVERT(反相)、POSTERIZE(色彩分离)、BLUR(模糊)、OPAQUE(不透明)、ERODE(腐蚀)和DILATE(膨胀)。这些功能有时需要配合第二个参数使用。例如，THRESHOLD模式根据数值超过或低于第二个参数判断图像中的像素转换成黑色或白色。输入代码如下：

```
1   PImage img;
2   void setup() {
3     size(1280, 720);
4     img=loadImage("pic_012.jpg");
5   }
6   void draw() {
7     image(img, 0, 0, width, height);          //显示图像
8     filter(THRESHOLD, 0.5);                   //设置滤镜参数
9     filter(BLUR, 5);
10  }
```

运行该程序(example7_16)，查看滤镜效果，如图7-20所示。

源图片

应用滤镜

图7-20

filter()函数仅影响已经绘制的图像，在滤镜之后的图形或图像都不会受到滤镜的影响。

输入代码如下：

```
1  PImage img;
2  void setup() {
3    size(1280, 720);
4    img=loadImage("pic_012.jpg");
5  }
6  void draw() {
7    image(img, 0, 0, width, height);                    //显示图像
8    filter(THRESHOLD, 0.5);                             //设置滤镜参数
9    filter(BLUR, 5);
10   copy(img, 800, 300, 500, 300, 0, 300, 500, 300);   //复制部分图像
11 }
```

运行该程序(example7_17)，此时图片应用了滤镜效果，而复制并显示在上层的图像并没有滤镜效果，查看效果，如图7-21所示。

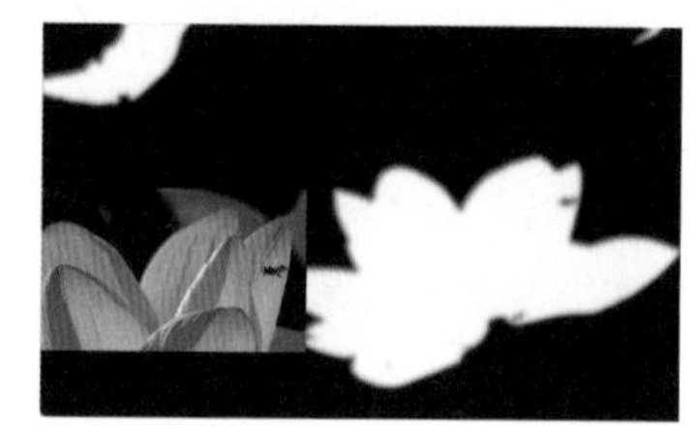
图7-21

修改程序，在复制图像的后面继续添加滤镜，则影响全部的图像，修改代码如下：

```
1  void draw() {
2    image(img, 0, 0, width, height);                    //显示图像
3    filter(THRESHOLD, 0.5);                             //设置滤镜参数
4    filter(BLUR, 5);
5    copy(img, 800, 300, 500, 300, 0, 300, 500, 300);   //复制部分图像
6    filter(INVERT);                                     //应用反转滤镜
7  }
```

运行该程序(example7_18)，可看到所有的图片都应用了反转效果，如图7-22所示。

PImage类包含filter()函数，可以将滤镜只限应用在一张指定的图像上，而不影响其余部分。输入代码如下：

图7-22

```
1  PImage img1, img2;
2  void setup() {
3    size(1280, 720);
4    img1=loadImage("pic_012.jpg");
5    img2=loadImage("pic_025.jpg");
6    img1.filter(BLUR, 5);                                    //针对性应用模糊滤镜
7  }
8  void draw() {
9    background(0);
10   image(img1, 0, 0);                                       //显示图像
11   copy(img2, 300, 100, 600, 400, 100, 200, 600, 400);      //复制部分图像
12   blendMode(SCREEN);                                       //设置混合模式
13 }
```

运行该程序(example7_19)，查看效果，如图7-23所示。

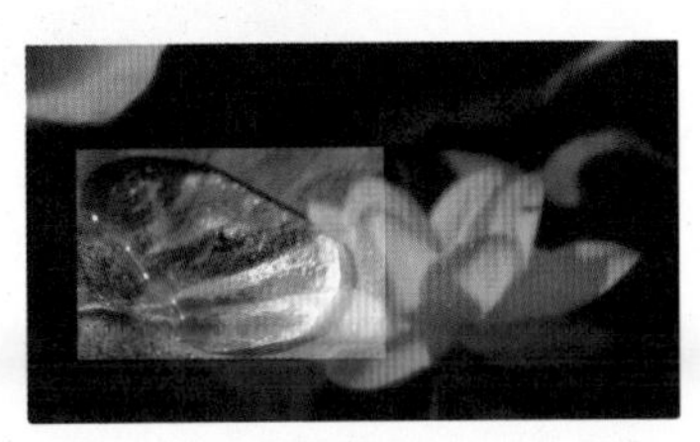

图7-23

7.5 像素化特效

在开始对像素进行操作之前，我们先要了解两对函数，第一对函数是loadPixels()和updatePixels()，它们的作用是用于读取画布上的像素点并将它们放入pixels[ ]数组和更新画布上的像素点，对像素处理的代码就放在这一对函数之间；另一对函数是get(x,y)和set(x,y,color)，get(x,y)函数是读取画布上某一坐标点像素的颜色，读取到的颜色分为RGBA四个通道，set(x,y,color)函数是在画布上的某一坐标点进行像素级别的颜色操作。运行以下代码：

```
1  PImage img;
2  void setup() {
3    size(900, 600);
4    img=loadImage("flower_2.jpg");              //指定导入位图
5    background(0);
6    noStroke();
7  }
8  void draw() {
9    int x=int(random(img.width));
10   int y=int(random(img.height));
11   int loc=x+y*width;                          //像素编号
12   img.loadPixels();
13   float r=red(img.pixels[loc]);               //获取相应编号像素的颜色
14   float g=green(img.pixels[loc]);
15   float b=blue(img.pixels[loc]);
16   fill(r, g, b, 100);
17   rect(x, y, 10, 10, 2);
18 }
```

运行该程序(example7_20)，查看效果，如图7-24所示。

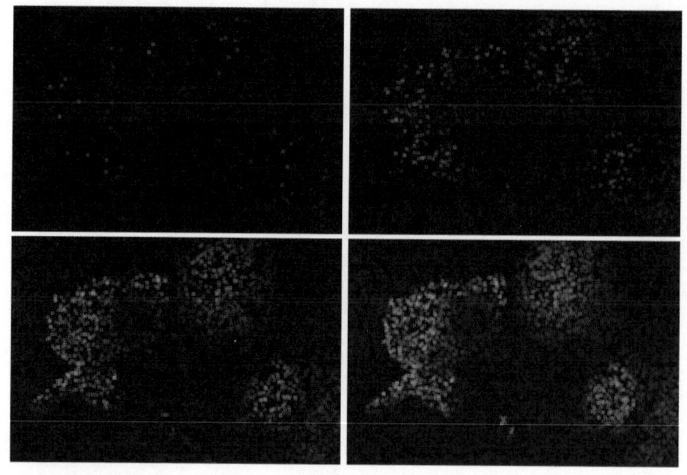

图7-24

用户可以根据像素的位置改变颜色，就如同自己设置了滤镜。输入代码如下：

```
1  PImage img;
2  void setup() {
3    size(1280, 720);
4    img=loadImage("pic_012.jpg");
5    background(0);
6  }
7  void draw() {
8    img.loadPixels();                                    //加载像素
9    for(int x=0; x<img.width; x++) {
10     for(int y=0; y<height; y++) {
11       color c=img.get(x, y);                           //获取像素颜色值
12       float red=red(c);
13       float green=green(c);
14       float blue=blue(c);
15       float new_red=255-red;
16       float new_green=255-green;
17       float new_blue=255-blue;
18       set(x, y, color(new_red, new_green, new_blue, 255)); //重新设置颜色值
19     }
20   }
21   img.updatePixels();
22 }
```

运行该程序(example7_21)，查看效果，如图7-25所示。

图7-25

通过img.loadPixels()函数读取图片的所有像素点信息，处理图片像素信息后，再通过img.updatePixels()函数将修改后的像素信息更新到画布上。

将之前学习的图形和像素结合起来应用，既然可以读取每一个像素的位置和颜色，那么通过读取图片每20个像

素点间隔的颜色，为正方形填充，正方形的位置由图片中被调用的像素位置决定，就会创建类似马赛克的效果。输入代码如下：

```
1  PImage img;
2  int tt=20;                                //指定间隔像素数
3  void setup() {
4    size(1280, 720);
5    img=loadImage("pic_012.jpg");
6    background(0);
7    rectMode(CENTER);
8  }
9  void draw() {
10   img.loadPixels();                       //加载像素
11   for(int x=0; x<img.width; x+=tt) {
12     for(int y=0; y<height; y+=tt) {
13       color c=img.get(x, y);              //获取颜色值
14       float red=red(c);
15       float green=green(c);
16       float blue=blue(c);
17       fill(red, green, blue);
18       rect(x, y, tt, tt);
19     }
20   }
21   img.updatePixels();
22 }
```

运行该程序(example7_22)，查看效果，如图7-26所示。

该效果也可以通过如下代码实现：

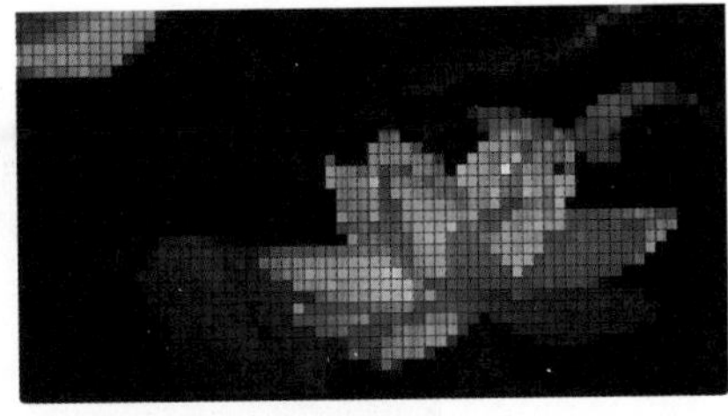

图7-26

```
1  void draw() {
2    img.loadPixels();
3    for(int x=0; x<img.width; x+=tt) {
4      for(int y=0; y<img.height; y+=tt) {
5        color c=img.pixels[x+y*img.width];
6        fill(c);
7        rect(x, y, tt, tt);
8      }
9    }
10   img.updatePixels();
11 }
```

运行该程序(example7_23)，查看效果，如图7-27所示。

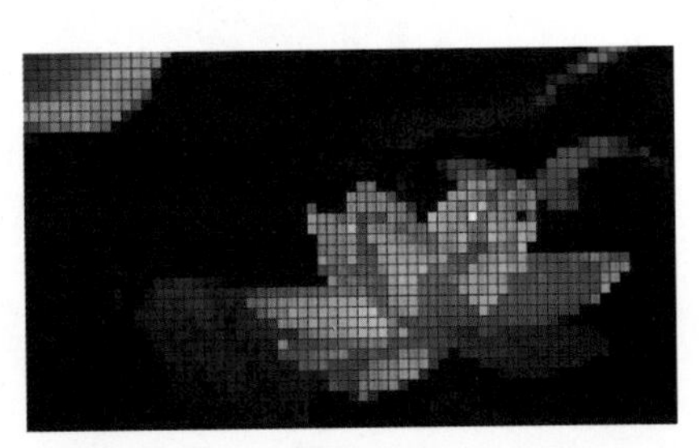

图7-27

在前面的实例中用到了img.loadPixels()和img.updatePixels()函数，而之前所说的loadPixels()和updatePixels()函数却一直没有提及，它们的根本区别是前者用于读取和更新图片的像素到画布上，后者

用于直接读取和更新画布上的像素。

对画布上的像素点信息进行操作处理时，需要用到pixels[ ]数组，它的作用是将画布上的所有像素信息放到一个数组中，在处理好这个数据之后，将pixels[ ]数组中的数据更新，数据会通过updatePixels()函数更新到画布上。

代码如下：

```
1  int x, y;
2  void setup() {
3    size(900, 600);
4    background(0);
5  }
6  void draw() {
7    float red=random(255);
8    float green=random(255);
9    float blue=random(255);
10   loadPixels();
11   if (x>width) {                    //按行向下排列
12     y+=20;
13     x=0;
14   }
15   pixels[x+width*y]=color(red, green, blue);
16   updatePixels();
17   x+=20;
18   fill(red, green, blue);
19   circle(x, y, 20);
20 }
```

运行该程序(example7_24)，查看效果，如图7-28所示。

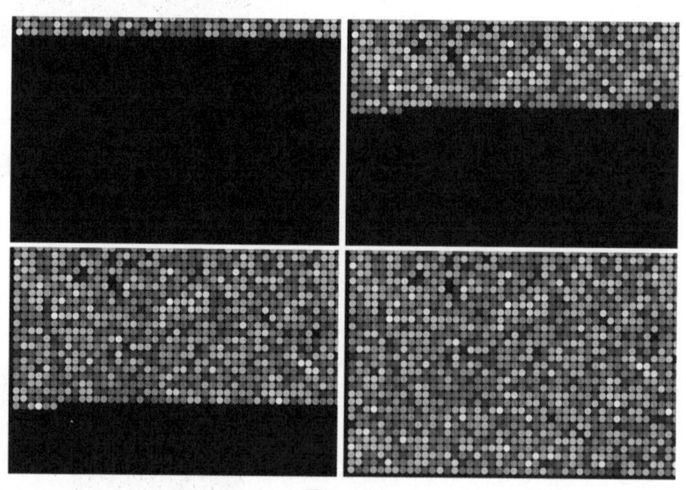

图7-28

用户通过读取显示图像的每一个像素的颜色值，再改变像素以改变图像，可以制作属于自己的滤镜。输入代码如下：

```
PImage img;
void setup() {
  size(1280, 720);
  img=loadImage("pic_012.jpg");
}
void draw() {
  loadPixels();
  img.loadPixels();
  for(int x=0; x<width; x++) {
    for(int y=0; y<height; y++) {
      int loc=x+y*width;
      float red=red(img.pixels[loc]);
      float green=green(img.pixels[loc]);
      float blue=blue(img.pixels[loc]);
      float distance=dist(x, y, mouseX, mouseY);          //鼠标移动距离
      float adjustbright=map(distance, 0, 200, 2, 0);    //调整亮度
      red*=adjustbright;
      green*=adjustbright;
      blue*=adjustbright;
      pixels[loc]=color(red, green, blue);
    }
  }
  updatePixels();
}
```

运行该程序(example7_25)，跟随鼠标，局部提升了图像的亮度，这样才能看到图像的内容，如图7-29所示。

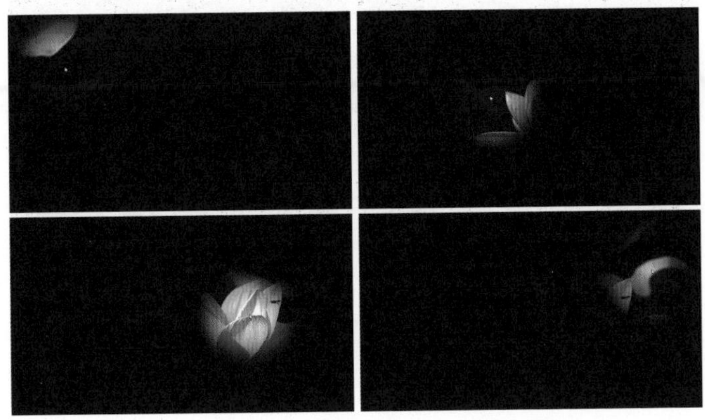

图7-29

根据图像中每一个像素的信息，转化成立体信息。输入代码如下：

```
PImage img;
int cellsize=10;
void setup() {
  size(1280, 800, P3D);                          //定义三维画布
  img=loadImage("pic_020.jpg");
  frameRate(60);
```

```
7  }
8  void draw() {
9    background(0);
10   img.loadPixels();
11   for(int i=0; i<width; i+=cellsize) {
12     for(int j=0; j<height; j+=cellsize) {
13       int loc=i+j*width;
14       color c=img.pixels[loc];
15       //像素亮度和鼠标x坐标映射像素的深度值
16       float z=map(brightness(img.pixels[loc]), 0, 255, 0, mouseX);
17       //根据像素位置和颜色创建正方形
18       pushMatrix();
19       translate(i-width/2, j-height/2, z-500);
20       fill(c);
21       square(i, j, cellsize);
22       popMatrix();
23     }
24   }
25 }
```

运行该程序(example7_26)，查看立体方块效果，如图7-30所示。

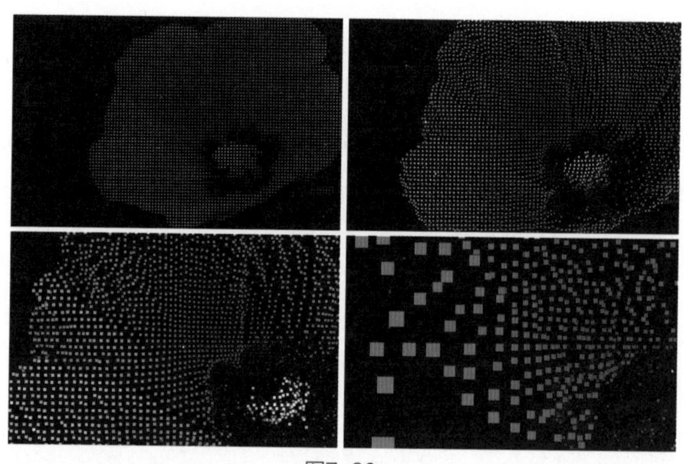

图7-30

7.6 位图效果实战

下面通过几个实例运用位图进行合成、像素处理、动态蒙版及创建海报，更好地帮助读者理解在Processing中操作图像的原理和方法。

7.6.1 利用图像创建图案

本例首先加载和显示图像，输入代码如下：

```
1  PImage img;                    //声明变量
2  void setup() {
```

```
3   size(900, 600);
4   img=loadImage("cloud2.jpg");      //指定加载位图
5 }
6 void draw() {
7   background(255);
8   img.resize(width, height);        //调整位图尺寸与画布一致
9   image(img, 0, 0);
10 }
```

运行该程序(example7_27_1)，查看效果，如图7-31所示。

图7-31

使用loadPixels()和updatePixels()函数及循环结构创建马赛克图像，修改代码如下：

```
1  PImage img;                          //声明变量
2  void setup() {
3    size(900, 600);
4    img=loadImage("cloud2.jpg");       //指定加载位图
5    noStroke();
6  }
7  void draw() {
8    background(255);
9    img.resize(width, height);         //调整位图尺寸与画布一致
10   //image(img, 0, 0);
11   img.loadPixels();
12   for(int i=0; i<width; i+=40) {
13     for(int j=0; j<height; j+=40) {
14       color c=img.get(i, j);         //获取像素的颜色值
15       fill(c);
16       float dia=brightness(c);       //方形边长与像素亮度进行关联
17       square(i, j, dia/8);
18     }
19   }
20   img.updatePixels();
21 }
```

运行该程序(example7_27_2)，查看效果，如图7-32所示。

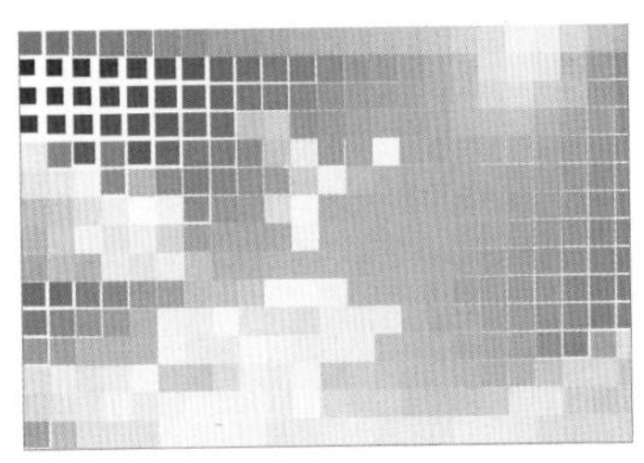

图7-32

将小方块旋转45°，在源图像的基础上生成图案，修改代码如下：

```
1 //绘制方形并旋转45°
2 pushMatrix();
3 translate(i, j);
4 rotate(radians(45));
5 square(0, 0, dia/6);
6 popMatrix();
```

运行该程序(example7_27)，查看效果，如图7-33所示。

图7-33

7.6.2 动态蒙版

在图像合成过程中不仅会使用现有的图片作为蒙版，也经常使用绘制的图形作为图像的蒙版。

加载和显示图像，输入代码如下：

```
PImage pg;                                  //声明图像
void setup() {
  size(1200, 800);
  background(#E0FFFB);
  pg=loadImage("flower.jpg");               //指定加载位图
  pg.resize(width, height);                 //调整图像尺寸
}
void draw() {
  image(pg, 0, 0);                          //显示图像
  strokeWeight(2);
  noFill();
  stroke(200);
  circle(width/2, height/2, 600);
}
```

运行该程序(example7_28_1)，查看效果，如图7-34所示。

图7-34

绘制动态圆形，首先创建几个变量，添加代码如下：

```
float posX, posY;
float angle=0;
```

在draw()函数部分添加代码如下：

```
angle+=1;
if (angle>=360) {
  angle=360;
}
posX=300*cos(radians(angle));
posY=300*sin(radians(angle));
strokeWeight(16);
stroke(220, 30);
circle(width/2+posX, height/2+posY, 200);
```

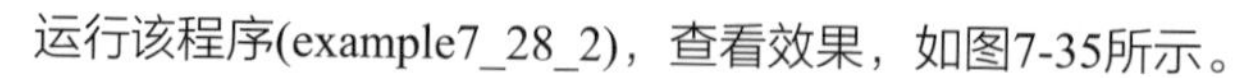

运行该程序(example7_28_2)，查看效果，如图7-35所示。

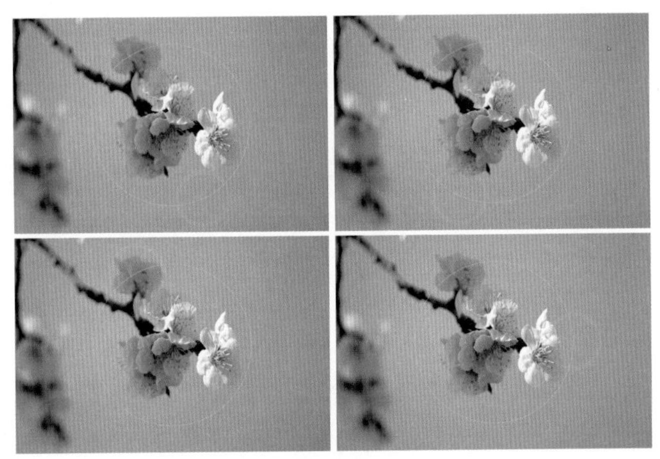

图7-35

在draw()函数中注释掉显示位图这一行，修改代码如下：

```
1  //image(pg, 0, 0);
```

运行该程序(example7_28_3)，就可以看到圆形运动留下拖尾，从而形成连贯的图形，如图7-36所示。

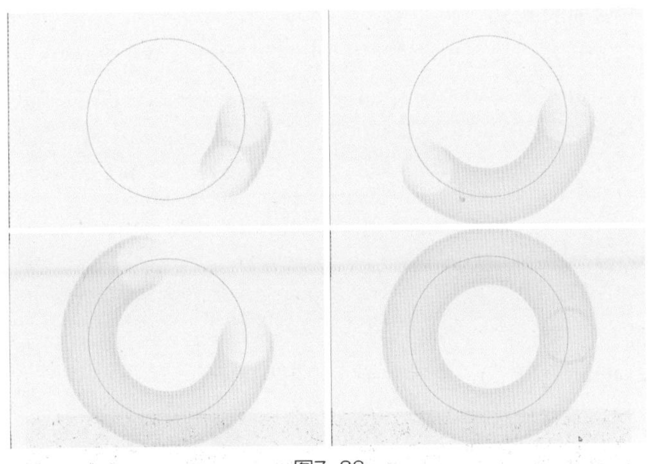

图7-36

在画布中央绘制一个动态放大的圆形，创建新的变量，添加代码如下：

```
1  float diameter;
```

在draw()函数部分添加代码如下：

```
1  diameter+=1;
2  if (diameter>=400) {
3    diameter=400;
4  }
5  circle(width/2, height/2, diameter);
```

运行该程序(example7_28_4)，查看动态图形的效果，如图7-37所示。

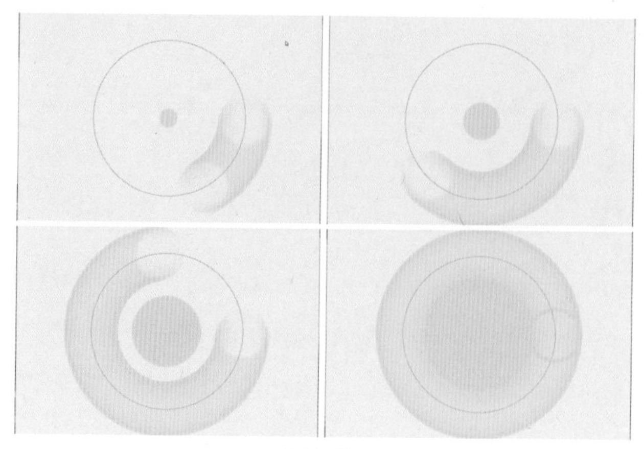

图7-37

创建动态蒙版，修改代码如下：

```
1  PGraphics mask;                                    //声明蒙版图形
```

在setup()函数中添加代码如下：

```
1  mask=createGraphics(width, height);                //创建蒙版图形
```

在draw()函数中添加代码如下：

```
1  //绘制动态蒙版图形
2  mask.beginDraw();
3  mask.background(0);
4  mask.fill(255);
5  mask.ellipse(width/2+posX, height/2+posY, 200, 200);
6  mask.ellipse(width/2, height/2, Diameter, Diameter);
7  mask.endDraw();
8  image(mask, 0, 0);                                 //显示蒙版图像
9  }
```

运行该程序(example7_28_5)，查看效果，如图7-38所示。

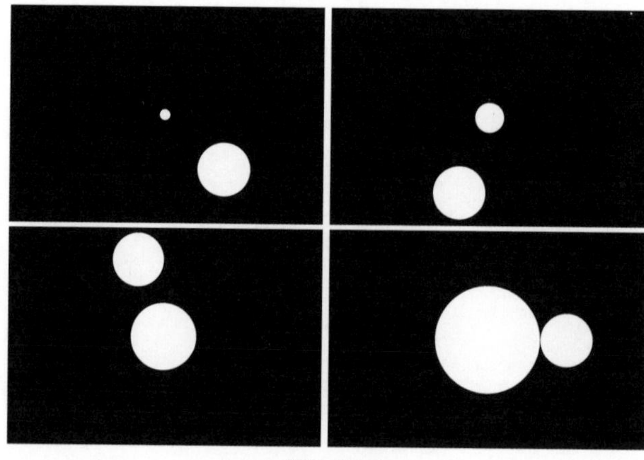

图7-38

应用动态蒙版，在draw()函数中添加代码如下：

```
1  //image(mask, 0, 0);                    //显示蒙版图像
2  pg.mask(mask);                          //应用蒙版
3  image(pg, 0, 0);                        //显示图像
```

运行该程序(example7_28)，查看动态蒙版效果，如图7-39所示。

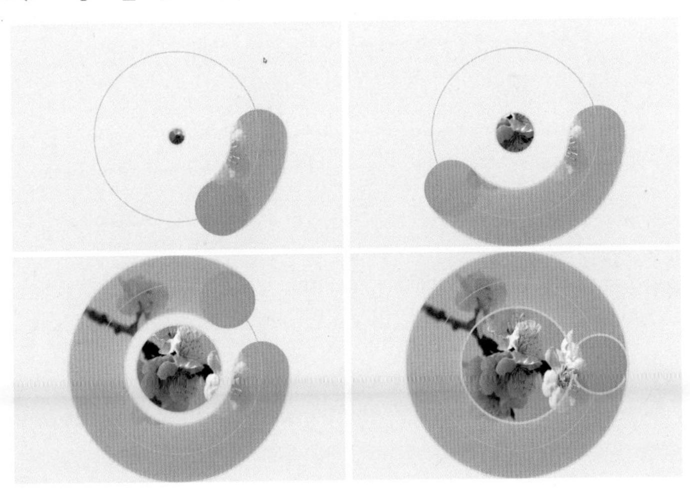

图7-39

7.6.3　多重曝光海报

本例主要应用蒙版和混合模式，将人物头像与背景图像混合，制作成科技感海报。

加载图像并设计版式，输入代码如下：

```
1  PImage person, mask01, mask02, build, grid, fg_pic;  //声明位图变量
2  void setup() {
3    size(1280, 840);
4    person=loadImage("dform.png");                      //指定加载位图
5    mask01=loadImage("mask_01.jpg");
6    mask02=loadImage("mask_02.jpg");
7    build=loadImage("building_01.jpg");
8    grid=loadImage("科技03.jpg");
9    fg_pic=loadImage("科技05.jpg");
10   imageMode(CENTER);                                  //位图为中心对齐方式
11 }
12 void draw() {
13   background(255);
14   build.mask(mask01);                                 //应用蒙版
15   image(build, width/2, height/2);                    //显示位图
16   //单独控制图片的大小和位置
17   push();
18   translate(width/2, height/2);
19   person.mask(mask02);
20   scale(0.8);
```

```
    tint(255, 120);
    image(person, 60, 435);
    pop();
    //设置混合模式
    blendMode(HARD_LIGHT);
    //单独控制图片的大小和位置
    push();
    translate(width/2, height/2);
    rotate(-PI/2);
    scale(1.2, 3.5);
    tint(255, 80);
    image(grid, 9, 15);
    pop();
    //设置混合模式
    blendMode(LIGHTEST);
    //单独控制图片的大小和位置
    push();
    translate(width/2, height/2);
    scale(1.5, 2.0);
    tint(255, 180);
    image(fg_pic, 160, 210);
    pop();
    //设置混合模式
    blendMode(BLEND);
    noTint();
}
```

运行该程序(example7_29_1)，查看多重曝光效果，如图7-40所示。

图7-40

接下来添加标题文字。首先声明标题位图变量，添加代码如下：

```
PImage title;
```

接着添加初始化语句，在setup()函数部分添加代码如下：

```
title=loadImage("标题-1.png");                    //加载标题位图
```

在draw()函数的末尾添加代码如下：

```
image(title, 180, 330);                           //显示标题
fill(180, 0, 0);
textSize(24);
text("The future has come", 228, 452);            //显示文字
```

运行该程序(example7_29_2)，查看效果，如图7-41所示。

添加装饰性元素，即一排随机闪动的红色小方块。

在setup()函数部分添加代码如下：

```
rectMode(CENTER);                    //矩形为中心对齐方式
```

图7-41

在draw()函数中添加代码如下：

```
//绘制随机方块
float x=random(width);
rect(x, 450, 10, 10);
rect(x*1.2, 450, 10, 10);
rect(x*0.8, 450, 10, 10);
```

运行该程序(example7_29_3)，查看效果，如图7-42所示。

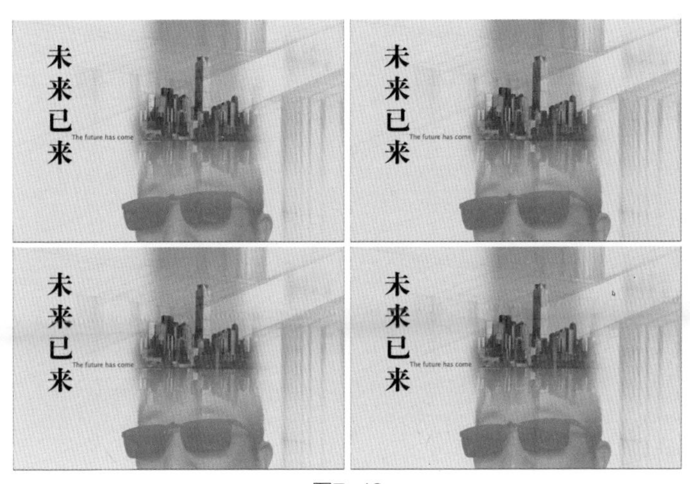

图7-42

增加交互性，光标附近的小方块会变大，在上面绘制随机方块部分的结尾添加代码如下：

```
if (dist(mouseX, mouseY, x, 450)<100) {
  rect(x, 450, 200, 200);
}
```

运行该程序(example7_29)，查看多重曝光的科技海报效果，如图7-43所示。

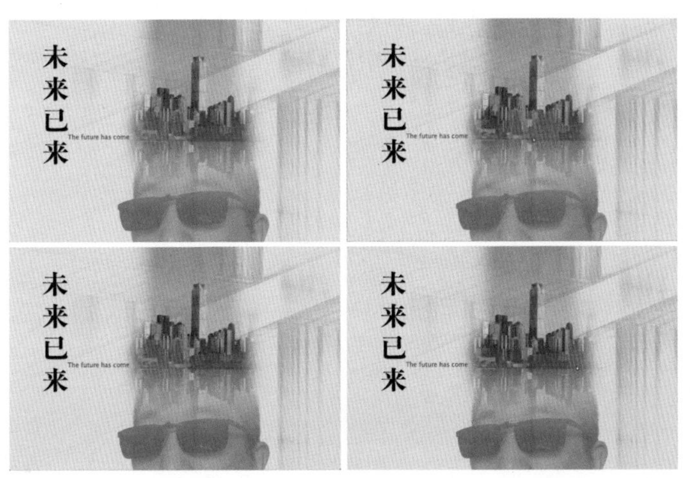

图7-43

7.6.4 交互青绿山水画

本例的特点是使用鼠标互动的山水风景，因为各元素移动速度的不同，产生了错位感，从而强化了整个场景的深度。

首先准备背景和山、小船的素材，输入代码如下：

```
1  PImage mount, mount01, mount02, mount03;
2  PImage boat01, boat02;
3  void setup() {
4    size(1200, 600);
5    mount=loadImage("mount_big.jpg");
6    mount01=loadImage("mount_01.jpg");
7    mount02=loadImage("mount_02.jpg");
8    mount03=loadImage("mount_03.jpg");
9    boat01=loadImage("boat_01.jpg");
10   boat02=loadImage("boat_02.jpg");
11   imageMode(CENTER);
12 }
13 void draw() {
14   background(240, 240, 220);
15   blendMode(MULTIPLY);                          //应用位图混合模式
16   image(mount, 130, 400, 700, 400);
17   image(mount01, 90, 104, 640, 270);
18   image(mount02, 1150, 466, 590, 275);
19   image(mount03, 1120, 158, 400, 300);
20   image(boat01, 606, 425, 161, 157);
21   image(boat02, 940, 248, 104, 103);
22 }
```

运行该程序(example7_30_1)，查看效果，如图7-44所示。

图7-44

添加飞鸟动画素材，添加代码如下：

```
1  PImage[] birds=new PImage[16];                  //创建数组
2  int frame=0;                                    //创建帧数变量
```

在setup()函数中添加代码如下：

```
1  for(int i=0; i<birds.length; i++) {
2    String imageName="bird"+nf(i, 2)+".png";      //位图名称字符串
3    birds[i]=loadImage(imageName);
4  }
```

在draw()函数中添加代码如下：

```
1  image(birds[frame], 600, 300, 80, 60);
2  frame+=1;
3  if (frame==16) {
4    frame=0;
5  }
```

运行该程序(example7_30_2)，查看效果，如图7-45所示。

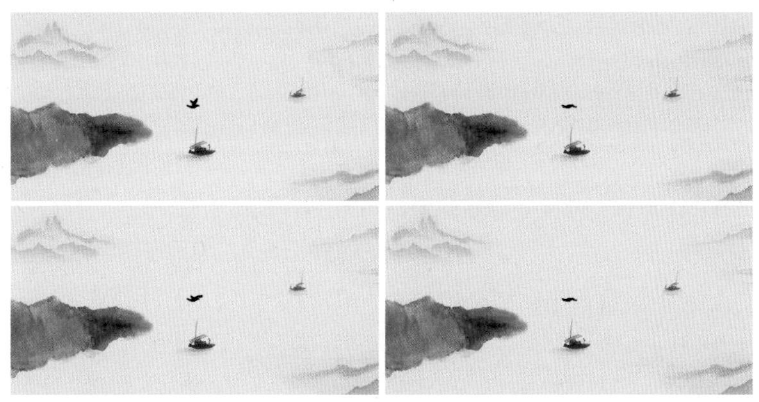

图7-45

接下来设置飞鸟的飞行动画，修改代码如下：

```
1 float bird_x, bird_y;                          //声明飞鸟位置变量
```

在draw()函数中添加代码如下：

```
1 image(birds[frame], bird_x, bird_y, 80, 60);
2 bird_x+=2;
3 if (bird_x>width+200) {
4   bird_x=-100;
5 }
6 bird_y=280+50*sin(radians(frameCount));
```

运行该程序(example7_30_3)，查看效果，如图7-46所示。

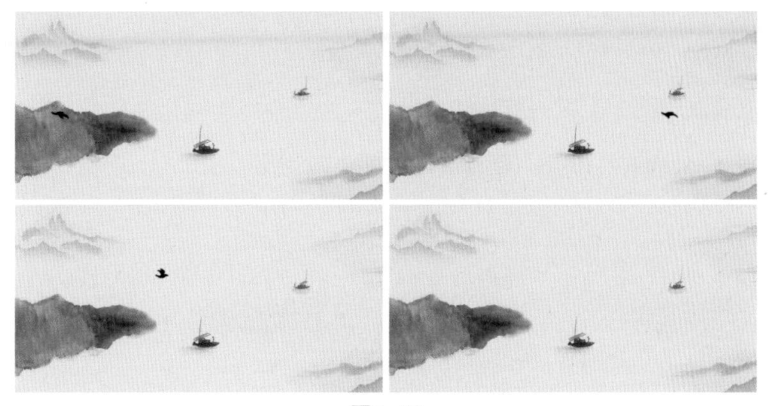

图7-46

再添加一只飞鸟，调整位置、大小和透明度，在draw()函数中修改代码如下：

```
1 tint(255, 200);
2 image(birds[frame], bird_x, bird_y, 80, 60);
3 tint(255, 150);
4 image(birds[frame], bird_x-200, bird_y-100, 60, 45);
5 noTint();
```

在setup()函数部分添加模糊滤镜，添加代码如下：

```
1  for(int i=0; i<birds.length; i++) {
2    String imageName="bird"+nf(i, 2)+".png";      //位图名称字符串
3    birds[i]=loadImage(imageName);
4    birds[i].filter(BLUR, 1);
5  }
```

运行该程序(example7_30_4)，查看效果，如图7-47所示。

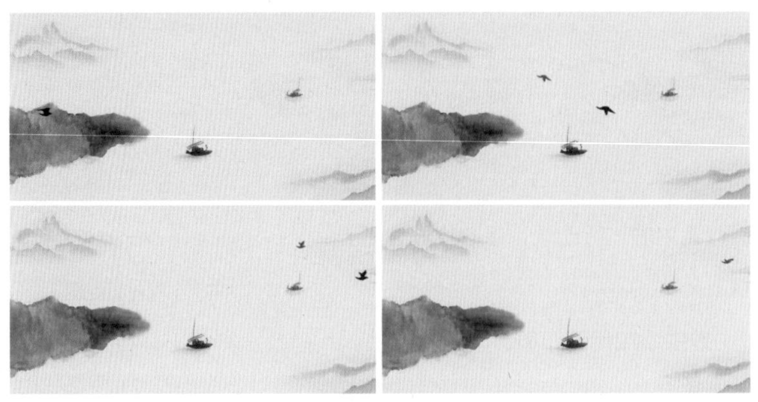

图7-47

接下来要让画面动起来，在draw()函数部分添加代码如下：

```
1  image(mount, 130+tt*1.1, 400, 700, 400);
2  image(mount01, 90+tt*0.7, 104, 640, 270);
3  image(mount02, 1150+tt*1.2, 466, 590, 275);
4  image(mount03, 1120+tt*0.6, 158, 400, 300);
5  image(boat01, 606+tt, 425, 161, 157);
6  image(boat02, 940+tt*0.8, 248, 104, 103);
7  tt+=speed/10;
8  speed=mouseX-pmouseX;
```

运行该程序(example7_30_5)，查看效果，如图7-48所示。

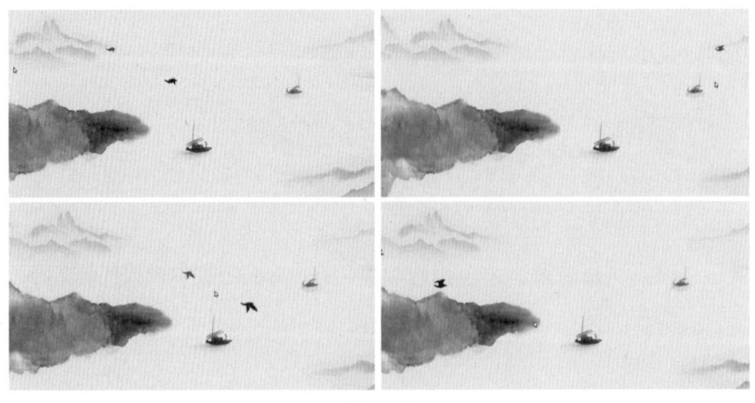

图7-48

这样的鼠标操作看起来场景的动画并不顺畅，可调整代码如下：

```
if (mousePressed) {
  speed=mouseX-pmouseX;
}
if (tt>-200&&tt<200) {
  tt+=speed/60;
}else {
  tt=0;
}
```

运行该程序(example7_30)，查看完整的山水动画效果，如图7-49所示。

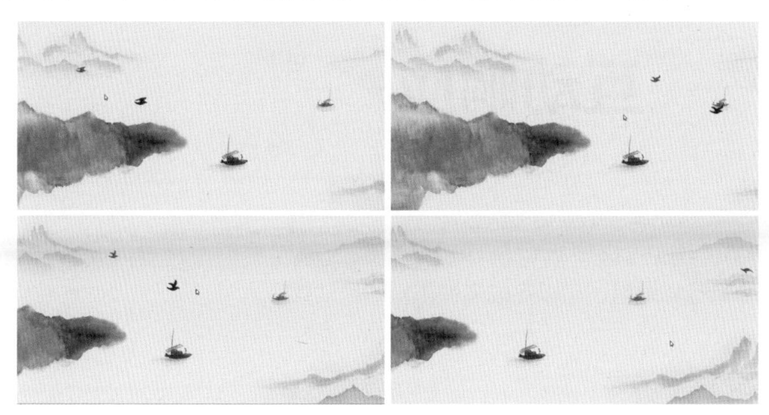

图7-49

当然也可以为小船单独设置动画，或者将鼠标滑动产生的动画变成左右滑动都是循环动画的样式。读者有兴趣可以自己尝试修改代码。

7.7 本章小结

本章主要讲解加载和显示位图的流程，通过对位图位置、大小、不透明度和混合模式的设定，设计多种多样的版式，配合适当的速度变量，还能够创建具有纵深感的动态场景。

第8章 互动响应

用户与Processing程序进行互动，最直接、最简单的方法就是使用鼠标和键盘。Processing结合鼠标和键盘，可以完成多种丰富的互动娱乐。

8.1 鼠标交互

用户使用鼠标可以控制屏幕上光标的位置并选择界面元素，通过读取光标位置(即坐标x和y)所获取的值，可以控制程序界面上的各个元素。

8.1.1 鼠标相关的系统变量

mousePressed是用于判断鼠标是否有按键被按下的变量，是系统Boolean(布尔)变量。mousePressed为true，表示有鼠标按键被按下；mousePressed为false，表示没有鼠标按键被按下。还有其他与鼠标有关的函数，比如鼠标单击函数mouseClicked()、鼠标移动函数mouseMoved()、鼠标拖动函数mouseDragged()、鼠标释放函数mouseReleased()、鼠标滚轮函数mouseWheel()等，都可以作为互动触发的功能。

除了鼠标按键是否按下或移动的函数之外，按下哪一个键也会被Processing自动跟踪，mouseButton的系统变量包含LEFT、RIGHT和CENTER，这取决于鼠标的哪个键被按下。

下面以鼠标单击函数mouseClicked()为例，在画面中单击鼠标，即可在黑色圆形和白色正方形之间切换。输入代码如下：

```
1  int col;                                    //定义一个整数变量
2  void setup() {
3    size(900, 600);
4    strokeWeight(4);
5    col=0;                                    //颜色值初始化
6  }
7  void draw() {
```

```
8    background(125);
9    fill(col);
10   stroke(0, 255-col, col);
11   if (col==0) {
12     ellipse(450, 300, 300, 300);
13   }else {
14     rectMode(CENTER);
15     rect(450, 300, 300, 300);
16   }
17 }
18 //创建鼠标单击函数
19 void mouseClicked() {
20   if (col==0) {
21     col=255;
22   }else {
23     col=0;
24   }
25 }
```

运行该程序(example8_01)，查看效果，如图8-1所示。

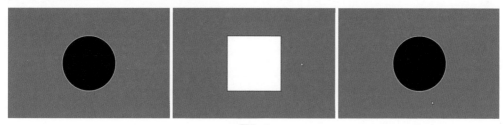

图8-1

mouseButton这个关键词表示如果有鼠标按键被按下时Processing会自动跟踪。

下面通过一个实例直观地演示，画面中有一个灰色的矩形，按下鼠标左键时变红色，按下鼠标右键时变绿色。输入代码如下:

```
1  void setup() {
2    size(900, 600);
3    rectMode(CENTER);
4    strokeWeight(6);
5  }
6  void draw() {
7    if (mousePressed&&(mouseButton==LEFT)) {
8      fill(200, 0, 0);
9      stroke(255, 200, 0);
10   }else if (mousePressed&&(mouseButton==RIGHT)) {
11     fill(0, 200, 0);
12     stroke(0, 170, 255);
13   }else {
14     fill(128);
15     stroke(255);
```

```
16    }
17    rect(width/2, height/2, 400, 300);
18  }
```

运行该程序(example8_02)，查看效果，如图8-2所示。

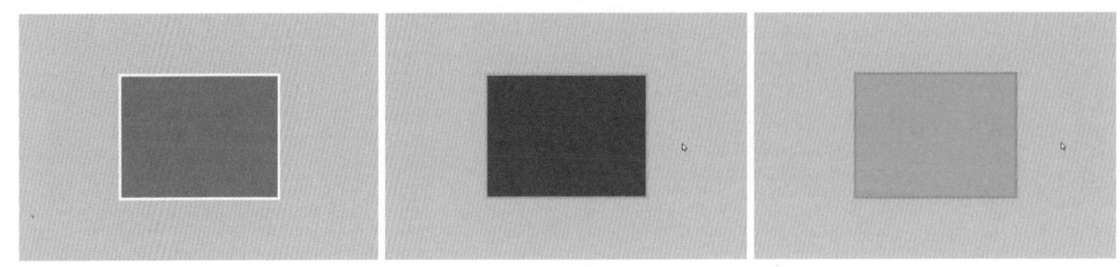

图8-2

8.1.2 坐标变量

坐标变量如下。

- mouseX变量：指当前鼠标所在的水平坐标。
- mouseY变量：指当前鼠标所在的垂直坐标。

绘制一个鼠标控制的矩形，输入代码如下：

```
1  void setup() {
2    size(900, 600);
3  }
4  void draw() {
5    background(#00B9FF);
6    strokeWeight(4);
7    rect(100, 100, mouseX, mouseY);
8  }
```

运行该程序(example8_03)，查看效果，如图8-3所示。

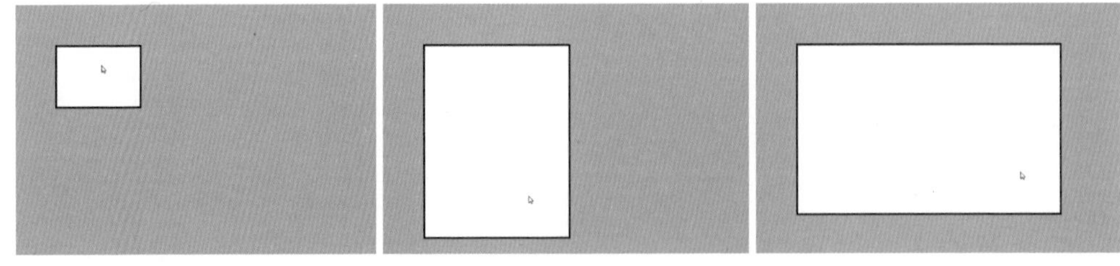

图8-3

8.1.3 特殊坐标变量

特殊坐标变量如下。

- pmouseX变量：指先前帧的水平坐标。
- pmouseY变量：指先前帧的垂直坐标。

在draw()函数中，pmouseX和pmouseY每帧更新一次，在鼠标事件中，它们在事件被调用的时候才会更新，如mousePressed()、mouseMoved()。

绘制一串椭圆，椭圆跟随鼠标移动，并且鼠标移动快慢会影响椭圆的大小。输入代码如下:

```
1  float diameter;
2  void setup() {
3    size(900, 600);
4  }
5  void draw() {
6    fill(255, 5);
7    rect(0, 0, width, height);
8    fill(0);
9    diameter=dist(mouseX, mouseY, pmouseX, pmouseY);        //测量鼠标移动的快慢
10   ellipse(mouseX, mouseY, diameter, diameter);
11 }
```

运行该程序(example8_04)，查看效果，如图8-4所示。

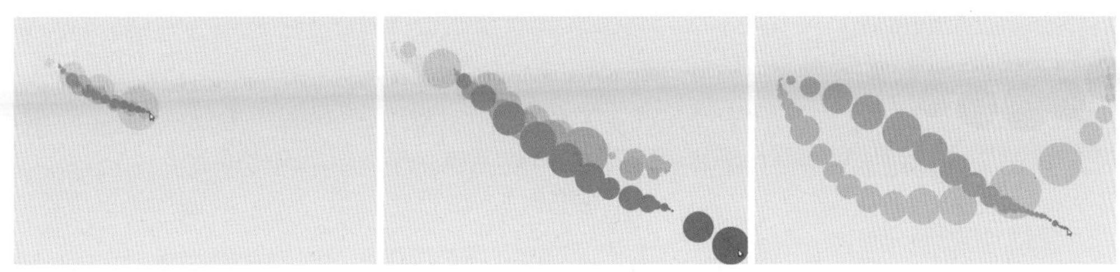

图8-4

8.1.4 鼠标图标函数

noCursor()函数能隐藏光标，而cursor()函数能将光标显示为不同的图标。运行noCursor()函数会一直隐藏光标，直到cursor()函数被运行。

为cursor()函数添加一个参数可以改变光标的图标，这个参数可以是ARROW(箭头)、CROSS(叉号)、HAND(手形)、TEXT(文字)和WAIT(等待号)。

绘制一个矩形当作按钮，鼠标经过按钮时变成手形(模拟按钮)。输入代码如下:

```
1  void setup() {
2    size(900, 600);
3    strokeWeight(4);
4  }
5  void draw() {
6    rect(200, 200, 200, 100);                          //绘制矩形
7    rect(520, 200, 200, 100);                          //绘制矩形
8    if (mouseX>200 && mouseX<400 && mouseY>200 && mouseY<300) {
9      cursor(HAND);                                    //左边矩形内的手形图标
10     stroke(200, 0, 0);
11   }else if (mouseX>520 && mouseX<720 && mouseY>200 && mouseY<300) {
12     cursor(ARROW);                                   //右边矩形内的箭头图标
13     stroke(0, 200, 0);
14   }else {
```

```
15      cursor(WAIT);                                   //矩形外等待图标
16      stroke(0, 0, 200);
17    }
18  }
```

运行该程序(example8_05)，查看效果，如图8-5所示。

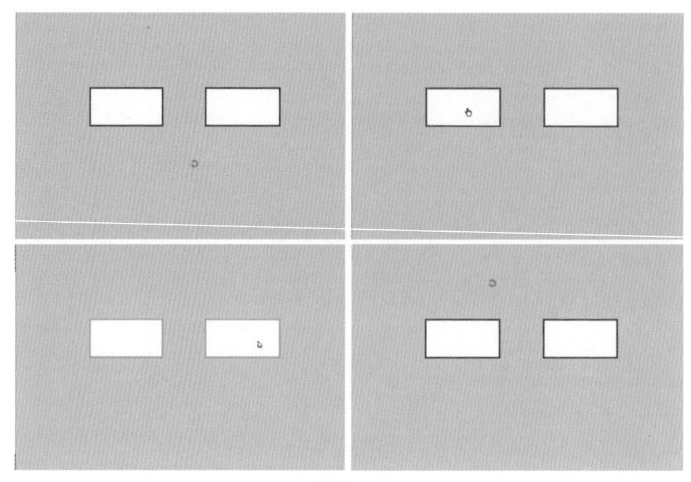

图8-5

8.2 键盘交互

键盘用于输入字符，完成各种信息输入或者使用方向键控制等。

8.2.1 键盘相关的系统变量

key是系统变量，是指键盘上最近被使用的键(无论是按下或者松开)。

按下按键时以对应的字符出现在屏幕上，松开按键时字符消失。输入代码如下：

```
1   void setup() {
2     size(900, 600);
3     background(255);
4   }
5   void draw() {
6     colorMode(RGB, 100);
7     fill(255, 5);
8     rect(0, 0, width, height);
9   }
10  void keyPressed() {
11    colorMode(HSB, 100, 100, 100, 100);
12    fill(random(100), 100, 100);
13    textSize(random(20, 200));
14    text(key, random(width), random(height));
15  }
```

运行该程序(example8_06)，查看效果，如图8-6所示。

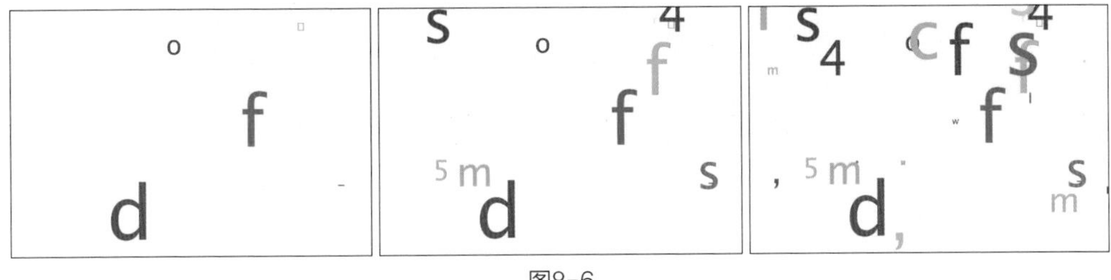

图8-6

keyCode是系统变量，用于检测键盘上的特殊键。检查这些键是否为特殊键，可以使用条件语句if(key==CODED)来完成。

keyCode得到的是键盘编码，包含特殊键编码，注意应与key区分开。当按下小写字母的时候，记录的是大写字母的ASCII码。

在画面中绘制一个灰色矩形，按向上箭头键UP变白色，按向下箭头键DOWN变黑色，按其他键变灰色。输入代码如下:

```
1  int red=125, green=125, blue=125;
2  void setup() {
3    size(900, 600);
4  }
5  void draw() {
6    fill(red, green, blue);
7    rectMode(CENTER);
8    rect(450, 300, 400, 300);
9  }
10 void keyPressed() {
11   if (key==CODED) {
12     if (keyCode==UP) {
13       red=255;
14     }else if (keyCode==DOWN) {
15       green=255;
16     }else if (keyCode==LEFT) {
17       blue=255;
18     }else if (keyCode==RIGHT) {
19       red=0;
20       green=0;
21       blue=0;
22     }else {
23       red=125;
24       green=125;
25       blue=125;
26     }
27   }
28 }
```

运行该程序(example8_07)，查看效果，如图8-7所示。

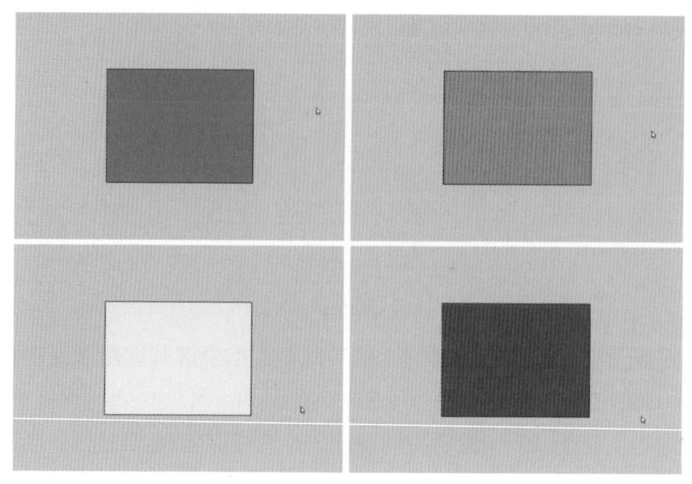

图8-7

8.2.2 键盘事件函数

keyPressed()是键盘按下函数，每次键盘上有按键被按下的时候，keyPressed()函数就会被调用，被按下的键值存储在key变量中。

由于操作系统会重复处理按键，所以当一直按着一个键的时候，可能会多次调用keyPressed()函数。重复的速率是由计算机的操作系统和配置方式决定的。

keyReleased()是键盘释放函数，每次键盘按键被松开的时候，keyReleased()函数就会被调用，被松开的键值存储在key变量中。

绘制一个描边为蓝色的白色矩形，按任意键时描边变黄，填充变绿，按r键时填充变红。输入代码如下：

```
1  void setup() {
2    size(900, 600);
3    strokeWeight(8);
4    rectMode(CENTER);
5  }
6  void draw() {
7    if (keyPressed==true) {
8      stroke(200, 200, 0);
9      if (key=='r') {
10       fill(200, 0, 0);
11     }else {
12       fill(0, 200, 0);
13     }
14   }else {
15     stroke(0, 0, 200);
16   }
17   rect(width/2, height/2, 400, 300);
18 }
```

运行该程序(example8_08)，查看效果，如图8-8所示。

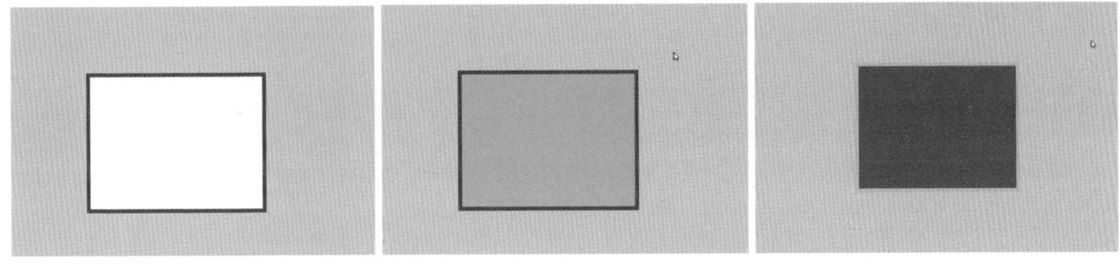

图8-8

keyTyped()是键盘限定按下函数，指的是某个键被按下时，特殊键如UP、DOWN、LEFT、RIGHT、CAPS、LOCK、COMMAND、Ctrl、Shift和Alt会被忽略，其他按键则会触发该函数。

在消息控制台输出前面三种函数下keyCoded的值，同时将keyCoded的值反映到一个圆形的大小。输入代码如下：

```
1  void setup() {
2    size(900, 600);
3  }
4  void draw() {
5    background(0);
6    circle(width/2, height/2, keyCode*5);
7  }
8  void keyPressed() {
9    println("pressed"+int(key)+" "+keyCode);
10 }
11 void keyTyped() {
12   println("typed"+int(key)+" "+keyCode);
13 }
14 void keyReleased() {
15   println("released"+int(key)+" "+keyCode);
16 }
```

运行该程序(example8_09)，查看控制台显示的信息，如图8-9所示。

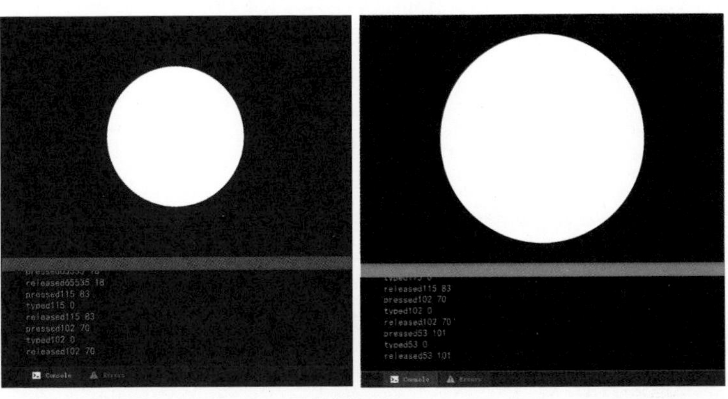

图8-9

8.3 时间触发

8.3.1 时间函数

在Processing中可通过一些特定的函数读取计算机时钟的数值，输入代码如下：

```
1  void setup() {
2    size(600, 400);
3  }
4  void draw() {
5    background(0);
6    int s=second();                                   //当前时间的秒数
7    int m=minute();                                   //当前时间的分数
8    int h=hour();                                     //当前时间的时数
9    String time=nf(h, 2)+":"+nf(m, 2)+":"+nf(s, 2);   //字符串
10   fill(255);
11   textSize(36);
12   text(time, 220, 200);                             //显示当前时间码
13 }
```

运行该程序(example8_10)，查看效果，如图8-10所示。

图8-10

8.3.2 计时器

每一个Processing程序都会计算运行时间，以毫秒(1/1000s)为计算单位，比如经过1s之后它会记为1000；5s之后它会记为5000；1min之后它会记为60000。

mills()函数用于返回计数器的值，通过控制台可以查看程序运行的时长，输入代码如下：

```
1  void setup() {
2    size(400, 400);
3  }
4  void draw() {
5    int timer=millis();
6    println(timer);
7  }
```

运行该程序(example8_11)，查看控制台显示的计秒数字，如图8-11所示。

图8-11

用户可以用计时器在特定的时间点触发事件。与if语句结合，从millis()函数中返回的值可以用于程序中的序列动画和事件。例如，在下面的这个实例中，用变量timer1和timer2决定圆形在什么时候向左移，在什么时候向右移，在什么时候改变颜色。输入代码如下：

```
1  int timer1=2000;
2  int timer2=6000;
3  float x=200;
4  int col;
5  void setup() {
6    size(900, 600);
7    strokeWeight(4);
8  }
9  void draw() {
10   background(200);
11   int currentTime=millis();
12   //圆形移动和变色的时间点
13   if (currentTime>timer2) {
14     x -=0.5;
15     col=250;
16   }else if (currentTime>timer1) {
17     x+=2;
18     col=0;
19   }
20   fill(col, 0, 0);
21   stroke(250, col, col);
22   ellipse(x, 200, 150, 150);
23   int ms=millis();
24   String t=nf(ms, 4);                         //字符串
25   textSize(40);
26   text(t, 380, 400);                          //显示时间码
27 }
```

运行该程序(example8_12)，查看圆形跟随时间的运动情况，如图8-12所示。

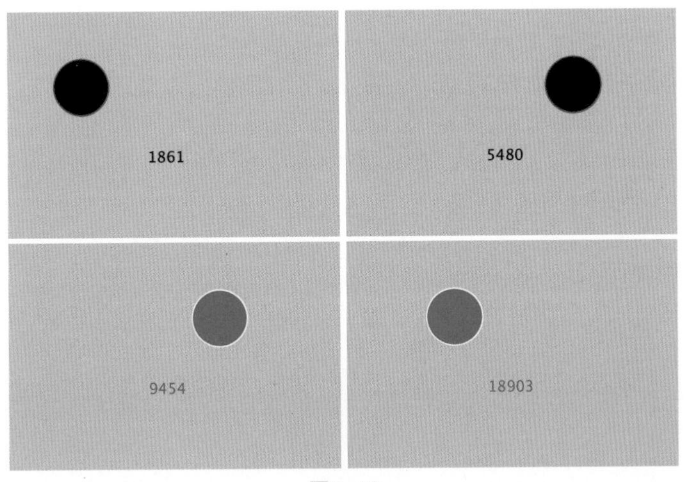

图8-12

Processing除了包含关于时、分、秒、毫秒的计时函数，也有关于读取日期信息的函数。day()函数用于读取当前的日期，返回1~31的值。month()函数用于读取当前的月份，返回1~12的值，比如1就是1月，6就是6月，12就是12月。year()函数用于读取当前的年份，返回当前年份的四位整数值。

在控制台显示当前年月日，输入代码如下：

```
1  PFont myfont;                                                  //声明字体变量
2  void setup() {
3    size(900, 600);
4    fill(255, 10, 10);
5    myfont=createFont("Deng.ttf", 24);                           //指定字体
6  }
7  void draw() {
8    int d=day();
9    int m=month();
10   int y=year();
11   String date=nf(y, 4)+"年"+nf(m, 2)+"月"+nf(d, 2)+"日";        //定义日期字符串
12   textFont(myfont);
13   textSize(46);
14   text(date, 300, 360);                                        //显示日期文字内容
15   println(y+" "+m+" "+d+" ");                                  //控制台打印文字
16 }
```

运行该程序(example8_13)，在控制台查看当前的日期，如图8-13所示。

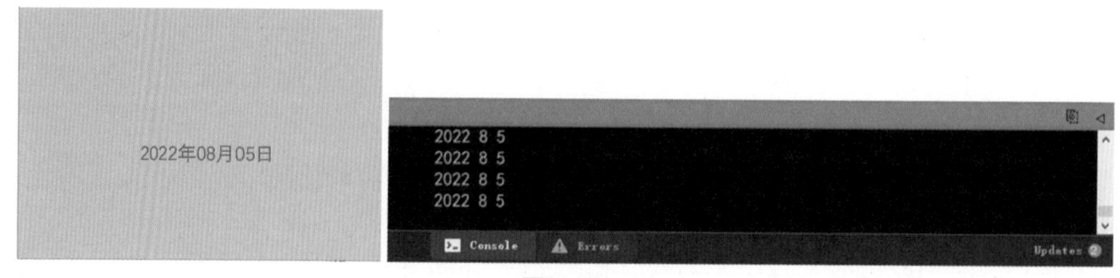

图8-13

下面的实例连续运行，并用于检测今天是否是具有特殊意义的一天。比如某人的生日是8月5日，可以在这一天打出字幕“Happy Birthday!”。输入代码如下：

```
1  PImage flower;
2  void setup() {
3    size(900, 600);
4  }
5  void draw() {
6    background(255);
7    flower=loadImage("flower.png");
8    int d=day();
9    int m=month();
10   int y=year();
11   String date=nf(y, 4)+nf(m, 2)+nf(d, 2);
```

```
12    textSize(24);
13    fill(120);
14    text(date, 400, 245);
15    if (m==8&d==5) {
16      String t2="Happy Birthday!";
17      textSize(48);
18      fill(255, 0, 0);
19      text (t2, 300, 380);
20      image(flower, 0, 0);
21    }
22  }
```

运行该程序(example8_14)，查看效果，如图8-14所示。

如果当天刚好是8月5日，满足m=8和d==5的条件，所以字幕上呈现“Happy Birthday!”。

图8-14

8.4 摄像头跟踪

使用摄像头不仅能将图像展示出来，也可以作为传感器，使机器可以看得到，也就是说“计算机视觉”。

首先激活和选择摄像头，执行菜单【文件】|【范例程序】命令，打开Java Examples窗口，选择范例程序Video\GettingStartedCapture，如图8-15所示。

运行该程序，在控制台中查看可用摄像头的信息，如图8-16所示。

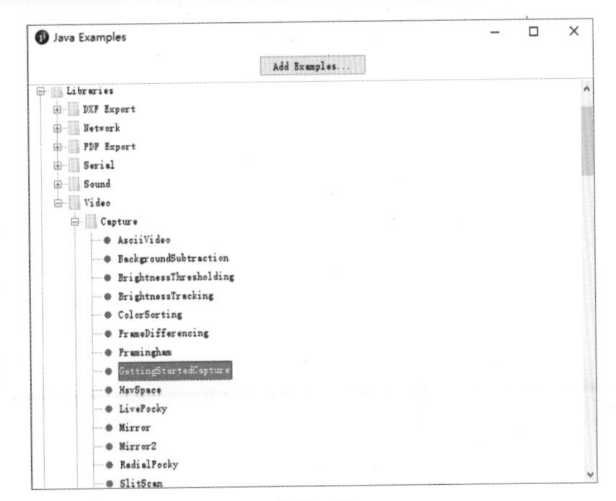

图8-15

```
Available cameras:
[0] "name=HD USB CAMERA,size=3840x2160,fps=5"
[1] "name=HD USB CAMERA,size=3840x2160,fps=30"
[2] "name=HD USB CAMERA,size=1920x1080,fps=5"
[3] "name=HD USB CAMERA,size=1920x1080,fps=30"
[4] "name=HD USB CAMERA,size=2592x1944,fps=5"
[5] "name=HD USB CAMERA,size=2592x1944,fps=30"
[6] "name=HD USB CAMERA,size=2048x1536,fps=5"
[7] "name=HD USB CAMERA,size=2048x1536,fps=30"
[8] "name=HD USB CAMERA,size=1600x1200,fps=5"
[9] "name=HD USB CAMERA,size=1600x1200,fps=30"
[10] "name=HD USB CAMERA,size=1280x960,fps=5"
[11] "name=HD USB CAMERA,size=1280x960,fps=30"
[12] "name=HD USB CAMERA,size=1280x720,fps=5"
[13] "name=HD USB CAMERA,size=1280x720,fps=30"
[14] "name=HD USB CAMERA,size=1024x768,fps=5"
[15] "name=HD USB CAMERA,size=1024x768,fps=30"
[16] "name=HD USB CAMERA,size=800x600,fps=5"
[17] "name=HD USB CAMERA,size=800x600,fps=30"
[18] "name=HD USB CAMERA,size=640x480,fps=5"
[19] "name=HD USB CAMERA,size=640x480,fps=30"
Console   Errors                                Updates 2
```

图8-16

8.4.1 实时亮度跟踪

为了能够更好地理解计算机视觉算法的内部工作机制，我们先从一个简单的实例开始，获取视频图像像素的亮度值，然后计算整体(也就是平均)亮度值，通过累加所有的亮度值，然后除以像素的总数量。

基于从像素的层次分析亮度的原理，我们尝试计算出摄像头视频中最亮的像素。输入代码如下：

```
1  import processing.video.*;                                    //加载视频库
2  Capture video;                                                //采集视频
3  void setup() {
4    size(640, 480);
5    video=new Capture(this, width, height);                     //使用默认的摄像头输入视频
6    video.start();
7    noStroke();
8    smooth();
9  }
10 void draw() {
11   if (video.available()) {
12     video.read();
13     image(video, 0, 0, width, height);                        //显示摄像头视频内容
14     int brightestX=0;                                         //最亮像素的X坐标
15     int brightestY=0;                                         //最亮像素的Y坐标
16     float brightestValue=0;                                   //最亮像素的亮度值
17     video.loadPixels();                                       //加载视频画面的像素
18     for(int y=0; y<video.height; y++) {
19       for(int x=0; x<video.width; x++) {
20         int index=x+y*video.width;
21         int pixelValue=video.pixels[index];                   //获取像素的颜色值
22         float pixelBrightness=brightness(pixelValue);         //获得像素的亮度值
23         //动态比较像素最大亮度值，并存储该坐标值
24         if (pixelBrightness>brightestValue) {
25           brightestValue=pixelBrightness;
26           brightestY=y;
27           brightestX=x;
28         }
29       }
30     }
31     //在最亮像素位置绘制一个圆形
32     fill(255, 204, 0, 128);
33     ellipse(brightestX, brightestY, 200, 200);
34   }
35 }
```

运行该程序(example8_15)，查看效果，如图8-17所示。

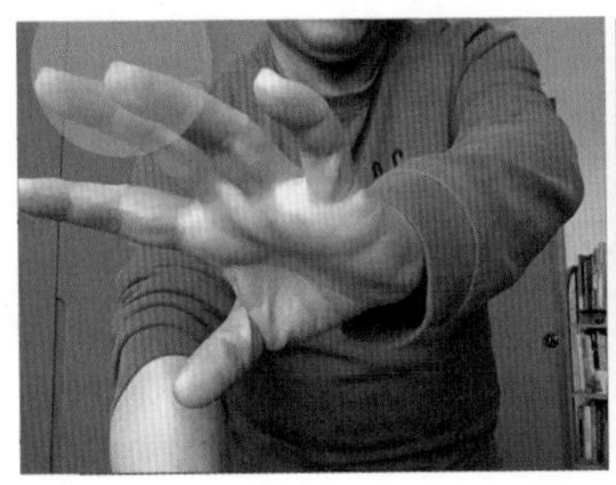
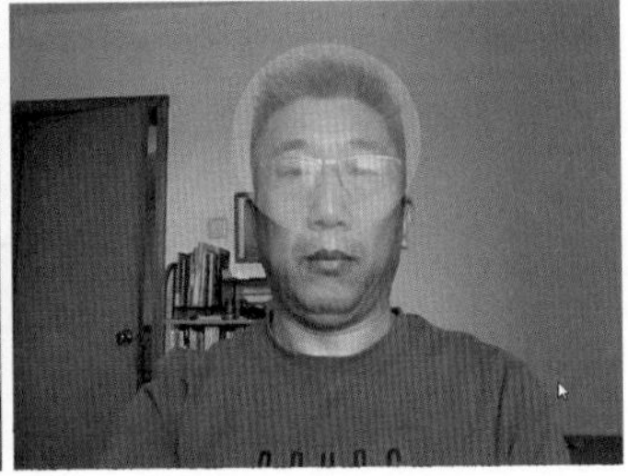

图8-17

8.4.2　设定颜色跟踪

在Processing中不仅可以跟踪摄像视频的亮度，也可以跟踪一个设定的颜色。输入代码如下：

```
1  import processing.video.*;
2  Capture video;
3  color trackColor;                                    //声明一个跟踪颜色
4  void setup() {
5    size(640, 480);
6    video=new Capture(this, width, height);            //使用默认的摄像头输入视频
7    video.start();
8    trackColor=color(200, 60, 60);                     //设置跟踪颜色
9    smooth();
10 }
11 void draw() {
12   if (video.available()) {
13     video.read();
14     image(video, 0, 0, width, height);               //显示摄像头视频内容
15     int closestX=0;                                  //最接近跟踪颜色像素的X坐标
16     int closestY=0;                                  //最接近跟踪颜色像素的Y坐标
17     float colorValue=500;                            //搜索指定颜色的范围
18     video.loadPixels();
19     for(int y=0; y<video.height; y++) {
20       for(int x=0; x<video.width; x++) {
21         int index=x+y*video.width;
22         int pixelValue=video.pixels[index];          //获取像素的颜色值
23         float r1=red(pixelValue);
24         float g1=green(pixelValue);
25         float b1=blue(pixelValue);
26         float r2=red(trackColor);
27         float g2=green(trackColor);
28         float b2=blue(trackColor);
29         //动态比较颜色接近值，并存储该坐标值
30         float d=dist(r1, g1, b1, r2, g2, b2);
31         if (d<colorValue) {
32           colorValue=d;
33           closestX=x;
```

```
34            closestY=y;
35          }
36        }
37      }
38      //在跟踪颜色范围的像素位置绘制一个圆形
39      if (colorValue<30) {                              //设置颜色跟踪的容差
40        strokeWeight(4.0);
41        stroke(0);
42        ellipse(closestX, closestY, 60, 60);
43      }
44    }
45  }
```

运行该程序(example8_16)，查看跟踪红色卡纸的效果，如图8-18所示。

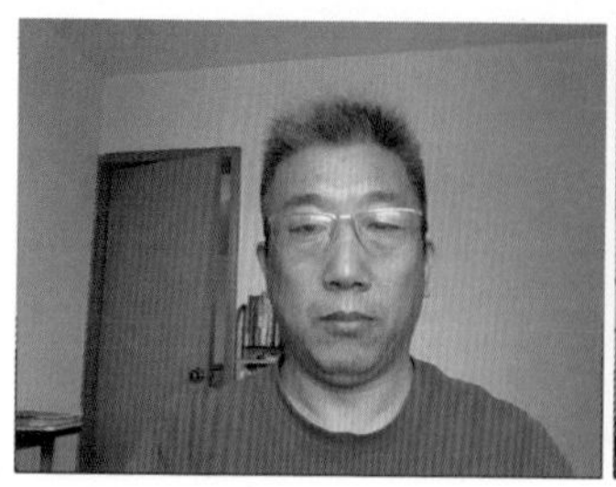

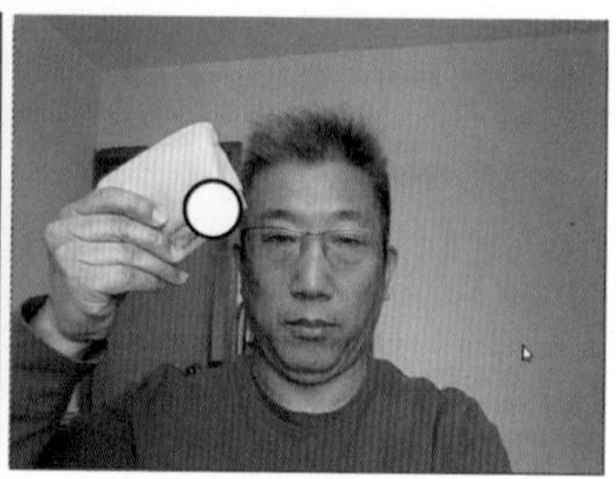

图8-18

用颜色跟踪可以替换鼠标交互，不过最好为摄像头找一个简单的环境。

8.4.3 运动检测

在一个视频中动作的产生是因为一个像素颜色与其上一帧相比发生了大幅度的变化，换言之，运动检测就是在持续记录和比较视频的当前帧与前一帧。输入代码如下：

```
1  import processing.video.*;
2  Capture video;
3  PImage prevFrame;                                     //定义前一帧画面
4  float threshold=50;                                   //比较前后帧的容差
5  void setup() {
6    size(640, 480);
7    video=new Capture(this, width, height, 30);
8    video.start();
9    prevFrame=createImage(video.width, video.height, RGB);     //创建一个空帧
10 }
11 void captureEvent(Capture video) {
12   //在获取新帧前先保存前一帧
13   prevFrame.copy(video, 0, 0, video.width, video.height, 0, 0, video.width,
video.height);
14   prevFrame.updatePixels();
15   video.read();
```

```
16 }
17 void draw() {
18   loadPixels();
19   video.loadPixels();
20   prevFrame.loadPixels();
21   //遍历全部像素
22   for(int x=0; x<video.width; x++) {
23     for(int y=0; y<video.height; y++) {
24       int loc=x+y*video.width;
25       color current=video.pixels[loc];
26       color previous=prevFrame.pixels[loc];
27       //比较当前帧和前一帧的颜色
28       float r1=red(current);
29       float g1=green(current);
30       float b1=blue(current);
31       float r2=red(previous);
32       float g2=green(previous);
33       float b2=blue(previous);
34       float diff=dist(r1, g1, b1, r2, g2, b2);
35       if (diff>threshold) {
36         pixels[loc]=color(0);            //运动像素为黑色
37       }else {
38         pixels[loc]=color(255);          //非运动像素为白色
39       }
40     }
41   }
42   updatePixels();
43 }
```

运行该程序(example8_17)，查看手部运动图像的效果，如图8-19所示。

图8-19

如果需要跟踪的精确度更加理想的话，最好计算跟踪像素的平均坐标。比如绘制一个红色的圆形，在draw()函数部分修改代码如下：

```
1 void draw() {
2   loadPixels();
3   video.loadPixels();
4   prevFrame.loadPixels();
5   float sumX=0;
```

```
6    float sumY=0;
7    int motionCount=0;
8    //遍历全部像素
9    for(int x=0; x<video.width; x++) {
10     for(int y=0; y<video.height; y++) {
11       int loc=x+y*video.width;
12       color current=video.pixels[loc];
13       color previous=prevFrame.pixels[loc];
14       //比较当前帧和前一帧的颜色
15       float r1=red(current);
16       float g1=green(current);
17       float b1=blue(current);
18       float r2=red(previous);
19       float g2=green(previous);
20       float b2=blue(previous);
21       float diff=dist(r1, g1, b1, r2, g2, b2);
22       if (diff>threshold) {
23         //运动像素为黑色
24         pixels[loc]=color(0);
25         sumX+=x;
26         sumY+=y;
27         motionCount++;
28       }else {
29         //非运动像素为白色
30         pixels[loc]=color(255);
31       }
32     }
33   }
34   updatePixels();
35   float avgX=sumX/motionCount;
36   float avgY=sumY/motionCount;
37   fill(255, 0, 0);
38   ellipse(avgX, avgY, diameter, diameter);
39 }
```

运行该程序(example8_18)，查看跟踪手部运动的效果，如图8-20所示。

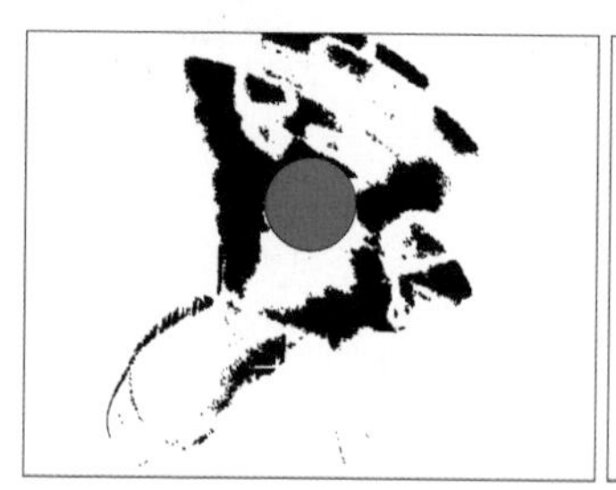
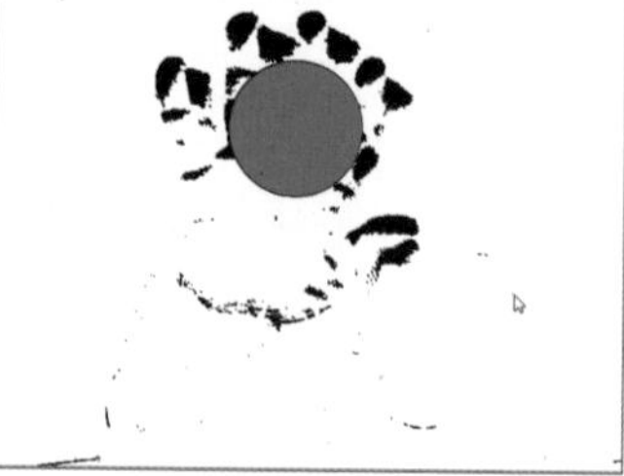
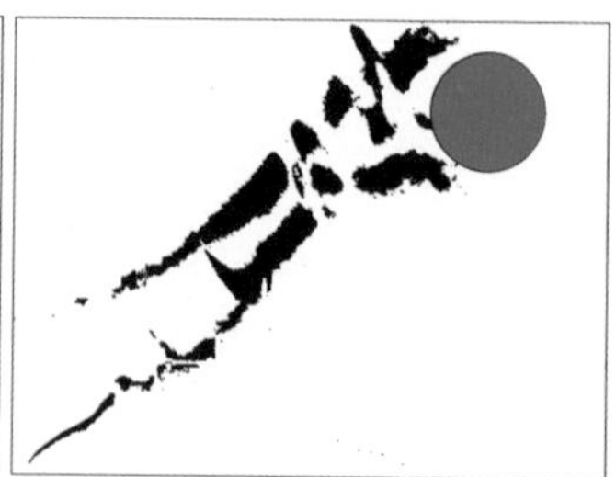

图8-20

提示

还有一种体感摄像头Kinect在跟踪方面的适用范围更广，读者可以参阅相关的资料。作者编写的《Processing创意编程与交互设计》一书第14章中有详细的讲解。

8.5 互动响应实战

本节主要通过几个典型的交互实例再次帮助读者理解和掌握鼠标、键盘、摄像头的互动响应，以及在实际项目运用中如何进行设计。

8.5.1 拖动图片滑动

首先组织多个图片素材，构建三维空间。输入代码如下：

```
1  PImage bg;
2  void setup() {
3    size(1200, 600, P2D);
4    frameRate(30);
5    bg=loadImage("bg.jpg");
6    imageMode(CENTER);
7  }
8  void draw() {
9    background(0);
10   image (bg, width/2, height/2, width*2, height*1.5);
11 }
```

运行该程序(example8_19_1)，查看效果，如图8-21所示。

添加鼠标拖动函数，图片会跟随移动。

创建位置和速度变量，添加代码如下：

```
1  float posX=600;
2  float speed;
```

修改draw()函数的代码如下：

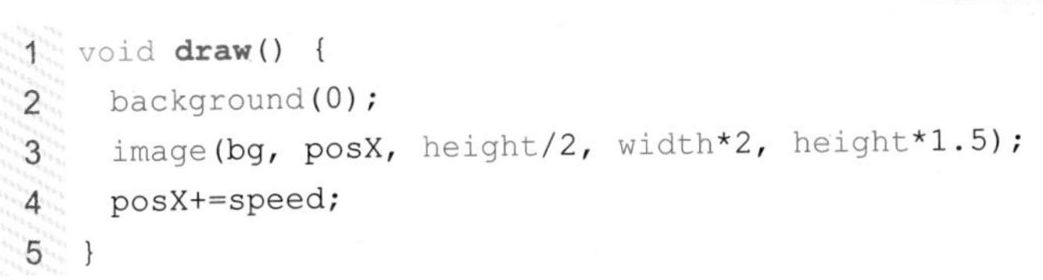

图8-21

```
1  void draw() {
2    background(0);
3    image(bg, posX, height/2, width*2, height*1.5);
4    posX+=speed;
5  }
```

创建鼠标拖动函数，输入代码如下：

```
1  void mouseDragged() {
2    if (posX>200&&posX<width+1500) {        //限定图片移动的左右边界
3      speed=(mouseX-pmouseX)*0.5;
4    }
5  }
```

运行该程序(example8_19_2)，查看效果，如图8-22所示。

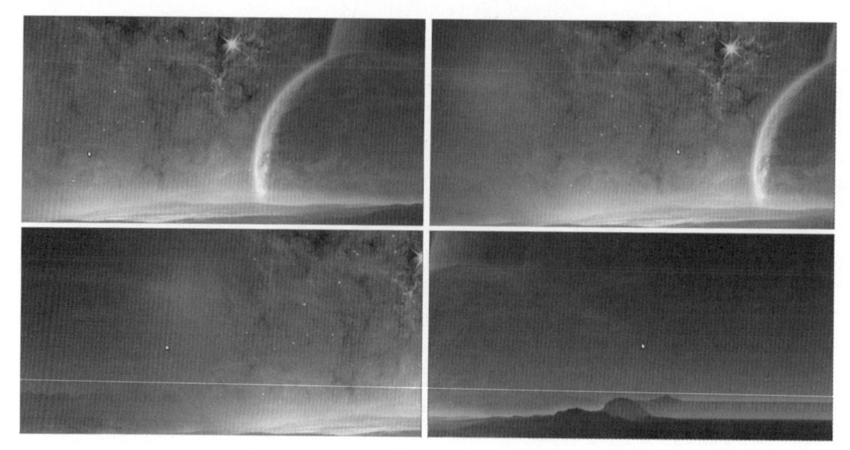

图8-22

当用户拖动鼠标时，背景位图有了运动速度，但会移出画布，需要进行限制，添加代码如下：

```
1  if (posX<300||posX>width+1300) {
2    speed=speed*0.8;
3  }
4  //靠近左边界回弹10像素
5  if (posX<=200) {
6    posX=posX+10;
7  }
8  //靠近右边界回弹10像素
9  if (posX>=width+1500) {
10   posX=posX-10;
11 }
```

运行该程序(example8_19_3)，按住鼠标按键左右拖动，查看效果，如图8-23所示。

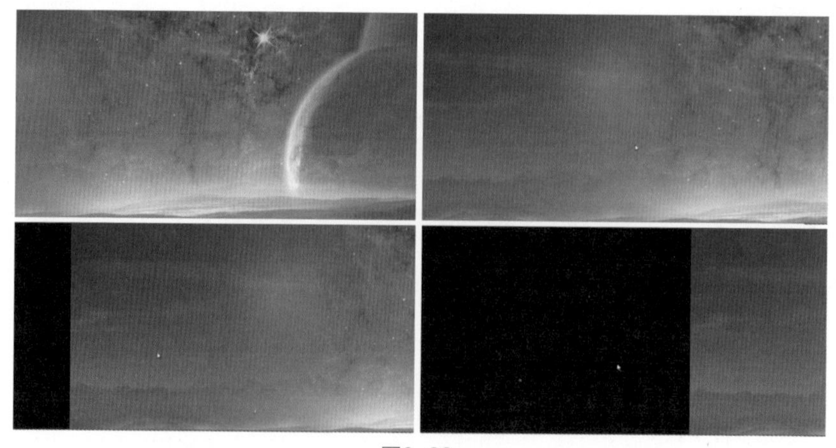

图8-23

此时可见位图一直向左滑动，画布上就缺少内容了，那就再添加位图。

创建位图变量如下：

```
1  PImage bg2, cloud;
```

在setup()函数中添加代码如下：

```
1  bg2=loadImage("bg_2.png");
2  cloud=loadImage("cloud.png");
```

在draw()函数部分添加代码如下：

```
1  image(bg2, posX-1800, height/2, width*2, height*1.5);
2  //位置数值乘以不等于1的系数，形成运动错位
3  image(cloud, -1200+posX*0.85, height/2, width*2, height*1.5);
```

运行该程序(example8_19_4)，查看效果，如图8-24所示。

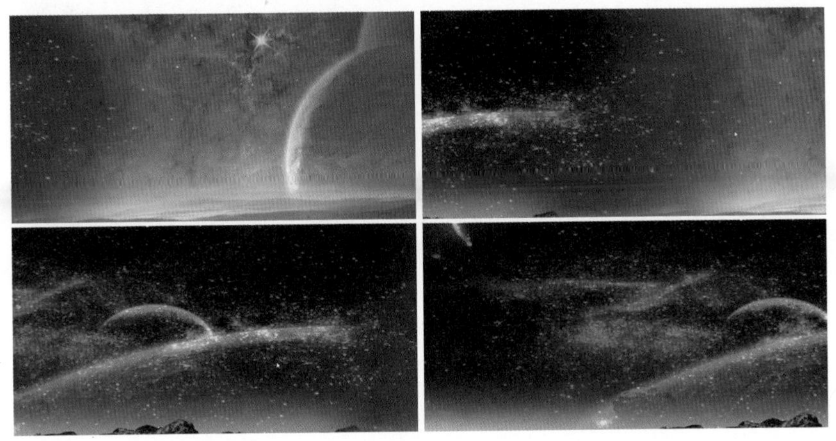

图8-24

在鼠标拖动过程中，背景位图在横向移动，为了增强空间感，需要添加前景对象。创建新的位图变量，添加代码如下：

```
1  PImage sphere, sphere2;
```

在setup()函数部分添加代码如下：

```
1  sphere=loadImage("sphere.png");
2  sphere2=loadImage("sphere2.png");
```

在draw()函数部分修改代码如下：

```
1  background(0);
2  image(bg, posX, height/2, width*2, height*1.5);
3  image(bg2, posX-1800, height/2, width*2, height*1.5);
4  tint(255, 150);                              //设置位图不透明度
5  image(sphere2, -700+posX*0.4, height/2, 100, 100);
6  image(cloud, -1200+posX*0.85, height/2, width*2, height*1.5);
7  noTint();                                    //重置色调和不透明度
8  image(sphere, -250+posX*1.2, height/2, 400, 401);
```

运行该程序(example8_19_5)，查看效果，如图8-25所示。

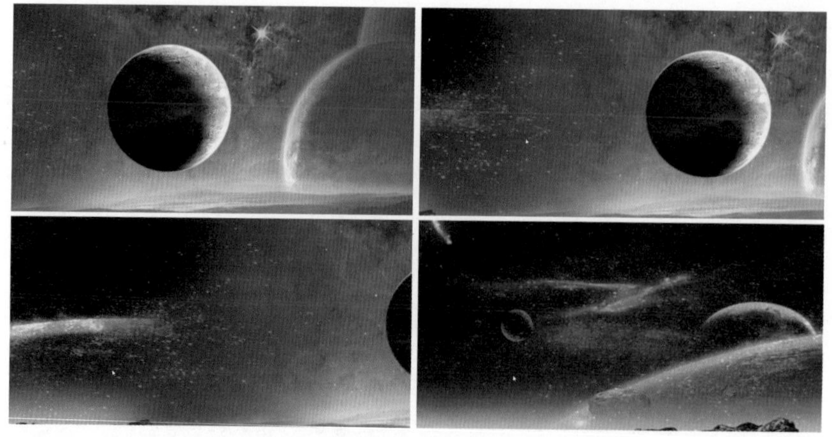

图8-25

进一步添加装饰性元素，在draw()函数部分添加代码如下：

```
1  background(0);
2  image(bg, posX, height/2, width*2, height*1.5);
3  image(bg2, posX-1800, height/2, width*2, height*1.5);
4  tint(255, 150);
5  image(sphere2, -700+posX*0.4, height/2, 100, 100);
6  image(cloud, -1200+posX*0.85, height/2, width*2, height*1.5);
7  //添加半透明的星球、云等元素
8  tint(255, 80);
9  push();
10 translate(width/2, height/2);
11 rotate(PI);
12 image(sphere2, -265+posX*0.2, 219, 50, 50);
13 pop();
14 image(cloud, posX*0.8, height/2, width*2, height*1.5);
15 noTint();
16 image(sphere, -250+posX*1.2, height/2, 400, 401);
```

运行该程序(example8_19)，查看效果，如图8-26所示。

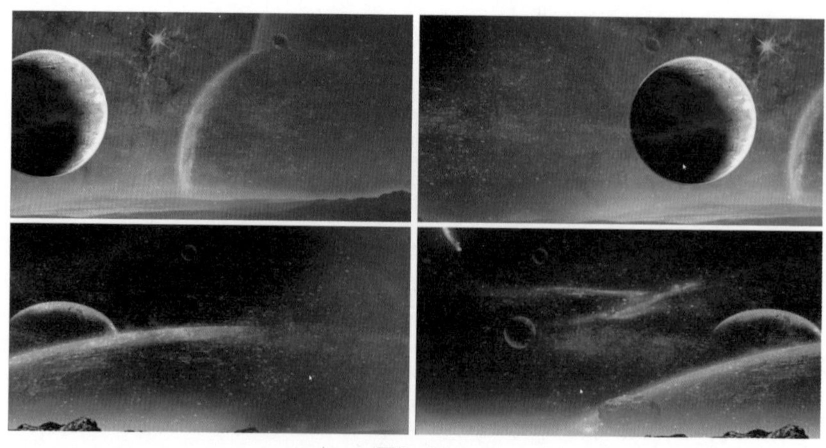

图8-26

这是在触控屏幕上应用互动展示的很好的范例，在此基础上可以根据要求设计版式，甚至还可以添加按钮弹出提示信息等。

8.5.2 手势控制图案变化

首先设计图案，输入代码如下：

```
1  float diameter=20;
2  int num=360;
3  void setup() {
4    size(640, 480);
5    background(0);
6  }
7  void draw() {
8    //绘制圆形图案
9    fill(255, 0, 0);
10   for(int i=0; i<num; i++) {
11     float theta=i*2*PI/num;
12     float r=292*sin(2*theta);
13     float x1=320+r*cos(theta);
14     float y1=240+r*sin(theta);
15     ellipse(x1, y1, diameter, diameter);
16   }
17   circle(width/2, height/2, diameter*5);
18   fill(0, 5);
19   rect(0, 0, width, height);
20 }
```

运行该程序(example8_20_1)，查看效果，如图8-27所示。

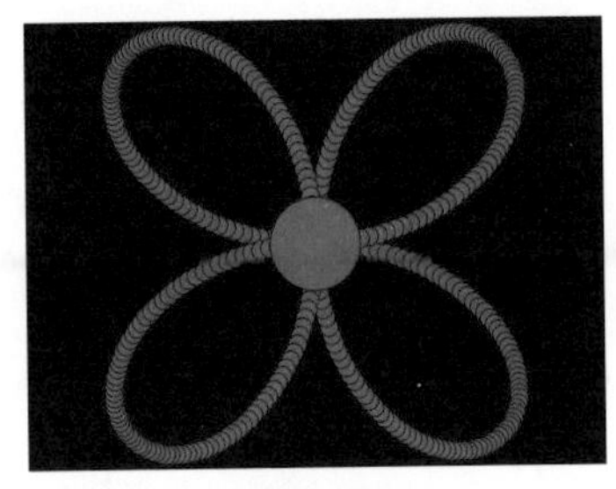

图8-27

在调整模式下，用鼠标在r后面的数值上左右拖动进行调整，查看图形变化的效果，如图8-28所示。

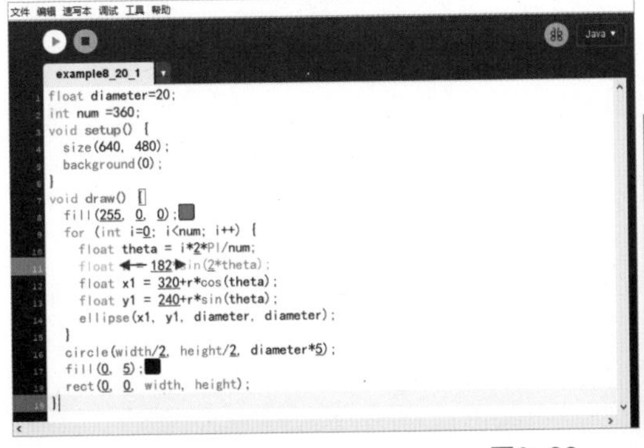

图8-28

图8-28(续)

导入前面摄像头跟踪运动的代码，并修改部分参数如下：

```
1  import processing.video.*;
2  Capture video;
3  PImage prevFrame;                                    //定义前一帧
4  float threshold=50;                                  //比较前后帧的容差
5  float diameter=20;
6  int num=360;
7  void setup() {
8    size(640, 480);
9    background(0);
10   video=new Capture(this, width, height, 30);
11   video.start();
12   prevFrame=createImage(video.width, video.height, RGB);
13 }
14 void captureEvent(Capture video) {
15   //在获取新的一帧前先保存前一帧
16   prevFrame.copy(video, 0, 0, video.width, video.height, 0, 0, video.width,
   video.height);
17   prevFrame.updatePixels();
18   video.read();
19 }
20 void draw() {
21   loadPixels();
22   video.loadPixels();
23   prevFrame.loadPixels();
24   float sumX=0;
25   float sumY=0;
26   int motionCount=0;
27   //遍历全部像素
28   for(int x=0; x<video.width; x++) {
29     for(int y=0; y<video.height; y++) {
30       int loc=x+y*video.width;
31       color current=video.pixels[loc];
32       color previous=prevFrame.pixels[loc];
33       //比较当前帧和前一帧的颜色
34       float r1=red(current);
35       float g1=green(current);
36       float b1=blue(current);
```

```
37          float r2=red(previous);
38          float g2=green(previous);
39          float b2=blue(previous);
40          float diff=dist(r1, g1, b1, r2, g2, b2);
41          if (diff>threshold) {
42            //运动像素为黑色
43            pixels[loc]=color(0);
44            sumX+=x;
45            sumY+=y;
46            motionCount++;
47            diameter=diff/4;
48          }else {
49            //非运动像素为白色
50            pixels[loc]=color(255);
51          }
52        }
53      }
54      updatePixels();
55      float avgX=width-sumX/motionCount;                //平均像素的x坐标值
56      float avgY=sumY/motionCount;                      //平均像素的y坐标值
57      println(avgX, diameter);                          //控制台查看椭圆坐标和直径
58      //原来绘制圆形图案的代码
59      fill(255, 0, 0);
60      for(int i=0; i<num; i++) {
61        float theta=i*2*PI/num;
62        float r=300*sin(2*theta);
63        float x1=320+r*cos(theta);
64        float y1=240+r*sin(theta);
65        ellipse(x1, y1, diameter, diameter);            //圆形大小与摄像头跟踪有关联
66      }
67      circle(width/2, height/2, diameter*5);
68      fill(0, 5);
69      rect(0, 0, width, height);
70    }
```

运行该程序(example8_20_2)，查看控制台，检查坐标和直径信息，如图8-29所示。

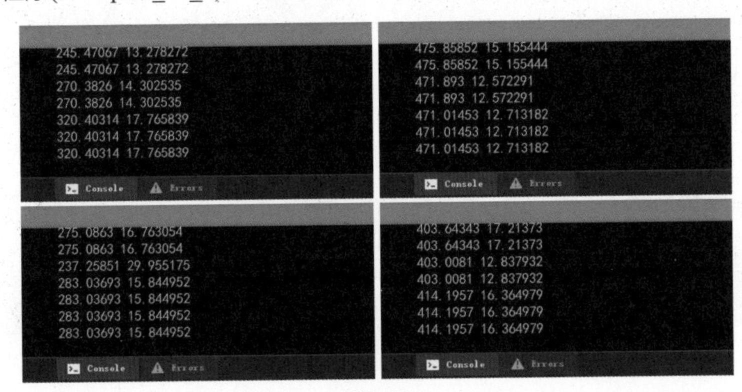

图8-29

对比圆形图案的变化，如图8-30所示。

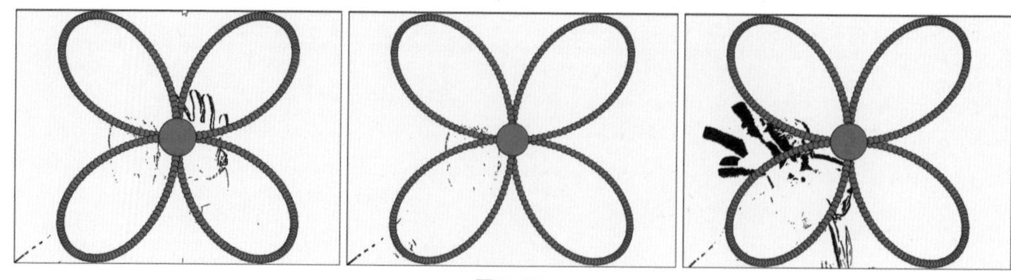

图8-30

此时只看到中间小圆形的变化，但并没有整体图案的变化，修改代码如下：

```
1  //updatePixels();                                  //不再显示摄像头内容
2  float avgX=width-sumX/motionCount;
3  float avgY=sumY/motionCount;
4  println(avgX, diameter);
5  fill(255, 0, 0);
6  for(int i=0; i<num; i++) {
7    float theta=i*2*PI/num;
8    float r=(400*avgX/width)*sin(2*theta);            //摄像头跟踪数据与圆形位置产生关联
9    float x1=320+r*cos(theta);
10   float y1=240+r*sin(theta);
11   ellipse(x1, y1, diameter, diameter);
12 }
```

运行该程序(example8_20)，查看图案跟随人物动作的效果，如图8-31所示。

图8-31

8.5.3 键盘交互字符变幻

绘制字符，输入代码如下：

```
1  PFont myfont;
2  PGraphics textCanvas;                        //声明字符图形
3  void setup() {
4    size(640, 480);
5    textCanvas=createGraphics(640, 480);       //字符图形初始化
6    myfont=createFont("arial.ttf", 24);
7    noStroke();
8  }
9  void draw() {
10   image(textCanvas, 0, 0);
11 }
12 void keyPressed() {
13   //绘制字符图形
14   textCanvas.beginDraw();
15   textCanvas.textFont(myfont, 250);
16   textCanvas.background(0);
17   textCanvas.fill(255);
18   textCanvas.textSize(250);
19   //测量字符宽度
20   float charWidth=textCanvas.textWidth(key);
21   //画布中心绘制字符
22   textCanvas.text(key, (width-charWidth)/2, 300);
23   textCanvas.endDraw();
24 }
```

运行该程序(example8_21_1)，随意按下键盘上的按键，查看效果，如图8-32所示。

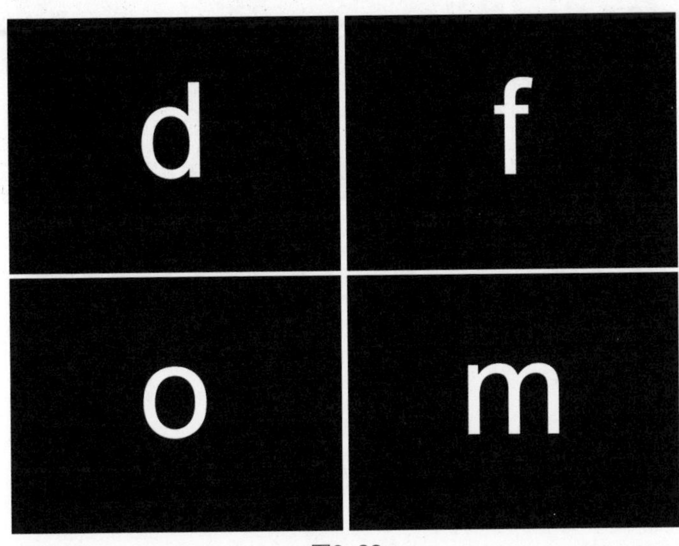

图8-32

创建绘制圆点函数，输入代码如下：

```
//创建绘制圆点函数
void drawDot(float x, float y, int depth) {
  //设置停止递归的条件
  if (depth==0) {
    return;
  }
  //检查当前位置的亮度，在字符图形内部绘制圆点
  if (brightness(textCanvas.get((int)x, (int)y))>0) {
    fill(255, map(depth, 0, 10, 80, 180));
    ellipse(x, y, depth/2, depth/2);
  }
  //下一个圆点位置
  float nextX=x+random(-20, 20);
  float nextY=y+random(-20, 20);
  drawDot(nextX, nextY, depth-1);
}
```

在draw()函数部分修改语句，注释掉显示字符图形这一行，修改代码如下：

```
//image(textCanvas, 0, 0);
```

在keyPressed()函数部分底部添加代码如下：

```
background(0);
drawDot(320, 240, 20);
```

运行该程序(example8_21_2)，随意按下键盘上的按键，查看效果，如图8-33所示。

图8-33

此时并不能看出字符的轮廓，需要增加绘制圆点的数量，在draw()函数的底部修改代码如下：

```
background(0);
//绘制随机圆点
for(int i=0; i<2000; i++) {
  drawDot(random(0, width), random(0, height), 10);
}
```

运行该程序(example8_21_3)，查看效果，如图8-34所示。

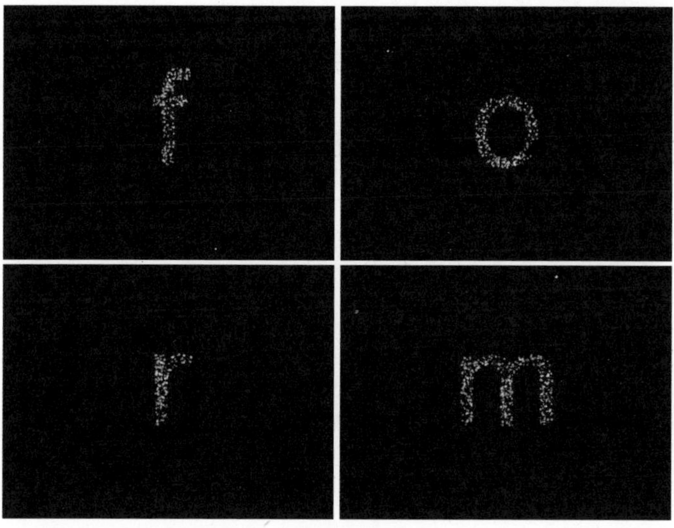

图8-34

为了丰富键盘输入字符的艺术表现，除了随机圆点外，还可以生长出细线，修改drawDot()函数的代码如下：

```
//创建绘制圆点函数
void drawDot(float x, float y, int depth) {
  //设置停止递归的条件
  if (depth==0) {
    return;
  }
  //检查当前位置的亮度，在字符图形内部绘制圆点
  if (brightness(textCanvas.get((int)x, (int)y))>100) {
    fill(255, map(depth, 0, 10, 80, 180));
    ellipse(x, y, depth/2, depth/2);
  }else if (depth==10) {
    return;
  }
  //下一个圆点位置
  float nextX=x+random(-20, 20);
  float nextY=y+random(-20, 20);
  drawDot(nextX, nextY, depth-1);
  //绘制细线
  stroke(180, map(depth, 0, 10, 20, 80));
  line(x, y, nextX, nextY);
}
```

运行该程序(example8_21)，按下键盘上的按键，查看创意文字的效果，如图8-35所示。

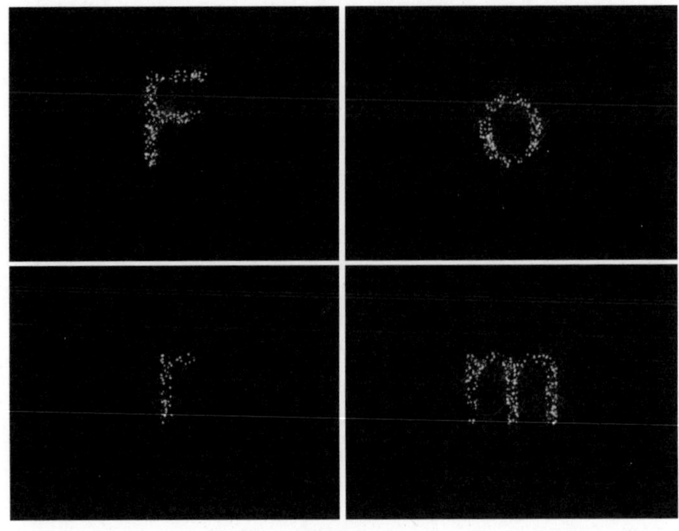

图8-35

8.5.4 手绘彩色粒子

创建跟随鼠标移动的粒子并设置颜色，输入代码如下：

```
1  void setup() {
2    size(900, 600);
3    background(0);
4    noStroke();
5    colorMode(HSB);
6  }
7  void draw() {
8    //平移画布坐标跟随鼠标位置
9    translate(mouseX, mouseY);
10   //计算鼠标前后帧移动距离，确定粒子位置
11   float size=5+dist(pmouseX, pmouseY, mouseX, mouseY);
12   //创建粒子
13   for(int i=0; i<5; i++) {
14     if (mousePressed) {                          //鼠标按压时创建彩色粒子
15       fill(100+random(-20, 20), 255, 255, 180);
16     }else {                                      //鼠标释放时粒子为白色
17       fill(255, 180);
18     }
19     //创建椭圆形粒子
20     ellipse(size*random(-1, 1), size*random(-1, 1), 2, 2);
21   }
22 }
```

运行该程序(example8_22_1)，查看效果，如图8-36所示。

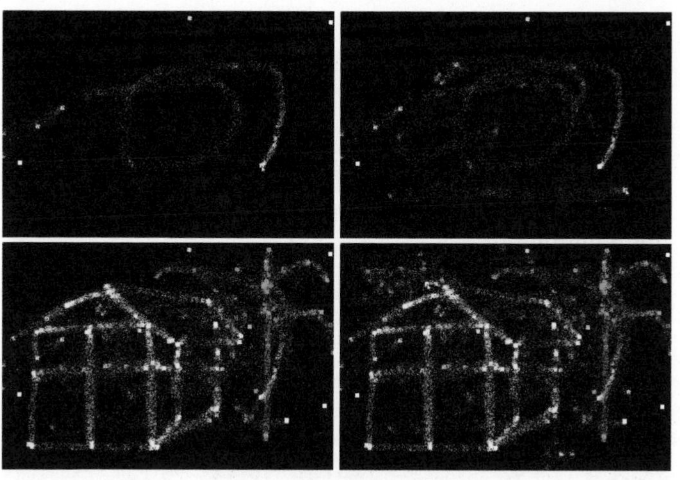

图8-36

此时看起来有沙画的感觉，并没有粒子的动感，增加粒子消逝的效果，在draw()函数的前面部分添加代码如下：

```
1  //鼠标释放控制模糊
2  if (mousePressed) {
3   filter(BLUR, 0);
4  }else {
5   filter(BLUR, 1);
6  }
```

运行该程序(example8_22_2)，查看效果，如图8-37所示。

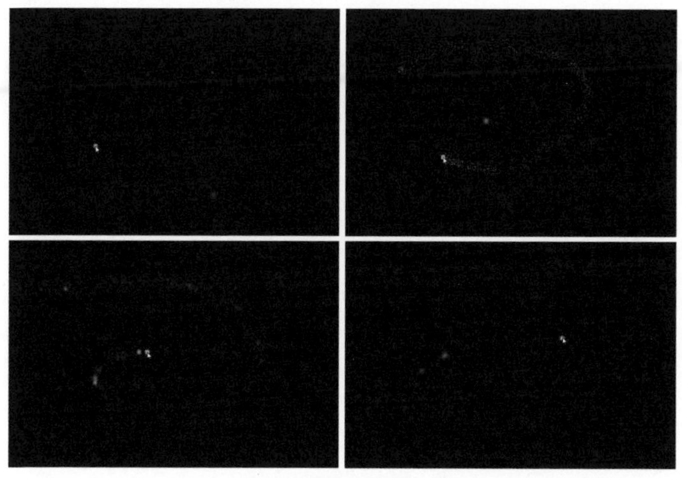

图8-37

通过鼠标按压左右键控制粒子的颜色变化，修改代码如下：

```
1  //鼠标按压时创建彩色粒子
2  //左键红色，右键蓝色
3  if (mousePressed && mouseButton==LEFT) {
```

```
4    fill(240+random(-20, 20), 255, 255, 180);
5  }else if (mousePressed && mouseButton==RIGHT) {
6    fill(160+random(-20, 20), 255, 255, 180);
7  }else {                                          //鼠标释放时粒子为白色
8    fill(255, 180);
9  }
```

运行该程序(example8_22)，查看效果，如图8-38所示。

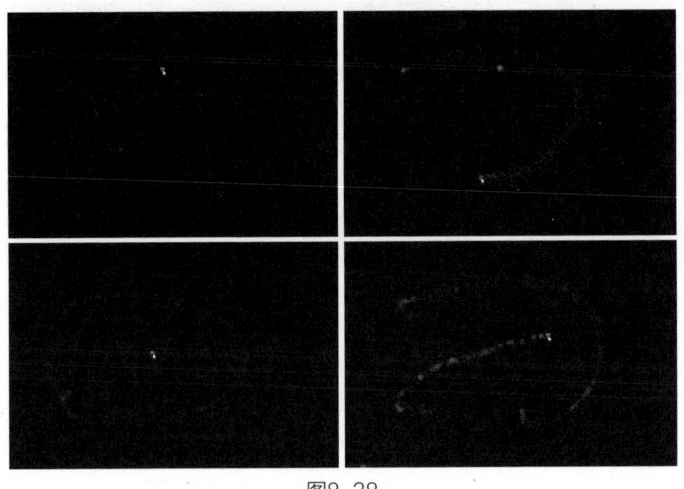

图8-38

8.6 本章小结

本章主要讲解常用的互动响应方式，包括鼠标、键盘和摄像头交互程序的设计，通过数据输入或身体运动的感知，创建灵活多变的互动视觉效果，增强观者与影像的互动体验感。

第9章 GUI设计

现代展示活动的目的是使观众在获得展示信息的同时，能够积极地对信息产生反馈。计算机技术的发展，多媒体技术、网络技术和虚拟现实技术的应用推广极大地改变了展示设计的技术手段。利用多种科学技术参与到展示设计中，如以人为本、互动性、网络化、多媒体及虚拟化等，不仅能够增添展示设计的多样性，而且能够增强趣味性，提高效率。

9.1 图形界面设计

UI即User Interface(用户界面)的简称。UI设计是指对软件产品的人机交互、操作逻辑和界面的整体设计。在设计理念上，UI设计不仅是让软件变得有个性、有品位，还要让该软件产品的操作更加舒适、简单、自由，并且能够充分体现软件产品的定位和特点。

GUI即Graphic User Interface，也就是我们常说的图形用户界面，又称图形用户接口，是指通过图形方式显示的操作用户界面，与早期计算机使用的命令行界面相比，图形界面对于用户来说在视觉上更易于接受。简单来说，图形界面设计就是所谓的界面美工设计，重点就是界面的美观度，以及与视觉相关的设计工作。

图形界面的特点是人们不需要记忆和输入烦琐的命令，只需要使用鼠标直接操纵界面。用户界面不仅提供了输入机制，使用户可以告知计算机自己的需求，还提供了输出机制，即计算机对用户的操作给予一定的反馈。人们利用键盘、鼠标、触摸屏和麦克风等工具，通过用户界面与计算机进行交互。

最佳设计经验与准则如下:

1) 轻量化

遵循80/20原则，即只设计最好的20%的功能，选择具有视觉美感的颜色和布局。

2) 简洁性

使设计简单明了，关注于主要任务，避免分散用户的注意力，保证产品的功能性和间接性。

3) 可操作性

使产品更易于操作，保证用户可通过多种设备进行访问，保证所有人都可以操作产品，如残疾人、老年人、文化水平不高的人等。

4) 一致性

同一应用程序中尽量使用相似的布局和术语，采用用户熟悉的交互和导航方式，保证用户界面与使用情境的一致性。

5) 反馈性

提供即时反馈，通过产品当前状态告知用户产品目前的后台运行情况。

6) 容错性

预防错误的发生，提供撤销功能，通过仅启用所需的命令减少用户可能出现的操作失误。

7) 以用户为主导

给予用户完整的控制权，允许用户对产品进行定制和个性化设置。

GUI中最重要的模式为WIMP，即窗口Windows、图标Icon、菜单Menu和指针Pointer，以及上述要素组成的图形界面系统，该系统中还包括一些其他元素，如各种栏Bar、按钮Button等，如图9-1所示。

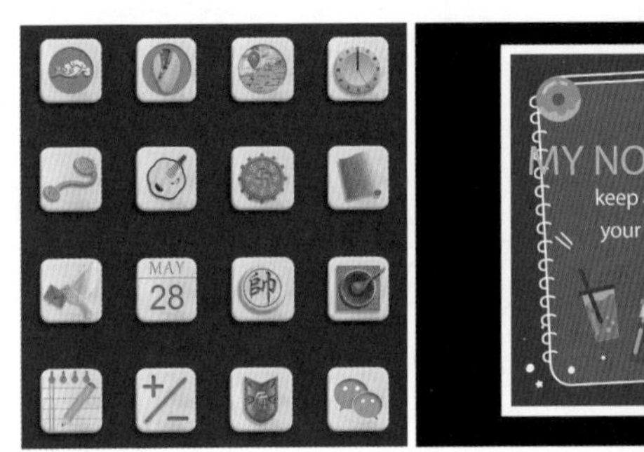

图9-1

9.2 制作UI组件

UI组件用于设置用户界面，并实现大部分的交互式操作，因此在制作交互式动画方面，UI组件是应用最广，也是最常用的组件类别之一。下面分别对几个较为常用的UI组件进行介绍。

9.2.1 按钮

一个按钮具有四种状态：初始状态、鼠标移入状态、鼠标按下状态、鼠标移开状态。输入代码如下：

```
int rectX, rectY;                                //方块按钮位置
int circleX, circleY;                            //圆形按钮位置
int rectSize=90;                                 //方块按钮的边长
int circleSize=92;                               //圆形按钮的直径
color rectColor, circleColor, baseColor;         //按钮颜色
color rectHighlight, circleHighlight;            //按钮高亮颜色
color currentColor;                              //当前颜色
void setup() {
  size(640, 360);
  rectColor=color(180, 0, 0);
  rectHighlight=color(255, 100, 0);
  circleColor=color(0, 100, 180);
  circleHighlight=color(0, 255, 200);
  baseColor=color(120);
  currentColor=baseColor;
  circleX=width/2+circleSize/2+10;
  circleY=height/2;
  rectX=width/2-80;
  rectY=height/2;
  ellipseMode(CENTER);
  rectMode(CENTER);
}
void draw() {
  background(currentColor);
  fill(rectColor);
  stroke(255);
  rect(rectX, rectY, rectSize, rectSize);
  fill(circleColor);
  stroke(0);
  ellipse(circleX, circleY, circleSize, circleSize);
}
```

运行该程序(example9_01)，查看效果，如图9-2所示。

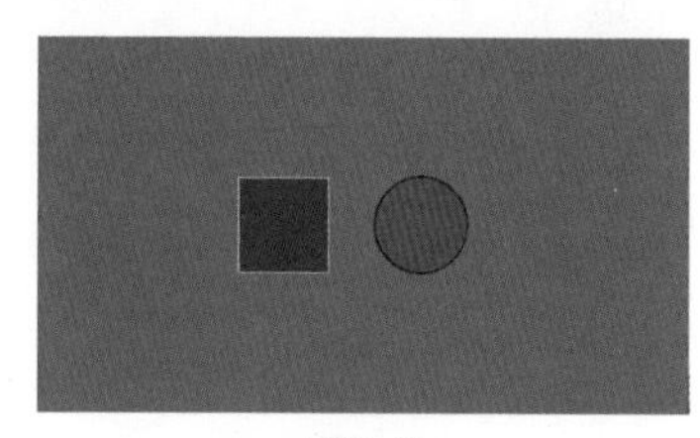
图9-2

接下来设置状态切换的条件。声明两个布尔变量，添加代码如下：

```
boolean rectOver=false;
boolean circleOver=false;
```

创建两个布尔函数，判断鼠标是否在按钮区域内，添加代码如下：

```
boolean overRect(int x, int y, int width, int height) {
  if (mouseX>=x-width/2 && mouseX<=x+width/2&&
    mouseY>=y-height/2 && mouseY<=y+height/2) {
    return true;
  }else {
    return false;
  }
}
```

```
9 boolean overCircle(int x, int y, int diameter) {
10   float disX=x-mouseX;
11   float disY=y-mouseY;
12   if (sqrt(sq(disX)+sq(disY))<diameter/2) {
13     return true;
14   }else {
15     return false;
16   }
17 }
```

创建鼠标按压函数，输入代码如下:

```
1 void mousePressed() {
2   if (circleOver) {
3     currentColor=circleColor;
4   }else if (rectOver) {
5     currentColor=rectColor;
6   }
7 }
```

创建update()函数，输入代码如下:

```
1 void update(int x, int y) {
2   if (overCircle(circleX, circleY, circleSize)) {
3     circleOver=true;
4     rectOver=false;
5   }else if (overRect(rectX, rectY, rectSize, rectSize)) {
6     rectOver=true;
7     circleOver=false;
8   }else {
9     circleOver=rectOver=false;
10   }
11 }
```

在draw()函数部分修改代码如下:

```
1 void draw() {
2   background(currentColor);
3   update(mouseX, mouseY);
4   if (rectOver) {
5     fill(rectHighlight);
6   }else {
7     fill(rectColor);
8   }
9   stroke(255);
10   rect(rectX, rectY, rectSize, rectSize);
11   if (circleOver) {
12     fill(circleHighlight);
13   }else {
14     fill(circleColor);
```

```
15    }
16    stroke(0);
17    ellipse(circleX, circleY, circleSize, circleSize);
18  }
```

运行该程序(example9_01_2)，查看效果，如图9-3所示。

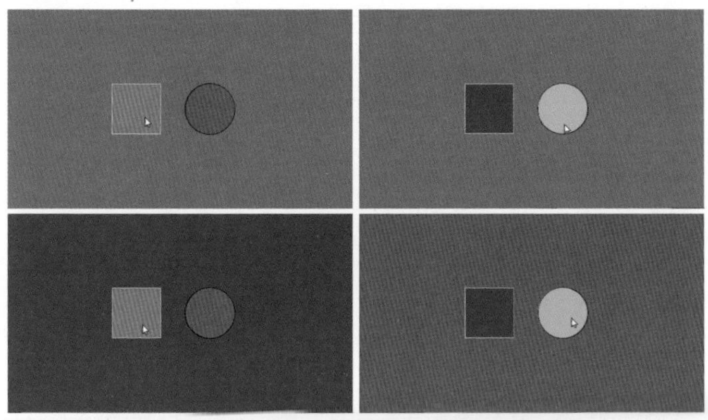

图9-3

在这个按钮程序的基础上稍作修改，就可以通过按钮控制图片的显示。

首先声明位图和状态变量，添加代码如下：

```
1  PImage img1, img2;
2  int state;
```

修改setup()函数部分的代码，调整按钮的尺寸和位置，添加加载位图的代码如下：

```
1  void setup() {
2    size(640, 360);
3    rectColor=color(180, 0, 0);
4    rectHighlight=color(255, 100, 0);
5    circleColor=color(0, 100, 180);
6    circleHighlight=color(0, 255, 200);
7    baseColor=color(120);
8    currentColor=baseColor;
9    circleX=width/2+circleSize/2+10;
10   circleY=height/2+120;
11   rectX=width/2-60;
12   rectY=height/2+120;
13   ellipseMode(CENTER);
14   rectMode(CENTER);
15   img1=loadImage("pic_012.jpg");
16   img2=loadImage("pic_045.jpg");
17   state=0;
18 }
```

修改鼠标按压函数的代码如下：

```
1  void mousePressed() {
```

```
2     if (circleOver) {
3       currentColor=circleColor;
4       state=2;
5     }else if (rectOver) {
6       currentColor=rectColor;
7       state=1;
8     }else {
9       setup();
10    }
11  }
```

在draw()函数部分添加代码如下:

```
1   ......
2   background(currentColor);
3   if (state==1) {
4     image(img1, 0, 0, width, height);
5   }
6   if (state==2) {
7     image(img2, 0, 0, width, height);
8   }
9   update(mouseX, mouseY);
10  ......
```

运行该程序(example9_02)，查看效果，如图9-4所示。

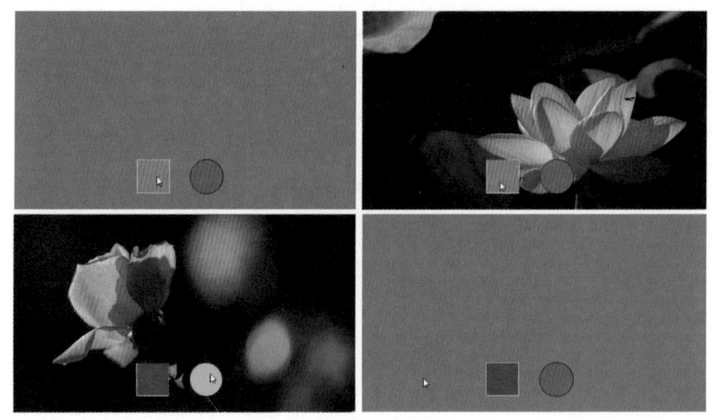

图9-4

当然也可以取消鼠标按压的动作，实现鼠标移入按钮就发生图片切换。

首先删除鼠标按压函数，修改draw()函数的代码，在background(currentColor); 一行后面添加代码如下:

```
1   ......
2   if (circleOver) {
3     currentColor=circleColor;
4     state=2;
5   }else if (rectOver) {
```

```
6     currentColor=rectColor;
7     state=1;
8   }else {
9     state=0;
10    currentColor=baseColor;
11  }
12  if (state==1) {
13    image(img1, 0, 0, width, height);
14  }
15  if (state==2) {
16    image(img2, 0, 0, width, height);
17  }
18  ......
```

运行该程序(example9_03)，查看效果，如图9-5所示。

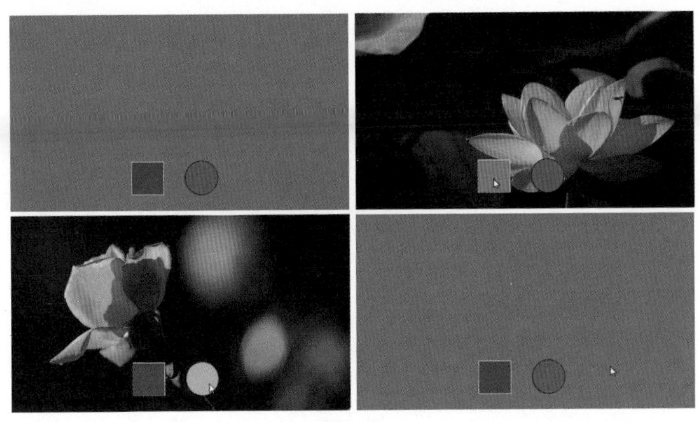

图9-5

9.2.2 GUI库

在Processing中提供了非常丰富的扩展库，可以提高设计师的工作效率。大多数情况下，在设计UI作品时，使用相应的库是最好的选择，通过对范例程序的编辑完成工作目标。其实上面的按钮需求就是选择了范例程序Topics\GUI库中的Button程序并进行编辑。

下面再选择Interfascia库中的Button程序，其中的代码相当简洁。

```
1   import interfascia.*;
2   GUIController c;
3   IFButton b1, b2;
4   IFLabel l;
5   void setup() {
6     size(200, 100);
7     background(200);
8     c=new GUIController(this);
9     b1=new IFButton("Green", 30, 35, 60, 30);
10    b2=new IFButton("Blue", 110, 35, 60, 30);
11    b1.addActionListener(this);
```

```
12    b2.addActionListener(this);
13    c.add(b1);
14    c.add(b2);
15  }
16  void draw() {
17  }
18  void actionPerformed(GUIEvent e) {
19    if (e.getSource()==b1) {
20      background(100, 155, 100);
21    }else if (e.getSource()==b2) {
22      background(100, 100, 130);
23    }
24  }
```

运行该程序(example9_04)，查看效果，如图9-6所示。

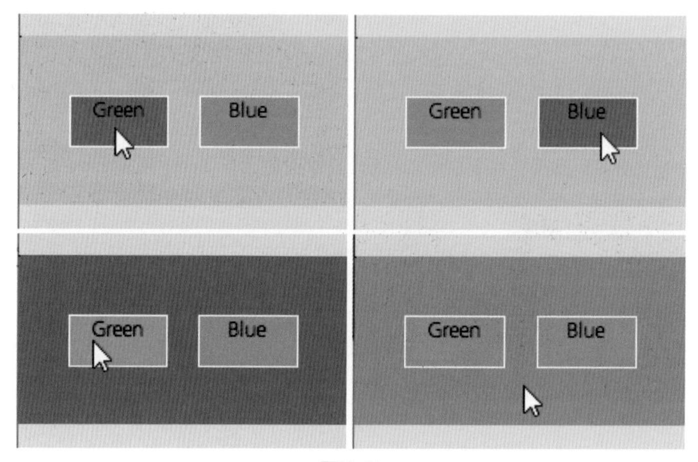

图9-6

增加按钮的数量为四个，声明四个位图变量，添加代码如下：

```
1  IFButton b1, b2, b3, b4;
2  IFLabel l;
3  PImage pic1, pic2, pic3, pic4;
```

在setup()函数部分修改代码如下：

```
1  void setup() {
2    size(640, 360);
3    background(#FFEEC9);
4    c=new GUIController(this);
5    b1=new IFButton("spring", 180, 320, 60, 30);
6    b2=new IFButton("summer", 250, 320, 60, 30);
7    b3=new IFButton("autumn", 320, 320, 60, 30);
8    b4=new IFButton("winter", 390, 320, 60, 30);
9    b1.addActionListener(this);
10   b2.addActionListener(this);
11   b3.addActionListener(this);
```

```
12   b4.addActionListener(this);
13   c.add(b1);
14   c.add(b2);
15   c.add(b3);
16   c.add(b4);
17   pic1=loadImage("pic_032.jpg");
18   pic2=loadImage("pic_025.jpg");
19   pic3=loadImage("pic_035.jpg");
20   pic4=loadImage("pic_018.jpg");
21 }
```

修改GUI事件函数部分代码如下：

```
1  void actionPerformed(GUIEvent e) {
2    if (e.getSource()==b1) {
3      //background(100, 155, 100);
4      image(pic1, 0, 0, width, height);
5    }else if (e.getSource()==b2) {
6      //background(100, 100, 130);
7      image(pic2, 0, 0, width, height);
8    }else if (e.getSource()==b3) {
9      image(pic3, 0, 0, width, height);
10   }else if (e.getSource()==b4) {
11     image(pic4, 0, 0, width, height);
12   }
13 }
```

运行该程序(example9_05_1)，查看效果，如图9-7所示。

图9-7

我们还可以添加背景图片和标题文字，添加代码如下：

```
1  PImage bg;                          //声明位图变量
2  float op=255;                       //定义一个不透明度变量
3  bg=loadImage("bg.jpg");             //指定背景位图
```

修改draw()函数的代码如下：

```
1  void draw() {
2    tint(255, op);                          //设置位图的色度和透明度
3    image(bg, 0, 0, width, height);         //显示背景图片
4    noTint();
5    //标题文字
6    fill(255, op);
7    textSize(30);
8    text("I love my hometown!", 180, 200);
9  }
```

修改GUI事件函数的代码如下：

```
1  void actionPerformed (GUIEvent e) {
2    if (e.getSource()==b1) {
3      image(pic1, 0, 0, width, height);
4      op=0;
5    }else if (e.getSource()==b2) {
6      image(pic2, 0, 0, width, height);
7      op=0;
8    }else if (e.getSource()==b3) {
9      image(pic3, 0, 0, width, height);
10     op=0;
11   }else if (e.getSource()==b4) {
12     image(pic4, 0, 0, width, height);
13     op=0;
14   }
15 }
```

运行该程序(example9_05)，查看效果，如图9-8所示。

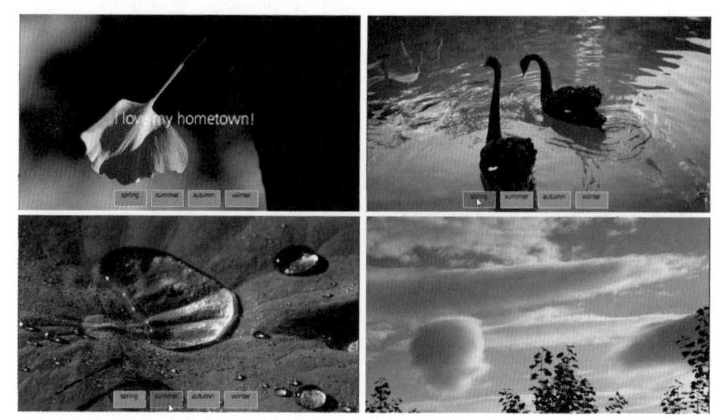

图9-8

9.2.3 GUI库——ControlP5

本小节使用一个更专业的GUI库——ControlP5。在范例文件夹中包含四个文件夹，如图9-9所示。

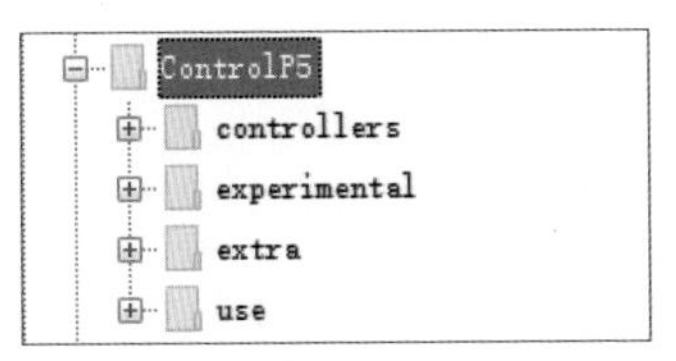

图9-9

分别展开，查看其中的控件项，如图9-10所示。

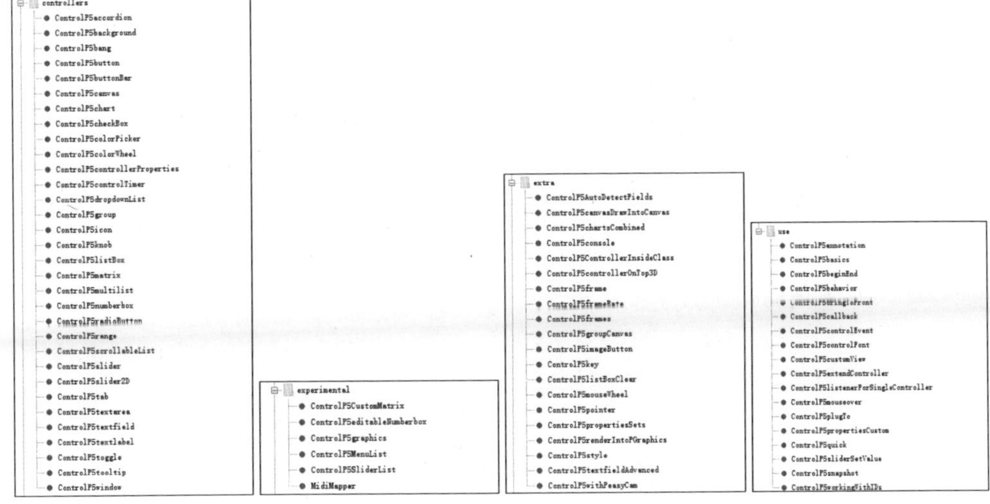

图9-10

比如，我们打开其中一个范例程序ControlP5\controllers\ControlP5buttonBar，运行该程序，查看效果，如图9-11所示。

图9-11

下面对该程序进行编辑，添加一个圆形和文字，反馈按钮对应的数值。

先声明一个整数变量，添加代码如下：

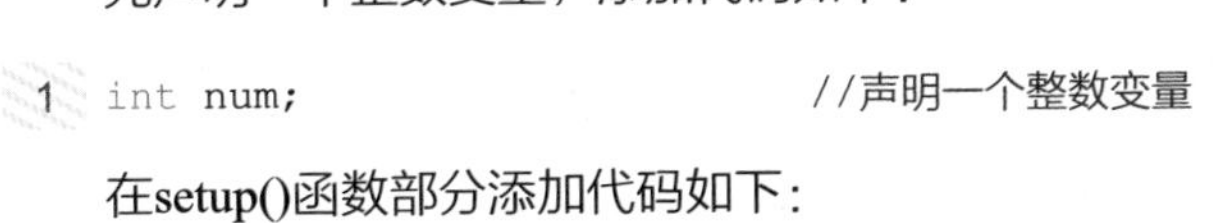

```
1  int num;                    //声明一个整数变量
```

在setup()函数部分添加代码如下：

```
1  public void controlEvent(CallbackEvent ev) {
2    ButtonBar bar=(ButtonBar)ev.getController();
3    println("hello", bar.hover());
4    num=bar.hover();            //按钮对应的数值赋予变量num
5  }
```

在draw()函数部分添加代码如下：

```
1  void draw() {
2    background(220);
3    fill(num*30, 0, 0);         //颜色值与变量关联
4    circle(200, 200, 100);
```

```
5   rect(100, 300, num*20, 20);
6   textSize(36);
7   fill(255);
8   text(num, 180, 200);          //显示变量值，也是按钮对应数字
9 }
```

运行该程序(example9_06)，查看效果，如图9-12所示。

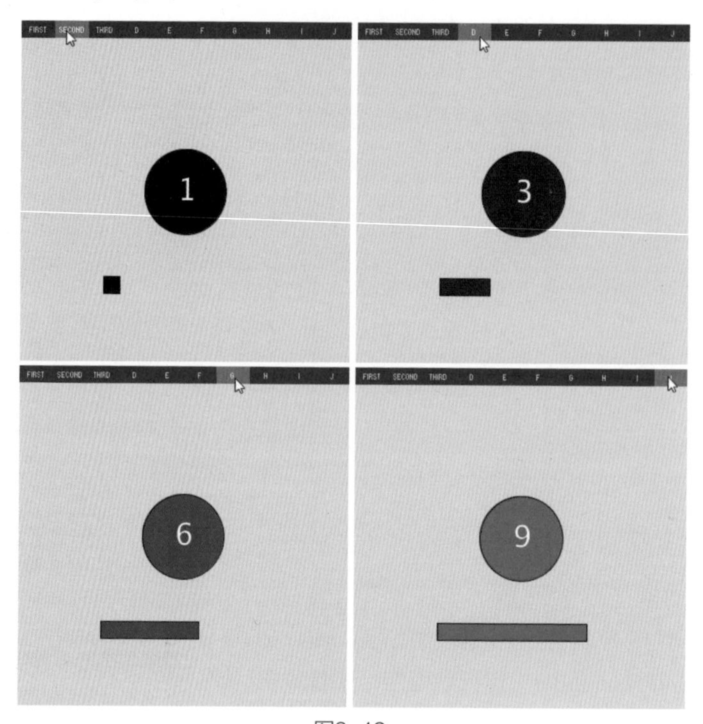

图9-12

当用户理解了范例程序中的按钮与数值的关系，就可以用于控制颜色、图形大小、文字，也可以控制显示图片等。

声明位图变量，添加代码如下：

```
1 PImage []patterns=new PImage[10];
```

初始化位图变量，添加代码如下：

```
1 for(int i=0;i<10;i++) {
2   String imgName="pattern_"+nf(i, 3)+".jpg";
3   patterns[i]=loadImage(imgName);
4 }
```

修改draw()函数的代码如下：

```
1 void draw() {
2   background(220);
3   image(patterns[num], 0, 40, 400, 300);
4   textSize(32);
5   fill(num*20, 0, 0);
```

```
6  text(num, 190, 380);
7 }
```

运行该程序(example9_06_2)，查看效果，如图9-13所示。

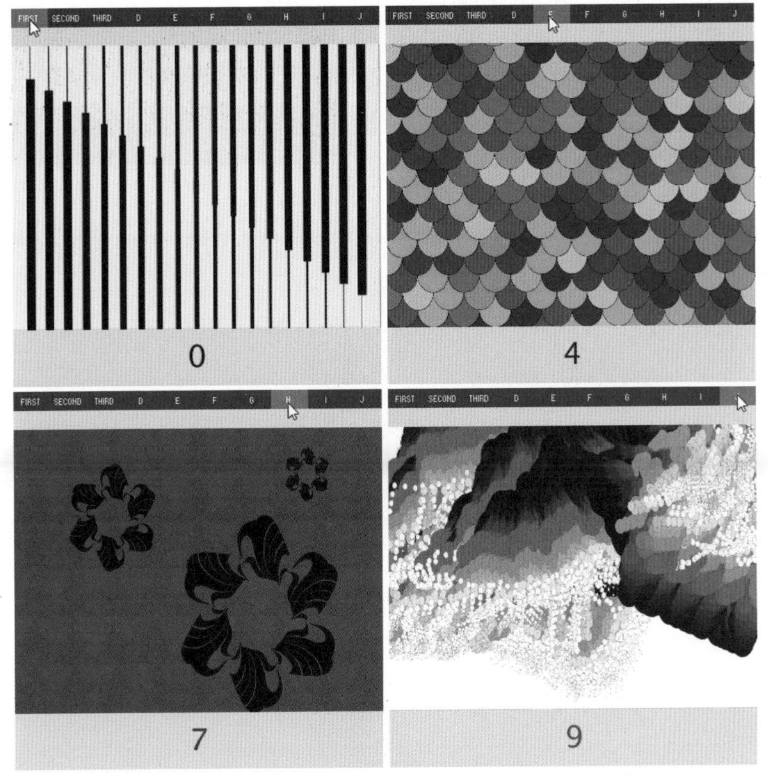

图9-13

下面再来看一个滑块的范例程序ControlP5slider，运行该程序，查看效果，如图9-14所示。

在控制台中可以查看SLIDER的数值，如图9-15所示。

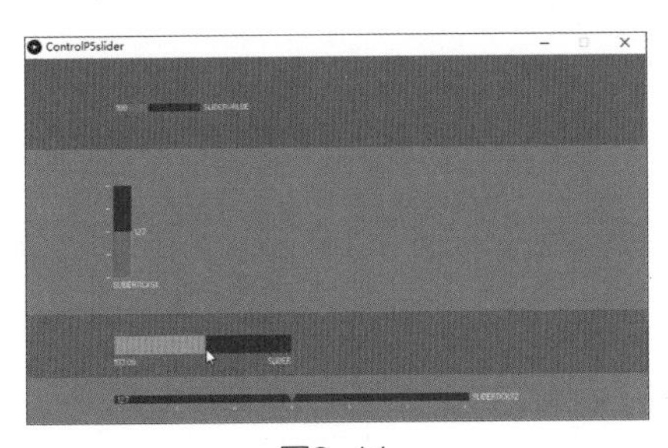

图9-14

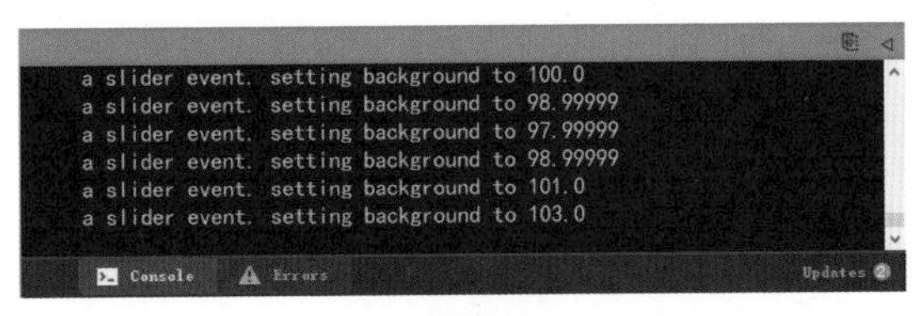

图9-15

当然也可以查看其他滑块的数值，修改代码，在draw()函数部分添加代码如下:

```
1 println(sliderValue);
2 println(sliderTicks1);
3 println(sliderTicks2);
```

运行该程序(example9_07)，调整滑块并查看控制台中显示的信息，如图9-16所示。

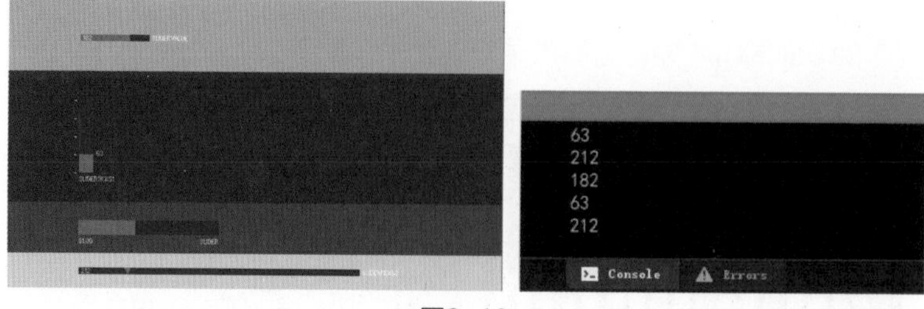

图9-16

下面再来看一个滑块控制图片位置的范例程序Topics\GUI\Scrollbar，查看效果，如图9-17所示。

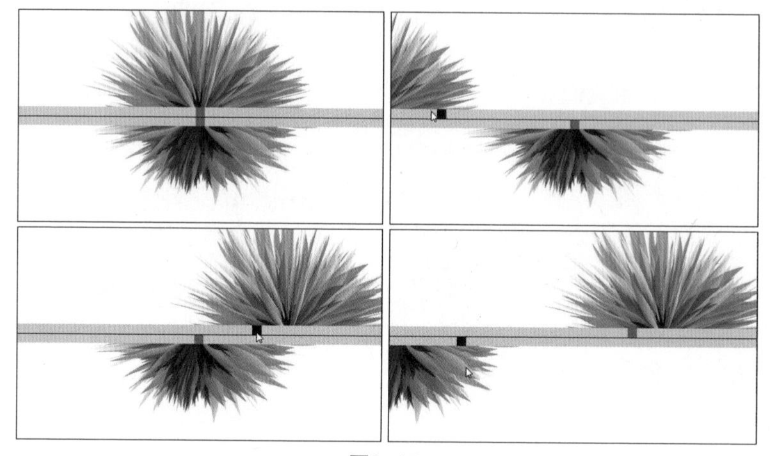

图9-17

用户可以将滑块位置的数值与中间长条的颜色关联起来。

声明两个变量，添加代码如下：

```
float colr, colg;
```

在draw()函数中添加代码如下：

```
if(img1Pos*1.5<height/2) {
  colr=round(abs(img1Pos)/320*255);
}
if(img2Pos*1.5>height/2) {
  colg=round(abs(img2Pos)/320*255);
}
stroke(colr, colg, 0);
strokeWeight(4);
line(0, height/2, width, height/2);
```

运行该程序(example9_08)，查看效果，如图9-18所示。

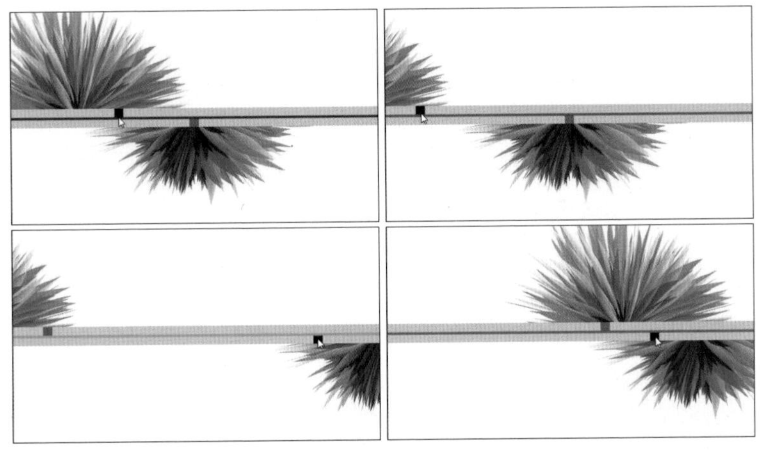

图9-18

除了前面讲解的UI控件按钮和滑块，还有复选框、单选按钮、下拉列表、文本区域、进程栏、滚动窗格、数字微调、文本标签、列表框等，其实前面浏览过的ControlP5库中的UI控件已经非常丰富和完整了，在实际工作中，大多数情况下没必要完全自己编写UI控件代码，尤其对于从事艺术设计的人员来说，最方便、高效的方式还是使用相应的控件范例程序，然后根据自己的需求进行编辑。

9.2.4　GUI库——G4P

其实还有一个非常全面的GUI库G4P，而且支持多窗口。首先浏览控件内容，如图9-19所示。

选择并打开其中一个范例程序G4P_WindowsOnDemand，运行该程序，弹出窗口，在计算机桌面上拖曳窗口移动到合适的位置，查看效果，如图9-20所示。

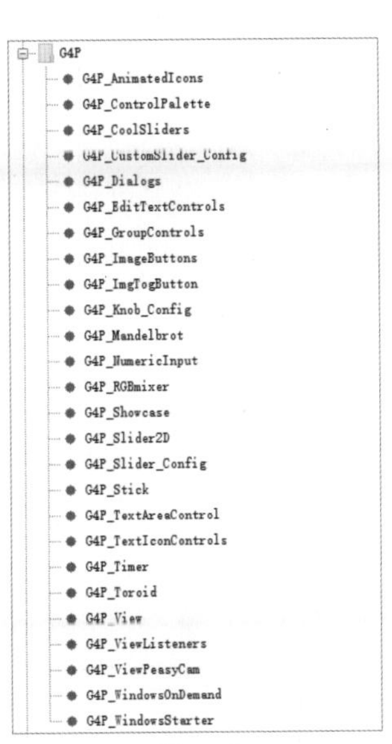

图9-19

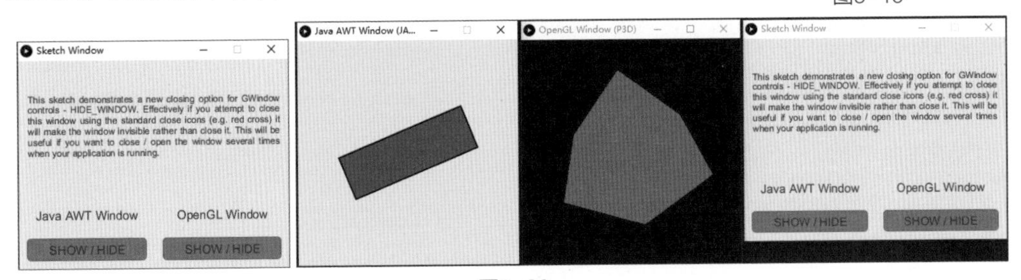

图9-20

这样就可以在多显示器的展示平台上应用，可以单独调整子窗口的显示内容和初始位置。

```
1  void createAWTwindow() {
2   winAWT=GWindow.getWindow(this, "Java AWT Window (JAVA2D)", 160, 390, 
300, 300, JAVA2D);
```

```
3   winAWT.setActionOnClose(G4P.HIDE_WINDOW);
4   winAWT.addDrawHandler(this, "win_awt_draw");
5  }
6  void createOpenGLwindow() {
7   winOpenGL=GWindow.getWindow(this, "OpenGL Window (P3D)", 470, 416, 300,
300, P3D);
8   winOpenGL.setActionOnClose(G4P.HIDE_WINDOW);
9   winOpenGL.addDrawHandler(this, "win_opengl_draw");
10 }
```

修改窗口中显示的内容，添加标题文字，修改代码如下：

```
1  void win_awt_draw(PApplet appc, GWinData data) {
2   appc.background(255, 230, 240);
3   appc.translate(appc.width/2, appc.height/2);
4   appc.rotate(ang);
5   ang+=dang;
6   appc.stroke(180);
7   appc.strokeWeight(2);
8   appc.fill(128, 64, 128);
9   appc.rectMode(CENTER);
10  appc.rect(0, 0, 180, 60);
11  appc.resetMatrix();
12  appc.fill(0);
13  appc.text("D-Form Interaction Designer", 70, 40);
14 }
15 void win_opengl_draw(PApplet appc, GWinData data) {
16  appc.background(220, 245, 255);
17  appc.translate(appc.width/2, appc.height/2);
18  appc.rotateX(angX);
19  appc.rotateY(angY);
20  appc.rotateZ(angZ);
21  angX+=dangX;
22  angY+=dangY;
23  angZ+=dangZ;
24  appc.stroke(255, 0, 255);
25  appc.strokeWeight(2);
26  appc.fill(160, 96, 160);
27  appc.box(120);
28  //appc.resetMatrix();
29  appc.fill(245, 175, 0);
30  textSize(76);
31  appc.text("D-Form", -20, 0, 60);
32 }
```

运行该程序(example9_09)，单击相应的按钮，查看效果，如图9-21所示。

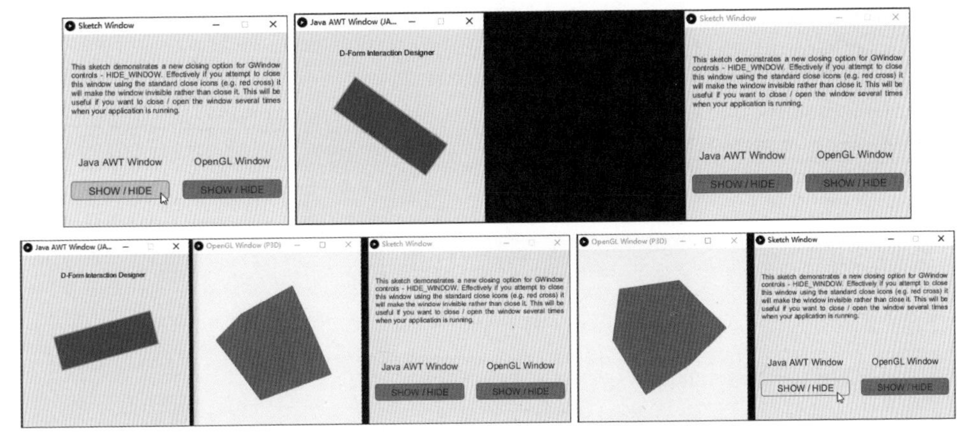

图9-21

9.3 GUI设计实战

目前，在展示设计中新技术的应用集中表现为声光电技术、多媒体技术和虚拟现实技术等的应用，这极大地改变了人们传统获取信息的方法，符合人们在信息时代的阅读方式。

9.3.1 飞屏效果

本例中不使用GUI的库，而是尝试自己编写代码，这个方法虽然不是最优的，但是可以一步步地理解按钮控制、动效等的应用。

首先是加载图片和版式设计，声明位图变量和缩略图的位置变量，添加代码如下：

```
PImage pic1, pic2, pic3, pic4, pic5, pic6;                //声明大图变量
PImage s_pic1, s_pic2, s_pic3, s_pic4, s_pic5, s_pic6;    //声明小图变量
float posX1=100;
float posX2=100;
float posX3=100;
float posX4=280;
float posX5=280;
float posX6=280;
```

对位图进行初始化，添加代码如下：

```
void setup() {
  size(1200, 600);                        //画布尺寸
  pic1=loadImage("pic1.jpg");             //导入图片素材
  pic2=loadImage("pic2.jpg");
  pic3=loadImage("pic3.jpg");
  pic4=loadImage("pic4.jpg");
  pic5=loadImage("pic5.jpg");
  pic6=loadImage("pic6.jpg");
  s_pic1=loadImage("s_pic1.jpg");         //导入图片素材
  s_pic2=loadImage("s_pic2.jpg");
```

```
  s_pic3=loadImage("s_pic3.jpg");
  s_pic4=loadImage("s_pic4.jpg");
  s_pic5=loadImage("s_pic5.jpg");
  s_pic6=loadImage("s_pic6.jpg");
  imageMode(CENTER);
  rectMode(CENTER);              //绘制矩形中心定位模式
}
```

绘制左边缩略图和右边显示大图区域，添加代码如下：

```
void draw() {
  background(205, 245, 235);
  //右侧放大显示区域
  image(pic1, 790, 300, 800, 580);
  image(pic2, 790, 300, 800, 580);
  image(pic3, 790, 300, 800, 580);
  image(pic4, 790, 300, 800, 580);
  image(pic5, 790, 300, 800, 580);
  image(pic6, 790, 300, 800, 580);
  //左边目录区域
  noFill();
  strokeWeight(4);
  stroke(170);
  rect(190, 300, 360, 581);
  //左侧目录缩略小图片
  noStroke();
  fill(230, 130, 0, 100);
  rect(190, 375, 360, 430);
  image(s_pic1, posX1, 240, 170, 120);
  image(s_pic2, posX2, 375, 170, 120);
  image(s_pic3, posX3, 510, 170, 120);
  image(s_pic4, posX4, 240, 170, 120);
  image(s_pic5, posX5, 375, 170, 120);
  image(s_pic6, posX6, 510, 170, 120);
}
```

运行该程序(example9_10_1)，查看效果，如图9-22所示。

图9-22

设计左上角的标题区，声明和导入一个镜头位图，定义字体，添加代码如下：

```
PImage lens;
PFont myfont;
```

在setup()函数部分添加代码如下：

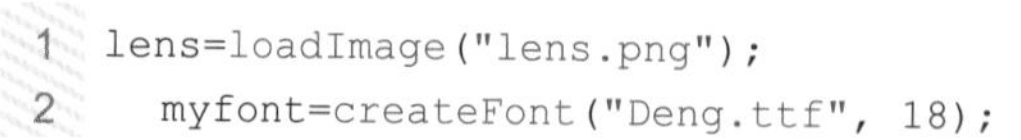

```
lens=loadImage("lens.png");
  myfont=createFont("Deng.ttf", 18);
```

在draw()函数部分添加代码如下：

```
1 //左侧标题栏
2 fill(0);
3 textFont(myfont);
4 textSize(24);
5 text("岁月与时光", 120, 140);
6 textSize(60);
7 text("清晨记忆", 150, 120, 180, 200);
8 image(lens, 300, 90, 80, 80);
```

运行该程序(example9_10_2)，查看版式效果，如图9-23所示。

图9-23

接下来设置图像按钮，声明缩略图飞行速度变量和显示图片序号变量，添加代码如下：

```
1 float flysp1, flysp2, flysp3, flysp4, flysp5, flysp6;   //声明缩略图飞行速度变量
2 int dispnum;                                              //声明显示图片序号变量
```

在draw()函数添加代码如下：

```
1  //按钮功能设置
2  if (mousePressed==true) {
3    if (dist(mouseX, mouseY, 100, 240)<60) {
4      flysp1=abs(mouseX-pmouseX);
5    }
6    if (dist(mouseX, mouseY, 100, 375)<60) {
7      flysp2=abs(mouseX-pmouseX);
8    }
9    if (dist(mouseX, mouseY, 100, 510)<60) {
10     flysp3=abs(mouseX-pmouseX);
11   }
12   if (dist(mouseX, mouseY, 280, 240)<60) {
13     flysp4=abs(mouseX-pmouseX);
14   }
15   if (dist(mouseX, mouseY, 280, 375)<60) {
16     flysp5=abs(mouseX-pmouseX);
17   }
18   if (dist(mouseX, mouseY, 280, 510)<60) {
19     flysp6=abs(mouseX-pmouseX);
20   }
21 }
22 //图片应用飞行速度
23 posX1+=flysp1;
24 if (posX1>400) {
25   dispnum=1;
26   posX1=100;
27   flysp1=0;
28 }
29 posX2+=flysp2;
30 if (posX2>400) {
```

```
31     dispnum=2;
32     posX2=100;
33     flysp2=0;
34   }
35   posX3+=flysp3;
36   if (posX3>400) {
37     dispnum=3;
38     posX3=100;
39     flysp3=0;
40   }
41   posX4+=flysp4;
42   if (posX4>400) {
43     dispnum=4;
44     posX4=280;
45     flysp4=0;
46   }
47   posX5+=flysp5;
48   if (posX5>400) {
49     dispnum=5;
50     posX5=280;
51     flysp5=0;
52   }
53   posX6+=flysp6;
54   if (posX6>400) {
55     dispnum=6;
56     posX6=280;
57     flysp6=0;
58   }
```

运行该程序(example9_10_3)，单击左侧的小图片缩略图按钮，查看图片飞行的效果，如图9-24所示。

图9-24

单击缩略图按钮之后，也可以移动图片，但右侧的大图显示区并没有发生变化。此时可通过设置每张图片的透明度实现切换功能，添加代码如下：

```
1 int t1, t2, t3, t4, t5, t6;                    //声明图片透明度变量
```

在draw()函数中设置每一张图片的透明度变换，添加代码如下：

```
1 tint(255, t1);
2 image(pic1, 790, 300, 800, 580);
```

```
3  tint(255, t2);
4  image(pic2, 790, 300, 800, 580);
5  tint(255, t3);
6  image(pic3, 790, 300, 800, 580);
7  tint(255, t4);
8  image(pic4, 790, 300, 800, 580);
9  tint(255, t5);
10 image(pic5, 790, 300, 800, 580);
11 tint(255, t6);
12 image(pic6, 790, 300, 800, 580);
13 noTint();
```

使用切换开关，添加代码如下：

```
1  //切换显示开关
2  switch(dispnum) {
3  case 1:
4    t1=255;
5    t2=t3=t4=t5=t6=0;
6    break;
7  case 2:
8    t2=255;
9    t1=t3=t4=t5=t6=0;
10   break;
11 case 3:
12   t3=255;
13   t2=t1=t4=t5=t6=0;
14   break;
15 case 4:
16   t4=255;
17   t2=t1=t3=t5=t6=0;
18   break;
19 case 5:
20   t5=255;
21   t2=t1=t4=t3=t6=0;
22   break;
23 case 6:
24   t6=255;
25   t2=t1=t4=t5=t3=0;
26   break;
27 }
```

运行该程序(example9_10_4)，单击缩略图，查看小图片飞行并放大显示的效果，如图9-25所示。

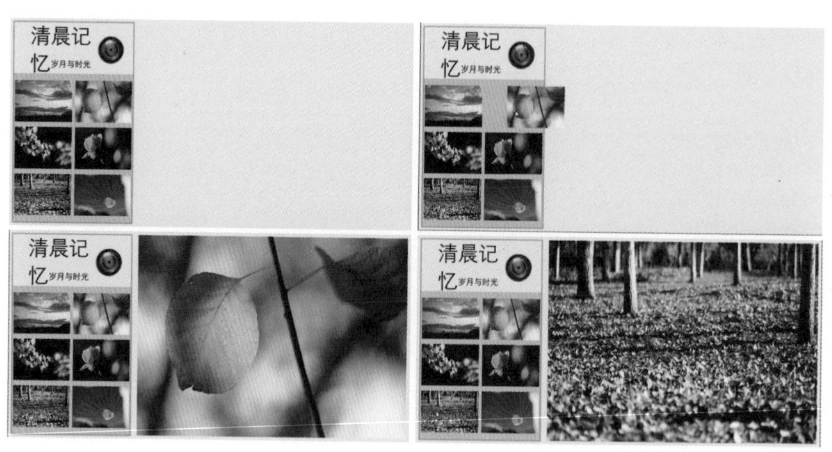

图9-25

最后再添加一张背景图片，在刚打开程序时不至于右侧显示空的内容。

声明一个位图变量，添加代码如下：

```
1 PImage bg;
```

在setup()函数中指定加载图片，添加代码如下：

```
1 bg=loadImage("ad.jpg");
```

在draw()函数中添加代码如下：

```
1 //右侧放大显示区域
2 image(bg, 790, 300, 800, 580);
```

运行该程序(example9_10_5)，查看效果，如图9-26所示。

图9-26

9.3.2 滑动菜单展示

同样是很多图片的展示，上一个范例相对来说比较烦琐，下面再来看一个使用GUI库编辑的图片展示程序。

打开范例程序ControlP5\experimental\ControlP5MenuList，运行该程序，查看效果，如图9-27所示。

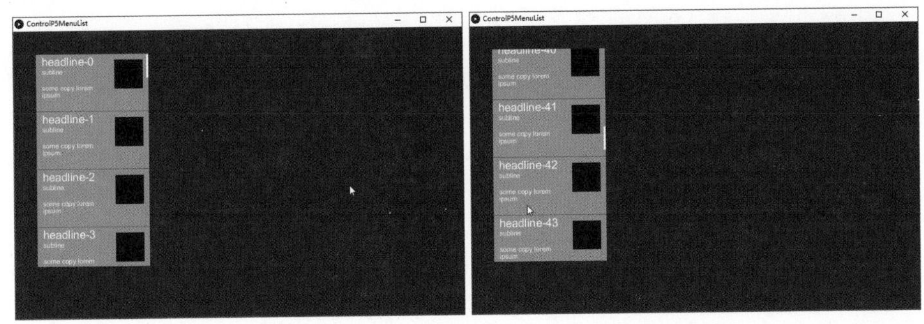

图9-27

左侧的菜单目录可以上下滚动，而且可以有很多条目，用户可在这个程序代码的基础上进行修改。例如，在文字标题左侧菜单中添加缩略图，单击每一个条目，则右侧相应显示大的图片内容。

首先声明位图数组变量，添加代码如下：

```
1  PImage[] image=new PImage[20];
```

在setup()函数中修改中文字体，加载图片序列，添加代码如下：

```
1  f1=createFont("SIMYOU.TTF", 18);
2  f2=createFont("SIMYOU.TTF", 12);
3  for(int i=0;i<20;i++) {
4    String imageName="photo_"+nf(i, 3)+".jpg";
5    image[i]=loadImage(imageName);
6  }
7  ......
8  MenuList m=new MenuList(cp5, "menu", 200, 400);
9  ......
10 for(int i=0;i<20;i++) {
11   m.addItem(makeItem("戴河生态园-"+i, " ", "我爱家乡系列之一 ", createImage(50,
   50, RGB)));
12 }
13 ......
14 Map<String, Object>makeItem(String theHeadline, String theSubline, String
   theCopy, PImage theImage) {
15   Map m=new HashMap<String, Object>();
16   m.put("headline", theHeadline);
17   m.put("subline", theSubline);
18   m.put("copy", theCopy);
19   m.put("image[i]", theImage);
20   return m;
21 }
```

修改updateMenu()函数中的代码如下：

```
for(int i=i0;i<i1;i++) {
  Map m=items.get(i);
  menu.fill(255, 100);
  menu.rect(0, 0, getWidth(), itemHeight-1);
  menu.fill(255);
  menu.textFont(f1);
  menu.text(m.get("headline").toString(), 10, 20);
  menu.textFont(f2);
  menu.textLeading(12);
  menu.text(m.get("subline").toString(), 10, 35);
  menu.text(m.get("copy").toString(), 10, 50, 120, 50);
  menu.image(image[i], 140, 10, 50, 50);
  menu.translate(0, itemHeight);
}
```

运行该程序(example9_11_1)，查看效果，如图9-28所示。

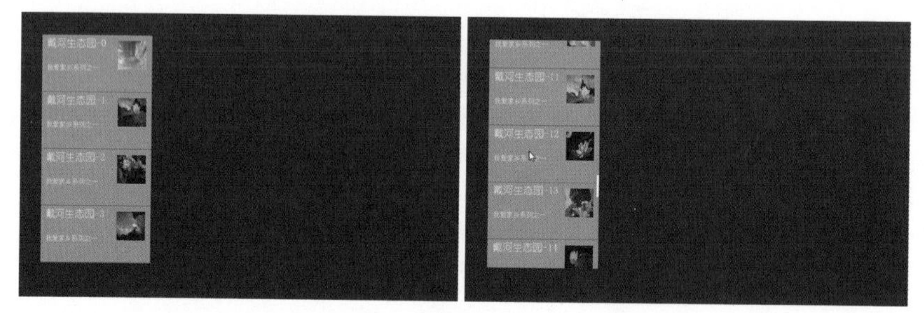

图9-28

当用户使用鼠标单击第12个条目时，在控制台上有信息显示index 12，如图9-29所示。

```
got some menu event from item with index 12
got a menu event from item : {image[i]=processing.core.PImage@5fa317b9, copy=我爱家乡系列之一
, headline=戴河生态园-12, subline= }
got some menu event from item with index 12
got a menu event from item : {image[i]=processing.core.PImage@5fa317b9, copy=我爱家乡系列之一
, headline=戴河生态园-12, subline= }
Console   Errors                                                    Updates 2
```

图9-29

接下来解决右侧显示对应菜单的大图片。

声明一个帧序号变量，添加代码如下：

```
int count;
```

修改menu()函数，将左侧菜单条目的序号和帧序号对应起来，修改代码如下：

```
void menu(int i) {
  println("got some menu event from item with index"+i);
  count=i;
}
```

在draw()函数中添加代码，显示帧序号count的数值，如下：

```
1  void draw() {
2    background(40);
3    println("image"+"  "+count);
4  }
```

运行该程序(example9_11_2)，单击左侧菜单，在控制台中会显示帧序号，如图9-30所示。

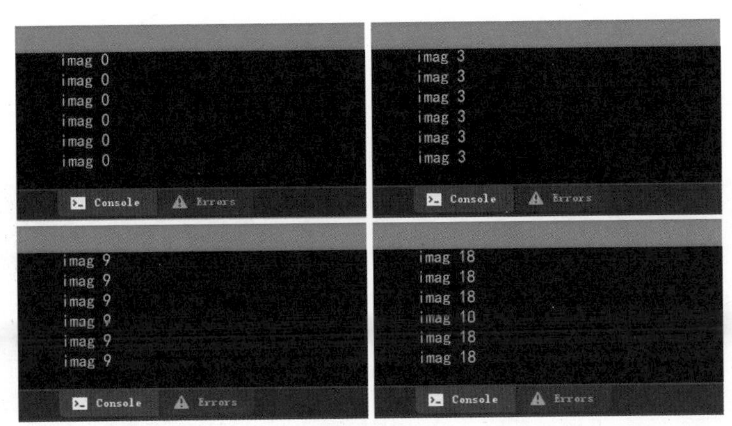

图9-30

现在问题就很简单了，用户只需在右侧显示与count对应的图片即可，在draw()函数中添加代码如下：

```
1  image(image[count], 270, 40, 500, 320);
```

运行该程序(example9_11_3)，单击左侧的小图片按钮，查看右侧显示对应大图片的效果，如图9-31所示。

图9-31

最后进行装饰，创建大图片的倒影，添加代码如下：

```
1  push();
2  translate(270, 520);
3  scale(1.0, -0.5);
4  image(image[count], 0, 0, 500, 320);
5  pop();
6  fill(194, 212, 216, 190);
7  noStroke();
8  rect(270, 360, 500, 80);
9  fill(40);
10 rect(0, 440, 800, 60);
```

运行该程序(example9_11_4)，查看效果，如图9-32所示。

图9-32

9.3.3 绘画板

下面用GUI库中的一个拾取颜色的范例程序进行编辑，从而完成自由调整颜色、笔画大小、笔画轻重的画板，在其中可以自由涂鸦。

选择并打开范例程序ControlP5\controllers\ControlP5colorPicker，查看效果，如图9-33所示。

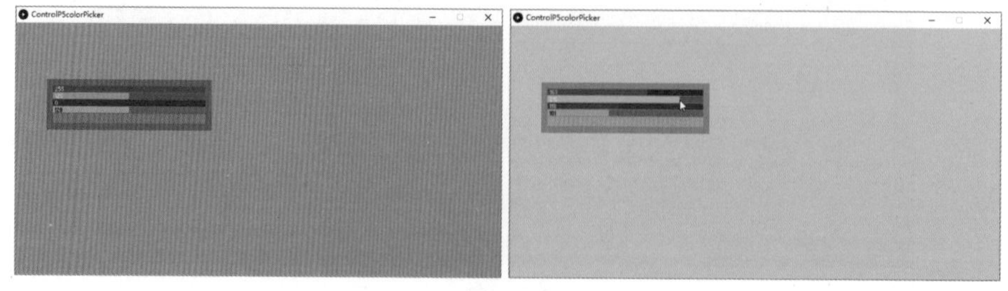

图9-33

声明颜色变量，添加代码如下：

```
1 int red, green, blue, brush;
```

在setup()函数中添加代码如下：

```
1 size(1280, 720);
2 background(160);
```

修改代码如下：

```
1  public void controlEvent(ControlEvent c) {
2    //when a value change from a ColorPicker is received, extract the ARGB values
3    //from the controller's array value
4    if (c.isFrom(cp)) {
5      int r=int(c.getArrayValue(0));
6      int g=int(c.getArrayValue(1));
7      int b=int(c.getArrayValue(2));
8      int a=int(c.getArrayValue(3));
9      color col=color(r, g, b, a);
10     println("event\talpha:"+a+"\tred:"+r+"\tgreen:"+g+"\tblue:"+b+"\tcol"+col);
11     red=int(c.getArrayValue(0));
12     green=int(c.getArrayValue(1));
13     blue=int(c.getArrayValue(2));
14     brush=int(c.getArrayValue(3))/2;
15   }
16 }
```

在draw()函数中添加代码如下：

```
1 void draw() {
2   fill(red, green, blue, 255-brush*2);
3   noStroke();
4   if (mousePressed) {
5     if (mouseButton==RIGHT) {
6       circle(mouseX, mouseY, brush);
7     }
8   }
9 }
```

运行该程序(example9_12_1)，调整颜色，随意绘制，查看效果，如图9-34所示。

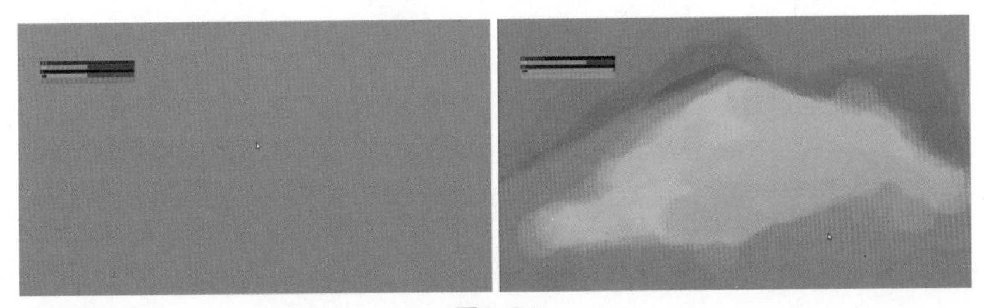

图9-34

接下来调整调色板的位置，并将绘画区域分成两个部分，左侧比较大的区域用于绘画，右侧稍小的区域用于签名。

在setup()函数中调整调色板的位置，修改代码如下：

```
1 .setPosition(1000, 600)
2 .setColorValue(color(255, 128, 0, 128))
3 ;
```

这样调色板的位置会在右下角显示。

在draw()函数中添加代码如下：

```
1 fill(255, 0.1);
2 rect(0, 0, width, height);
3 stroke(255, 225, 155);
4 strokeWeight(4);
5 rect(0, 0, 980, 720);
6 fill(red, green, blue, 255-brush*2);
```

运行该程序(example9_12_2)，查看自由绘画板的效果，如图9-35所示。

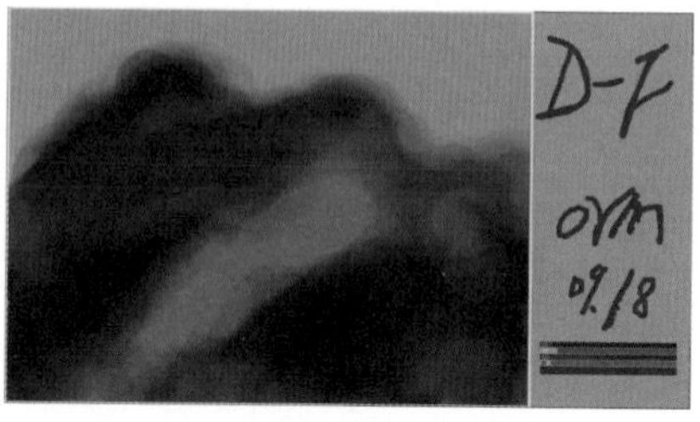

图9-35

9.3.4 三维演示效果

在Processing中制作虚拟场景和虚拟漫游并不是很高效，但在三维空间中展示对象效果还是不错的，通过拖动鼠标可以自由转换视角，也可以配合一些按钮，同时展示更多的信息。

选择并打开范例程序G4P\G4P_ViewPeasyCam，运行该程序，查看效果，如图9-36所示。

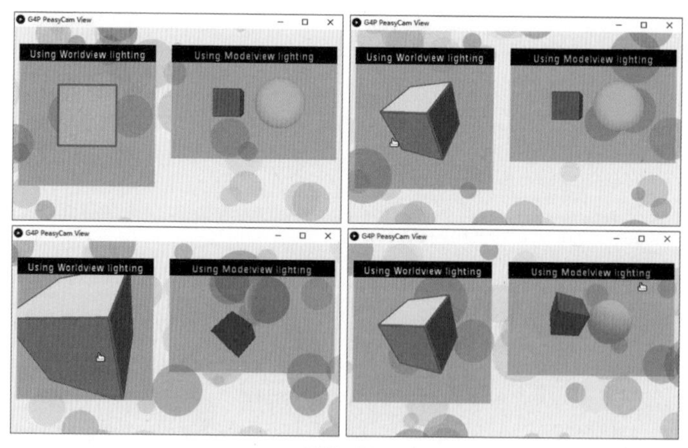

图9-36

下面先简化一下背景的内容，只保留左侧的一个窗口，并将其位置调整至中间，修改代码如下：

```
1 //PeasyCam views
2 GViewPeasyCam view1;
```

在setup()函数部分删除第二窗口和背景小球的语句，只保留第一窗口的语句，修改代码如下:

```
1  void setup() {
2    size(600, 340, P2D);
3    surface.setTitle("G4P PeasyCam View");
4    cursor(HAND);
5    //Setup first GViewPeasyCam
6    view1=new GViewPeasyCam(this, 100, 30, 400, 280, 250);//调整窗口尺寸
7    PeasyCam pcam=view1.getPeasyCam();
8    pcam.setMinimumDistance(120);
9    pcam.setMaximumDistance(400);
10   textSize(18);
11 }
```

在draw()函数部分修改代码如下:

```
1  void draw() {
2    background(240, 240, 255);
3    updateView1();
4  }
```

删除后面的updateView2()函数、moveBalls()函数、drawBalls()函数和makeBalls()函数部分的代码。

运行该程序(example9_13_1)，查看效果，如图9-37所示。

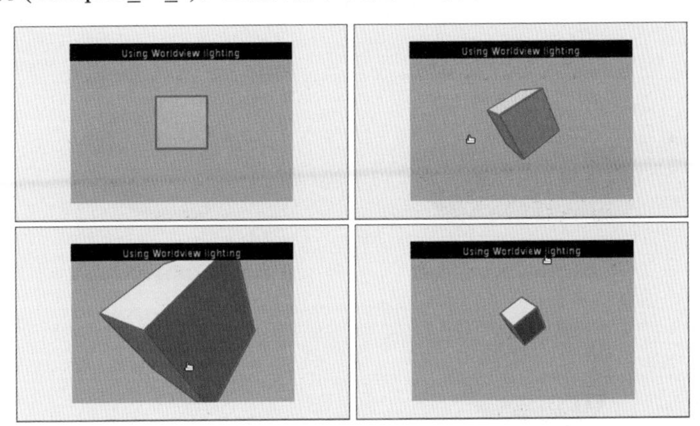

图9-37

下面要导入自己的模型，而不是展示一个盒子。

声明一个形状变量，添加代码如下:

```
1  PShape fruit;                                    //声明形状变量
```

在setup()函数部分添加加载三维模型的代码如下:

```
1  fruit=loadShape("avo.obj");                      //加载三维模型
```

修改绘制画布的代码如下：

```
1  //Code to draw canvas
2  pg.background(185, 250, 255);
3  //pg.fill(255, 200, 128);
4  //pg.stroke(255, 0, 0);
5  //pg.strokeWeight(4);
6  //pg.box(80);
7  pg.translate(0, 50, 0);       //平移画布
8  pg.rotateZ(radians(180));     //旋转模型
9  pg.shape(fruit, 0, 0);        //绘制水果模型
10 ......
11 //Demonstrates use of the PeaseyCam HUD feature
12 pcam.beginHUD();
13 pg.rectMode(CORNER);
14 pg.noStroke();
15 pg.fill(0);
16 pg.rect(0, 0, view1.width(), 30);
17 pg.fill(0, 255, 0);
18 pg.textSize(18);
19 pg.textAlign(CENTER, CENTER);
20 pg.text("I Like Eating Fruit", 0, 0, view1.width(), 30);  //修改标题文字
21 pcam.endHUD();
22 ......
```

运行该程序(example9_13_2)，拖曳鼠标改变视角，查看水果的效果，如图9-38所示。

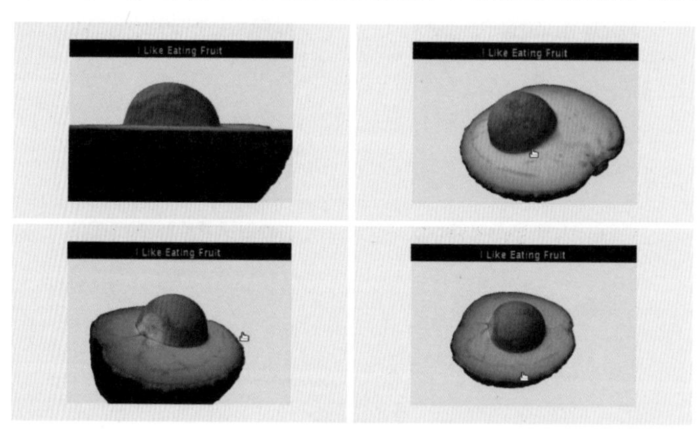

图9-38

下面调整窗口的位置，并将标题栏作为按钮，当鼠标按压该区域，会弹出一首古诗。定义一个中文字体，添加代码如下：

```
1  PFont myfont;
```

在setup()函数中添加代码如下：

```
1  myfont=createFont("STLITI.TTF", 20);
```

修改窗口的位置，修改代码如下：

```
1 //Setup first GViewPeasyCam
2 view1=new GViewPeasyCam(this, 20, 30, 400, 280, 250);
```

在draw()函数中修改代码如下：

```
1  void draw() {
2    background(240, 240, 255);
3    updateView1();
4    if(mousePressed) {
5      if(mouseX<420&&mouseX>20&&mouseY<60&mouseY>30) {
6        fill(0);
7        textFont(myfont);
8        text("锦江近西烟水绿", 440, 80);
9        text("新雨山头荔枝熟", 440, 110);
10       text("万里桥边多酒家", 440, 140);
11       text("游人爱向谁家宿", 440, 170);
12     }
13   }
14 }
```

修改标题栏的颜色和文字，修改代码如下：

```
1  //Demonstrates use of the PeaseyCam HUD feature
2  pcam.beginHUD();
3  pg.rectMode(CORNER);
4  pg.noStroke();
5  pg.fill(0, 200, 160);           //修改标题栏颜色为蓝绿色
6  pg.rect(0, 0, view1.width(), 30);
7  pg.fill(255);
8  pg.textSize(18);
9  pg.textAlign(CENTER, CENTER);
10 pg.text("I Like Eating Fruit>>", 0, 0, view1.width(), 30);  //修改文字标识按钮
11 pcam.endHUD();
```

运行该程序(example9_13_3)，查看效果，如图9-39所示。

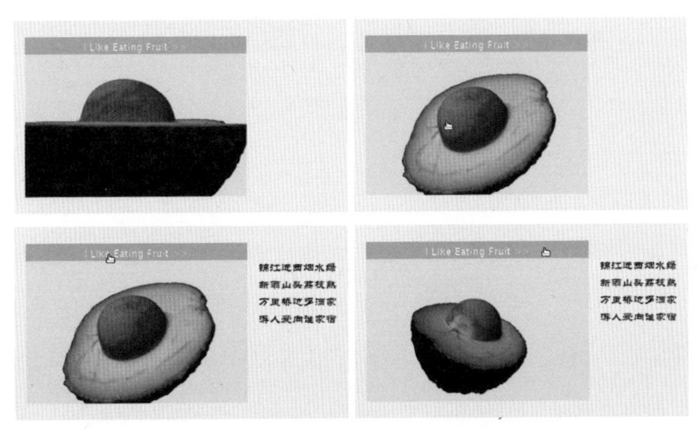

图9-39

程序开始运行时展示的画面不是很好看，尤其是水果的角度不理想，略做调整，修改代码如下：

```
1  //Code to draw canvas
2  pg.background(185, 250, 255);
3  //pg.fill(255, 200, 128);
4  //pg.stroke(255, 0, 0);
5  //pg.strokeWeight(4);
6  //pg.box(80);
7  pg.translate(0, 50, 0);
8  pg.rotateZ(radians(160));        //模型沿z轴旋转
9  pg.rotateX(radians(30));         //模型沿x轴旋转
10 pg.shape(fruit, 0, 0);
```

运行该程序(example9_13_4)，拖曳鼠标查看水果，或者单击标题栏查看古诗的效果，如图9-40所示。

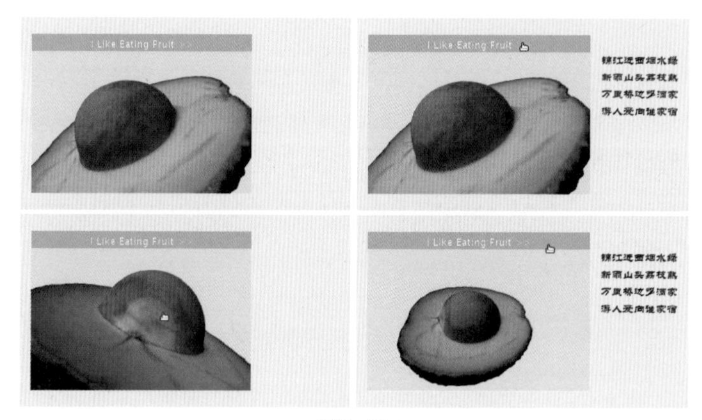

图9-40

9.4 本章小结

本章主要讲解GUI控件元素的设计和GUI库的加载及应用方法，通过GUI库能够快速地引用控件元素，包括按钮、窗口、下拉菜单等，并编辑程序代码，创建自己的用户界面设计作品。

第10章 实时动态影像

动态影像包括动画、视频和音频等，其基本要素就是随时间推移不断变化，因此通常被称为“时基媒体”。在交互作品中最基本的要求就是动态影像的实时性，包括影像的实时生成和渲染，也包括交互的实时反馈而触发新的影像变化。

10.1 视频应用

在Processing中对视频的应用，一是对视频的播放控制，二是对视频效果的处理。

10.1.1 视频控制

Processing对视频的处理分为两种：一种是处理视频文件，另一种是处理摄像头输入的实时视频。

将视频文件放置在data文件夹中，编写代码时要先导入视频库，执行菜单【速写本】|【引用库文件】|【video】命令，自动生成一行代码：

```
1 import processing.video.*;
```

然后运用movie定义视频类型变量，调取视频文件至变量，最后使用image()函数显示视频画面。

输入代码如下：

```
1 import processing.video.*;                    //加载视频库
2 Movie mymovie;                                //声明变量
3 void setup() {
4   size(640, 360);
5   mymovie=new Movie(this, "zhanting.mp4");    //初始化Movie变量
6   mymovie.loop();                             //视频循环播放
7 }
```

```
8  void movieEvent(Movie m) {
9    m.read();
10 }
11 void draw() {
12   image(mymovie, 0, 0, width, height);       //显示视频画面
13 }
```

运行该程序(example10_01)，查看视频播放效果，如图10-1所示。

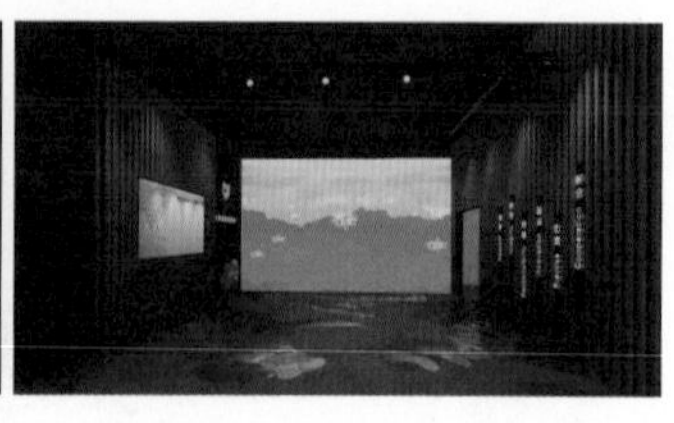

图10-1

Processing不是仅用于播放和控制视频文件，在其视频库中有许多更高级的特色功能。

用户可以使用鼠标控制视频播放的时间，当鼠标在窗口中水平移动时，可显示视频的各帧画面。这里运用了jump()和duration()函数，jump()函数可以让视频跳转到特定的时间点，duration()函数指定视频的长度。

```
1  import processing.video.*;                   //加载视频库
2  Movie mymovie;                               //声明变量
3  void setup() {
4    size(640, 360, P2D);
5    mymovie=new Movie(this, "3D_Ball.mp4");    //初始化Movie变量
6    mymovie.loop();                            //视频循环播放
7  }
8  void movieEvent(Movie m) {
9    m.read();
10 }
11 void draw() {
12   image(mymovie, 0, 0, width, height);       //显示视频画面
13   if (mouseX>width/2) {
14     mymovie.jump(5);                         //视频跳到第5帧
15   }
16 }
```

运行该程序(example10_02)，查看效果，如图10-2所示。

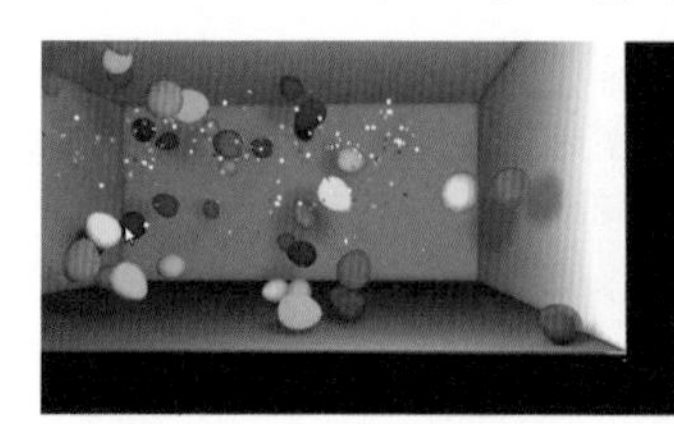

图10-2

提示

如果感觉它们表现性能不佳、视频播放不连贯的话，建议使用P2D或P3D渲染器。

通过水平拖动鼠标还可以控制视频播放帧，输入代码如下：

```
1  import processing.video.*;                                //加载视频库
2  Movie mymovie;                                            //声明变量
3  void setup() {
4    size(640, 360, P2D);
5    frameRate(30);
6    mymovie=new Movie(this, "body_particles.mp4");          //初始化Movie变量
7    mymovie.loop();                                         //视频循环播放
8  }
9  void movieEvent(Movie m) {
10   m.read();
11 }
12 void draw() {
13   float ratio=mouseX/(float)width;
14   mymovie.jump(ratio*mymovie.duration());                 //视频跳转
15   image(mymovie, 0, 0, width, height);                    //显示视频画面
16 }
```

运行该程序(example10_03)，查看效果，如图10-3所示。

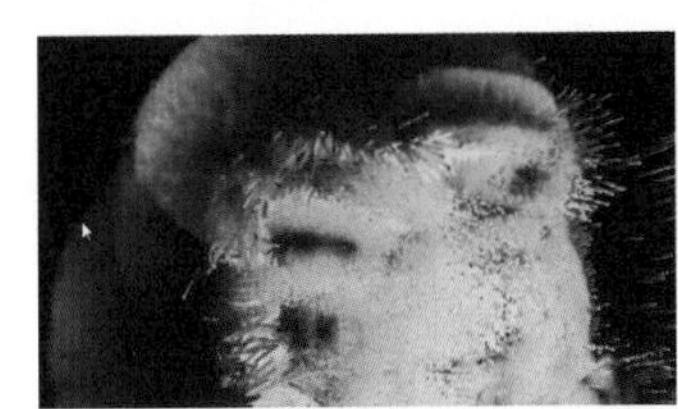

图10-3

在Processing中处理摄像头输入的视频必须具备以下条件：一是在硬件方面必须准备一个摄像头；二是软件的准备，Windows系统计算机需要安装QuickTime播放器，并在安装时选择QuickTime for Java。

编写代码的步骤和播放视频文件很相似。首先要导入视频库，或者直接输入：

```
1  import processing.video.*;
```

然后声明捕获变量，格式为“Capture 视频名称”，之后初始化视频捕获变量，即将捕获的视频指定给变量。

```
1  import processing.video.*;            //加载视频库
2  Capture mycam;                        //声明变量
3  void setup() {
4    size(640, 480);
5    mycam=new Capture(this, 640, 480, 30);     //初始化Capture变量
6    mycam.start();
7  }
```

```
8   void draw() {
9     if (mycam.available()) {
10      mycam.read();
11    }
12    image(mycam, 0, 0, width, height);        //显示视频画面
13  }
```

运行该程序(example10_04)，查看效果，如图10-4所示。

图10-4

为了能够知道摄像头的参数，用户可以先检查一下摄像头。输入代码如下：

```
1   import processing.video.*;
2   Capture mycam;
3   void setup() {
4     size(640, 480);
5     String[ ]cameras=Capture.list();           //创建数组
6     println("Available cameras:");
7     if (cameras.length!=0) {                   //显示全部可用摄像头
8       printArray(cameras);
9     }
10  }
```

运行该程序(example10_05)，在控制台中查看摄像头的信息，如图10-5所示。

```
Available cameras:
[0] "name=HD USB CAMERA,size=3840x2160,fps=5"
[1] "name=HD USB CAMERA,size=3840x2160,fps=30"
[2] "name=HD USB CAMERA,size=1920x1080,fps=5"
[3] "name=HD USB CAMERA,size=1920x1080,fps=30"
[4] "name=HD USB CAMERA,size=2592x1944,fps=5"
[5] "name=HD USB CAMERA,size=2592x1944,fps=30"
[6] "name=HD USB CAMERA,size=2048x1536,fps=5"
[7] "name=HD USB CAMERA,size=2048x1536,fps=30"
[8] "name=HD USB CAMERA,size=1600x1200,fps=5"
[9] "name=HD USB CAMERA,size=1600x1200,fps=30"
[10] "name=HD USB CAMERA,size=1280x960,fps=5"
[11] "name=HD USB CAMERA,size=1280x960,fps=30"
[12] "name=HD USB CAMERA,size=1280x720,fps=5"
[13] "name=HD USB CAMERA,size=1280x720,fps=30"
[14] "name=HD USB CAMERA,size=1024x768,fps=5"
[15] "name=HD USB CAMERA,size=1024x768,fps=30"
[16] "name=HD USB CAMERA,size=800x600,fps=5"
[17] "name=HD USB CAMERA,size=800x600,fps=30"
```

```
[19] "name=HD USB CAMERA,size=640x480,fps=30"
[20] "name=HD USB CAMERA,size=320x240,fps=5"
[21] "name=HD USB CAMERA,size=320x240,fps=30"
[22] "name=HD USB CAMERA,size=3840x2160,fps=1"
[23] "name=HD USB CAMERA,size=1920x1080,fps=3"
[24] "name=HD USB CAMERA,size=2592x1944,fps=1"
[25] "name=HD USB CAMERA,size=2048x1536,fps=3"
[26] "name=HD USB CAMERA,size=1600x1200,fps=3"
[27] "name=HD USB CAMERA,size=1280x960,fps=5"
[28] "name=HD USB CAMERA,size=1280x720,fps=5"
[29] "name=HD USB CAMERA,size=1280x720,fps=10"
[30] "name=HD USB CAMERA,size=1024x768,fps=5"
[31] "name=HD USB CAMERA,size=1024x768,fps=10"
[32] "name=HD USB CAMERA,size=800x600,fps=5"
[33] "name=HD USB CAMERA,size=800x600,fps=20"
[34] "name=HD USB CAMERA,size=640x480,fps=5"
[35] "name=HD USB CAMERA,size=640x480,fps=30"
[36] "name=HD USB CAMERA,size=320x240,fps=5"
[37] "name=HD USB CAMERA,size=320x240,fps=30"
```

图10-5

10.1.2 视频特效

用户可以将基本的图像处理技术应用于视频，对像素进行逐个读取甚至替换，将这一概念进一步拓展，就可以读取视频的像素，将特效应用于在屏幕上绘制的图形。

1. 像素化处理

下面展示一个实例，在1280×960像素的窗口中，模拟视频中的像素块效果，绘制4×4像素的矩形，修改程序代码如下：

```
1  import processing.video.*;
2  Capture mycam;
3  int videoscale=4;
4  int cols, rows;
5  void setup() {
6    size(1280, 960, P2D);
7    background(0);
8    cols=width/videoscale;
9    rows=height/videoscale;
10   mycam=new Capture(this, 320, 240);
11   mycam.start();
12 }
13 void captureEvent(Capture mycam) {
14   mycam.read();
15 }
16 void draw() {
17   mycam.loadPixels();                               //调用像素
18   for(int i=0; i<cols; i++) {
19     for(int j=0; j<rows; j++) {
20       int x=i*videoscale;
21       int y=j*videoscale;
22       color c=mycam.pixels[i+j*mycam.width];        //提取颜色值
23       fill(c);
24       rect(x, y, videoscale, videoscale);
25     }
26   }
27 }
```

运行该程序(example10_06)，查看效果，如图10-6所示。

图10-6

此时可以减少方块数量，以更加清晰地查看颜色的分布情况，修改代码如下：

```
1  void draw() {
2    mycam.loadPixels();                               //调用像素
3    for(int i=0; i<cols; i+=8) {
4      for(int j=0; j<rows; j+=8) {
5        int x=i*videoscale;
6        int y=j*videoscale;
7        color c=mycam.pixels[i+j*mycam.width];        //提取颜色值
8        fill(c);
9        rect(x, y, videoscale*6, videoscale*6);
10     }
11   }
12 }
```

运行该程序(example10_07)，查看效果，如图10-7所示。

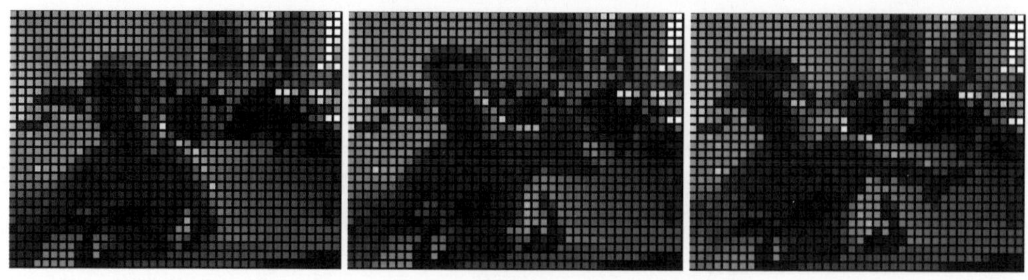

图10-7

2. 背景消除

实时背景消除很容易理解，就是通过颜色距离的比较移除一张图像背景，并且用其他喜欢的图像进行替换，而保持前景的画面和运动状况，这种方法类似于在影视后期工作中的抠像技术。

其算法为：在当前视频帧图像中检查每一个像素，如果与背景图像中对应的像素区别特别大，那么它就是一个前景像素；反之，它就是一个背景像素。

为了示范上述算法，可以让屏幕背景保持绿色，运行程序会将摄像头影像中的背景消除，然后用绿色像素替换。

第一步就是记录背景图像。背景本质上是视频的一个快照。由于视频图像随着时间发生改变，必须将帧图像保存副本至单独的PImage对象中，输入代码如下：

```
1  PImage backgroundImage;
2  void setup() {
3    backgroundImage=createImage(video.width, video.height, RGB);
4  }
```

当backgroundImage创建完毕之后，需要从摄像头复制一张图像进入背景图像，让用户在单击鼠标的时候完成该操作，输入代码如下：

```
1  void mousePressed() {
2    backgroundImage.copy(video, 0, 0, video.width, video.height, 0, 0,
   video.width, video.height);
3    backgroundImage.updatePixels();
4  }
```

将背景图像保存完毕之后，就可以在当前的帧图像中循环所有的像素，并且使用距离计算将它们与背景进行比较。对于任何一个给定的像素(x,y)，使用下面的代码：

```
1  int loc=x+y*video.width;
2  color fgColor=video.pixels[loc];
3  color bgColor=backgroundImage.pixels[loc];
4  float r1=red(fgColor);
5  float g1=green(fgColor);
6  float b1=blue(fgColor);
7  float r2=red(bgColor);
```

```
8  float g2=green(bgColor);
9  float b2=blue(bgColor);
10 float diff=dist(r1, g1, b1, r2, g2, b2);
11 if (diff>threshold) {
12   pixels[loc]=fgColor;
13 }else {
14   pixels[loc]=color(0, 255, 0);
15 }
```

上面的代码假定一个名称为threshold的变量。threshold值越低，对于一个像素来说，就越容易被识别为前景像素。下面是threshold作为一个全局变量时的完整例子。

```
1  import processing.video.*;
2  Capture video;
3  PImage backgroundImage;
4  float threshold=20;
5  void setup() {
6    size(640, 480);
7    video=new Capture(this, width, height);
8    video.start();
9    backgroundImage=createImage(video.width, video.height, RGB);
10 }
11 void captureEvent(Capture video) {
12   video.read();
13 }
14 void draw() {
15   loadPixels();
16   video.loadPixels();
17   backgroundImage.loadPixels();
18   image(video, 0, 0);
19   for(int x=0; x<video.width; x++) {
20     for(int y=0; y<video.height; y++) {
21       int loc=x+y*video.width;
22       color fgColor=video.pixels[loc];
23       color bgColor=backgroundImage.pixels[loc];
24       float r1=red(fgColor);
25       float g1=green(fgColor);
26       float b1=blue(fgColor);
27       float r2=red(bgColor);
28       float g2=green(bgColor);
29       float b2=blue(bgColor);
30       float diff=dist(r1, g1, b1, r2, g2, b2);
31       if (diff>threshold) {
32         pixels[loc]=fgColor;
33       }else {
34         pixels[loc]=color(0, 255, 0);
35       }
36     }
37   }
```

```
  updatePixels();
}
void mousePressed() {
  backgroundImage.copy(video, 0, 0, video.width, video.height, 0, 0, 
video.width, video.height);
  backgroundImage.updatePixels();
}
```

运行该程序(example10_08)，用户先处于摄像头之外，单击鼠标记录背景图像，然后返回进入图像范围之内，接下来就会看到抠像的效果了，如图10-8所示。

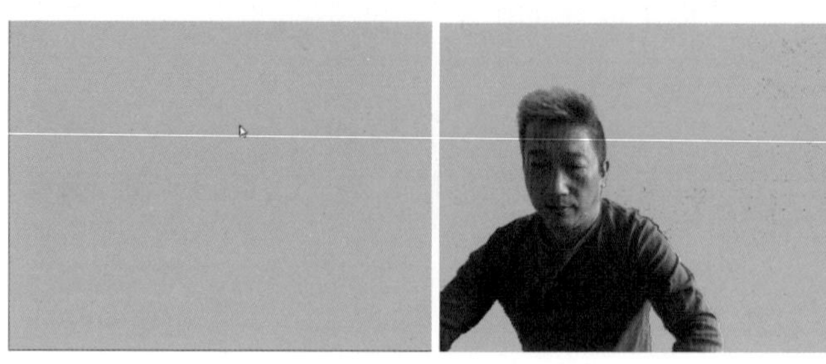

图10-8

为了能够保证程序顺利运行，关闭摄像头上所有的自动功能。

接下来尝试更换一个图像背景，添加代码如下：

```
PImage backgroundReplace;                          //声明一个替换背景位图的变量
backgroundReplace=loadImage("new_bg.jpg");         //指定一个替换背景位图
```

在draw()函数部分修改代码如下：

```
if (diff>threshold) {
  pixels[loc]=fgColor;
}else {
  pixels[loc]=backgroundReplace.pixels[loc];    //替换背景位图
}
```

运行该程序(example10_09)，用户也是先处于摄像头之外，单击鼠标记录背景图像，然后返回进入图像范围之内，此时就会看到抠像的效果，如图10-9所示。

图10-9

10.2 粒子效果

粒子系统可使用一个数组的粒子响应环境，或者使用其他粒子模拟渲染出火焰、烟雾、灰尘等现象。一些电影和视频游戏公司频繁地使用粒子系统模拟真实的爆炸或者水面效果。粒子受到力影响的典型用途是模拟运动物理定律。

下面先看一个自带的范例。执行菜单【文件】|【范例程序】命令，打开自带范例程序Demos\Graphics\Particles文件，如图10-10所示。

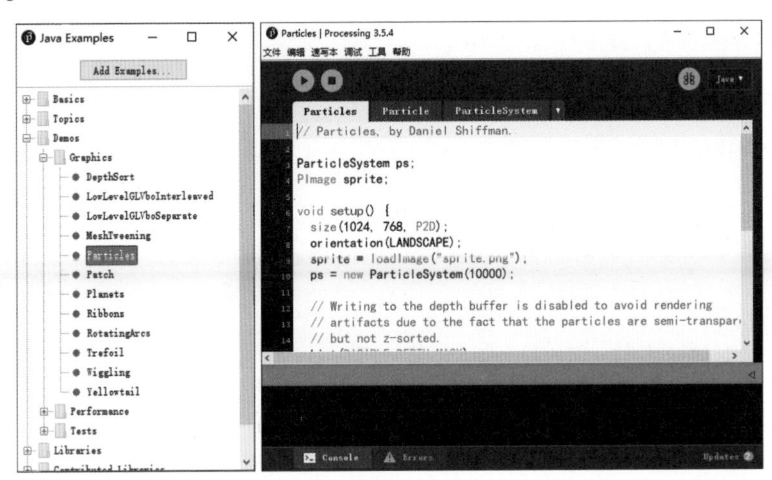

图10-10

单击播放按钮▶，运行该程序，查看粒子的动态效果，如图10-11所示。

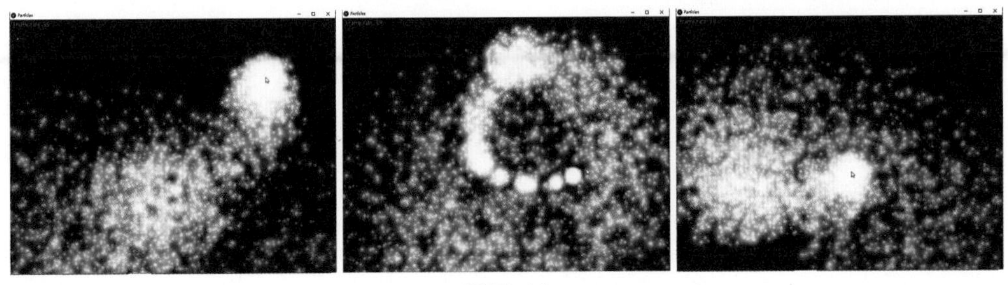

图10-11

10.2.1 创建粒子

粒子特效是为模拟现实中的水、火、雾、气等效果而开发的制作模块。对于图形设计师来说，大多数工作会使用三维软件(3ds Max、Maya、Cinema 4D等)或者影视后期编辑软件(After Effects、Nuke等)来完成，但存在一个共同的问题就是需要花费大量的时间渲染成一段视频素材，也不太容易设计太丰富的交互功能。

在程序中创建粒子效果，方便修改和交互，因为它们是实时的。在Processing中可以使用类和对象创建粒子效果。

```
class Particle {                          //创建类
  float xPos;
  float yPos;
  float size;
  Particle() {                            //创建函数
    xPos=random(0, width);
    yPos=random(0, height);
    size=20;
  }
}
```

回到主程序:

```
Particle p1;
void setup() {
  size(900, 600);
  p1=new Particle();
}
void draw() {

}
```

接下来绘制粒子图形，修改粒子类的代码如下:

```
class Particle {
  float xPos;
  float yPos;
  float size;
  Particle() {
    xPos=random(0, width);
    yPos=random(0, height);
    size=20;
  }
  void draw() {
    fill(255);
    ellipse(xPos, yPos, size, size);
  }
}
```

回到主程序，添加绘制代码如下:

```
Particle p1;
void setup() {
  size(900, 600);
  p1=new Particle();
}
void draw() {
  background(0);
  p1.draw();
}
```

运行该程序(example10_10)，查看效果，如图10-12所示。

图10-12

在屏幕上随机位置出现一个粒子，接下来创建更多的粒子，修改主程序代码如下：

```
1  Particle p1;
2  Particle p2;
3  Particle p3;
4  Particle p4;
5  void setup() {
6    size(900, 600);
7    p1=new Particle();
8    p2=new Particle();
9    p3=new Particle();
10   p4=new Particle();
11 }
12 void draw() {
13   background(0);
14   p1.draw();
15   p2.draw();
16   p3.draw();
17   p4.draw();
18 }
```

运行该程序(example10_11)，查看多个粒子的效果，如图10-13所示。

图10-13

显然这样工作效率太低了，下面要使用数组创建多个粒子，修改主程序代码如下：

```
1  Particle[] p;
2  void setup() {
3    size(900, 600);
4    p=new Particle[40];
5    for(int i=0; i<40; i++) {
6      p[i]=new Particle();
7    }
8  }
9  void draw() {
10   background(0);
11   for(int i=0; i<40; i++) {
12     p[i].draw();
13   }
14 }
```

运行该程序(example10_12)，查看多个粒子的效果，如图10-14所示。

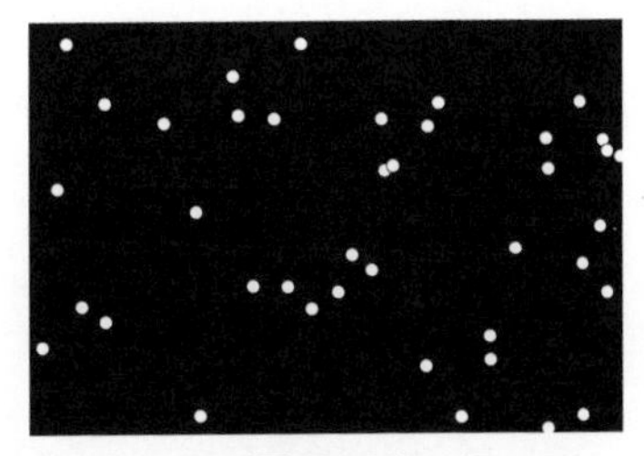

图10-14

10.2.2 粒子运动

前面已经随机创建了多个静态的粒子，需要创建粒子的运动，在Particle类中添加速度变量，修改代码如下：

```
1  class Particle {
2    float xPos;
3    float yPos;
4    float size;
5    float speedX;                          //创建速度变量
6    float speedY;
7    Particle() {
8      xPos=random(0, width);
9      yPos=random(0, height);
10     speedX=random(-1, 1);                //速度变量赋值
11     speedY=random(-1, 1);
12     size=20;
13   }
14   void draw() {
15     fill(255);
16     ellipse(xPos, yPos, size, size);
17     xPos+=speedX;                        //应用速度变量于位置变换
18     yPos+=speedY;
19   }
20 }
```

运行该程序(example10_13)，查看粒子的运动效果，如图10-15所示。

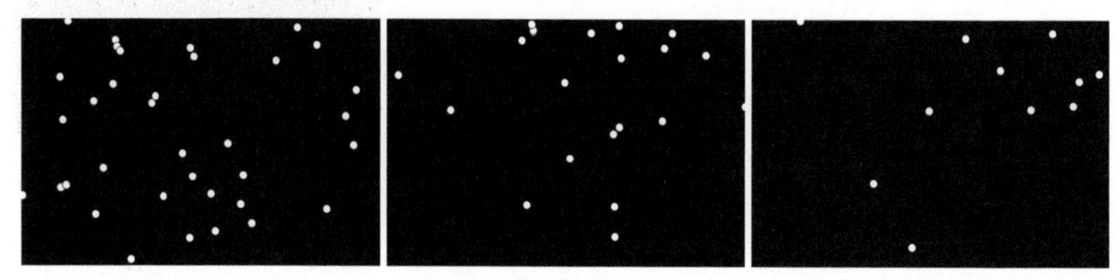

图10-15

随着时间的延长，粒子会逐渐跑出窗口。通过条件语句可以限定粒子的极限位置，修改代码如下：

```
1  void draw() {
2    fill(255);
3    ellipse(xPos, yPos, size, size);
4    xPos+=speedX;                          //应用速度变量于位置变换
5    yPos+=speedY;
6    //条件语句限定极限位置
7    if(xPos>width||xPos<0) {
8      speedX=-speedX;
9    }
10   if(yPos>height||yPos<0) {
```

```
11      speedY=-speedY;
12    }
13  }
```

运行该程序(example10_14)，查看粒子的运动效果，如图10-16所示。

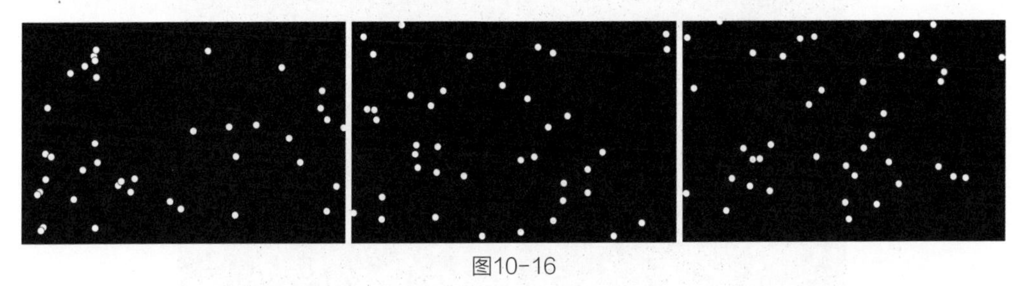

图10-16

接下来改变每个粒子的属性，使其效果更加丰富。比如为尺寸和颜色添加随机值：

在Particle()函数部分修改代码如下：

```
1  size=random(10, 20);
```

在draw()部分添加代码如下：

```
1  float col=random(100, 255);
2  fill(col, 200, 255-col);
```

运行该程序(example10_15)，查看彩色的粒子效果，如图10-17所示。

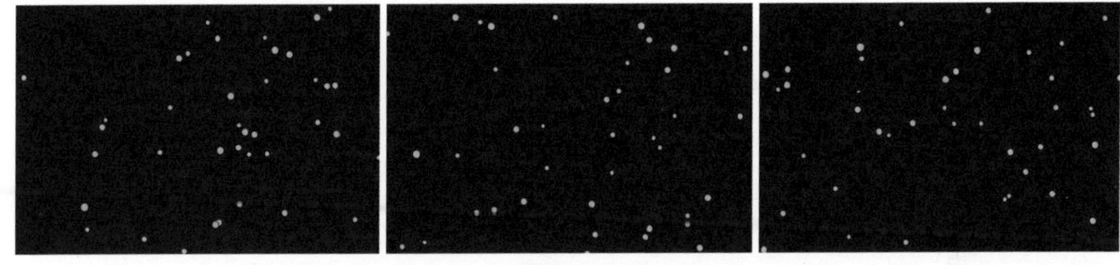

图10-17

在主程序中调整背景函数的顺序，可以创建粒子拖尾的效果。

在setup()函数中添加代码如下：

```
1  background(0);
2  noStroke();
```

修改draw()函数的代码如下：

```
1  void draw() {
2    fill(0, 10);
3    rect(0, 0, width, height);
4    for(int i=0; i<40; i++) {
5      p[i].draw();
6    }
7  }
```

运行该程序(example10_16)，查看粒子的动态效果，如图10-18所示。

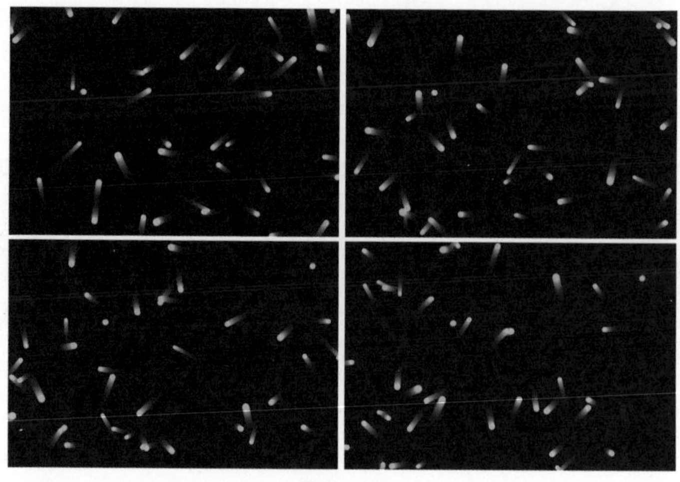

图10-18

10.2.3 互动粒子

接下来尝试为粒子添加鼠标互动，先修改Particle类的代码如下：

在Particle类中声明一个颜色变量：

```
1  float col;
```

在Particle()函数部分初始化颜色变量：

```
1  col=255;
```

在draw()函数部分修改代码如下：

```
1  fill(col, 200, 255-col);
```

在程序尾部添加代码如下：

```
1  //检验粒子和光标的距离
2  if(dist(xPos, yPos, mouseX, mouseY)<50) {
3    col=50;
4  }else {
5    col=255;
6  }
```

运行该程序(example10_17)，查看粒子随着光标距离改变颜色的效果，如图10-19所示。

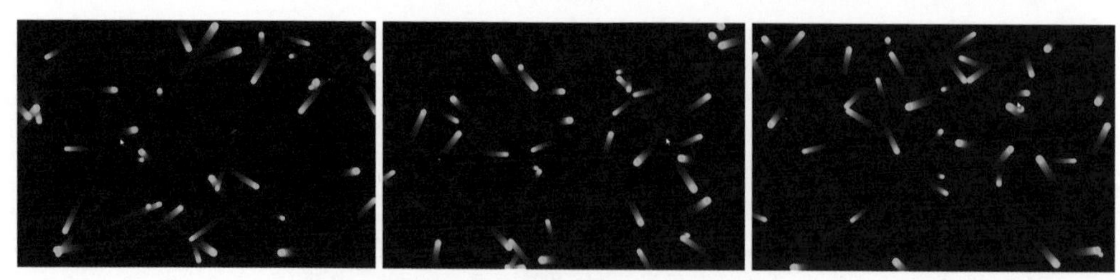

图10-19

同样是一个鼠标互动效果，当单击鼠标时，粒子聚拢过来，继续在draw()函数的结尾部分添加代码如下：

```
1  if(mousePressed) {
2   float xdist=xPos-mouseX;
3   float ydist=yPos-mouseY;
4   xPos -=xdist*0.05;
5   yPos -=ydist*0.05;
6  }
```

运行该程序(example10_18)，查看粒子聚散的动态效果，如图10-20所示。

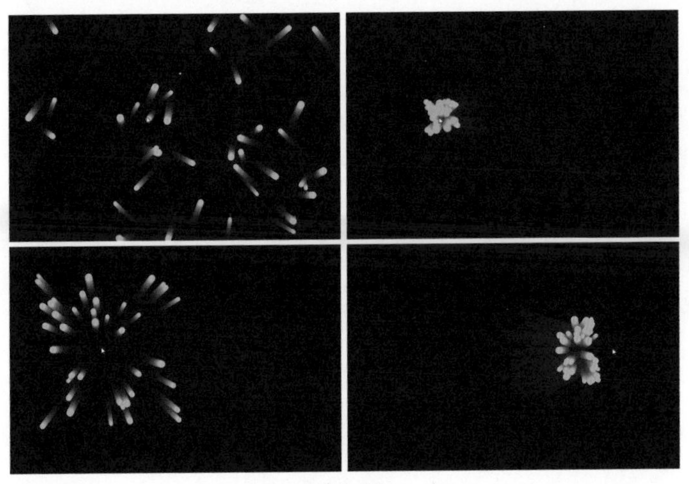

图10-20

10.2.4　连续粒子流

Particle类包含的属性十分有限，但是它允许扩展并创建更多实用的行为。GenParticle类扩展了Particle类，当粒子移动到显示窗口之外会回到原点，这样可以实现数量固定的连续粒子流。

下面先在前面Particle类的基础上做一些简单的修改，修改代码如下：

```
1  class Particle {
2   float x;
3   float y;
4   float radius=5;
5   float speedX=random(-1, 1);
6   float speedY=random(-1, 1);
7   Particle(float xPos, float yPos, float speedX, float speedY, float radius)
8   {
9     x=xPos;
10    y=yPos;
11   }
12   void update() {
13     x+=speedX;
14     y+=speedY;
```

```
15    }
16    void display() {
17      fill(255);
18      ellipse(x, y, radius*2, radius*2);
19    }
20  }
```

修改主程序代码如下：

```
1   int numParticles=100;
2   Particle[] p=new Particle[numParticles];
3   void setup() {
4     size(900, 600);
5     noStroke();
6     float radius=5;
7     float speedX=random(-1, 1);
8     float speedY=random(-2, -1);
9     for(int i=0; i<p.length; i++) {
10      p[i]=new Particle(width/2, height/2, speedX, speedY, radius);
11    }
12  }
13  void draw() {
14    fill(0, 30);
15    rect(0, 0, width, height);
16    fill(255);
17    for(Particle part: p) {
18      part.update();
19      part.display();
20    }
21  }
```

运行该程序(example10_19)，查看效果，如图10-21所示。

图10-21

这样的粒子从发射到充满屏幕，最后就逐渐跑出屏幕边框消失了，而我们希望获得连续的粒子流，在满足某种条件的情况下不断发射。继续创建一个类——GenParticle，增加从屏幕中心发射的粒子。

```
1   class GenParticle extends Particle {
2     float originX, originY;
3     GenParticle(float xPos, float yPos, float speedX, float speedY, float radius,
    float ox, float oy) {
```

```
4     super(xPos, yPos, speedX, speedY, radius);
5     originX=ox;
6     originY=oy;
7   }
8   void regenerate() {
9     if((x>width+radius)||(x<-radius)||(y>height+radius)||(y<-radius)) {
10      x=originX;
11      y=originY;
12    }
13  }
14 }
```

修改主程序第2行代码如下:

```
1 GenParticle[] p=new GenParticle[numParticles];
```

在setup()函数中的第10行添加代码如下:

```
1 p[i]=new GenParticle(width/2, height/2, speedX, speedY, radius, width/2,
  height/2);
```

在draw()函数部分修改代码如下:

```
1  void draw() {
2   fill(0, 30);
3   rect(0, 0, width, height);
4   fill(255);
5   for(GenParticle part: p) {
6     part.update();
7     part.display();
8     part.regenerate();              //重复产生粒子
9   }
10 }
```

运行该程序(example10_20)，查看效果，如图10-22所示。

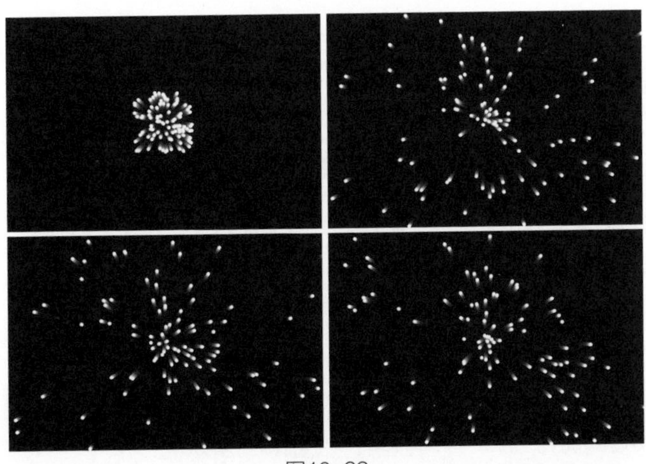

图10-22

10.2.5 作用力效果

本小节再来看下如何为运动的粒子添加摩擦减速效果。除了要使用上面的Particle类，还要创建一个FrictParticle类，输入代码如下：

```
1  class FrictParticle extends Particle {
2    float friction=0.5;
3    float speedX, speedY;
4    FrictParticle(float xPos, float yPos, float speedX, float speedY, float radius) {
5      super(xPos, yPos, speedX, speedY, radius);
6    }
7    void update() {
8      speedX*=friction;
9      speedY*=friction;
10     super.update();
11     frict();
12   }
13   void frict() {
14     if ((x<radius)||(x>width-radius)) {
15       speedX=-speedX;
16       x=constrain(x, radius, width-radius);
17     }
18     if (y>height-radius) {
19       speedY=-speedY;
20       y=height-radius;
21     }
22   }
23 }
```

修改主程序第2行代码如下：

```
1  FrictParticle[ ] p=new FrictParticle[numParticles];
```

在setup()函数中的第10行添加代码如下：

```
1  p[i]=new FrictParticle(width/2, height/2, speedX, speedY, radius);
```

在draw()函数部分修改代码如下：

```
1  void draw() {
2    fill(0, 30);
3    rect(0, 0, width, height);
4    fill(255);
5    for(FrictParticle part: p) {
6      part.update();
7      part.display();
8    }
9  }
```

运行该程序(example10_21)，查看效果，如图10-23所示。

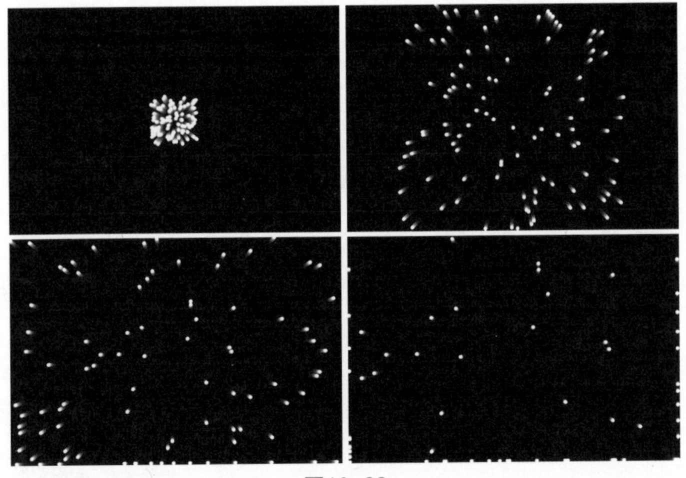

图10-23

10.3 3D空间

3D是three dimensions的简称，是指三个维度、三个坐标，即长、宽和高。人们生活的空间就是三维的、立体的。人们的眼睛和身体感知到的世界都是三维立体的，并且具有丰富的色彩、光泽、表面、材质等外观质感，以及巧妙而错综复杂的内部结构和时空动态的运动关系。

10.3.1 3D坐标系

Processing的三维坐标系，以计算机屏幕左上角为原点，向右为x轴正值，向下为y轴正值，向后为z轴负值，如图10-24所示。

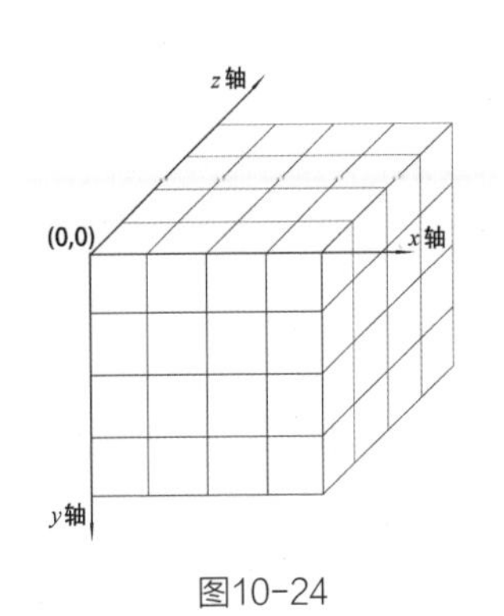

图10-24

在Processing中绘制3D图形或模型有两种渲染方式：一种是Processing内置的P3D渲染器，只需要在size()函数中加入P3D就能进入三维渲染模式；另一种是OpenGL渲染器，OpenGL渲染器属于库的一种，需要将库导入Processing，同时要在size()函数中加入OpenGL。

下面通过一个简单的实例了解如何在Processing中创造三维图形。Box()函数用于生成立方体，sphere()函数用于生成球体。输入代码如下：

```
1  void setup() {
2    size(900, 600, P3D);                    //开启P3D渲染器
3  }
4  void draw() {
5    background(0);
6    lights();                               //打开灯光
7    noStroke();
```

```
8    translate(width/2, height/2, -400);          //变换坐标
9    rotateY(PI/4);                               //沿y轴旋转
10   box(500, 50, 500);                           //绘制立方体
11   translate(0, 120, 0);                        //变换坐标
12   box(600, 60, 600);                           //绘制立方体
13   translate(0, -360, 0);                       //变换坐标
14   sphere(150);                                 //绘制球体
15 }
```

运行该程序(example10_22)，查看效果，如图10-25所示。

图10-25

在3D模式下，translate()和scale()函数增加了*z*轴上的变换，旋转变换指使用rotateX()、rotateY()和rotateZ()三个函数分别对*x*轴、*y*轴和*z*轴进行旋转变换，输入代码如下：

```
1  void setup() {
2    size(900, 600, P3D);
3  }
4  void draw() {
5    background(20);
6    lights();
7    translate(width/2, height/2, -400);
8    box(600, 30, 400);
9    rotateX(PI/2);
10   box(600, 30, 500);
11   rotateZ(PI/2);
12   box(600, 30, 400);
13 }
```

运行该程序(example10_23)，查看相互垂直的三块板，如图10-26所示。

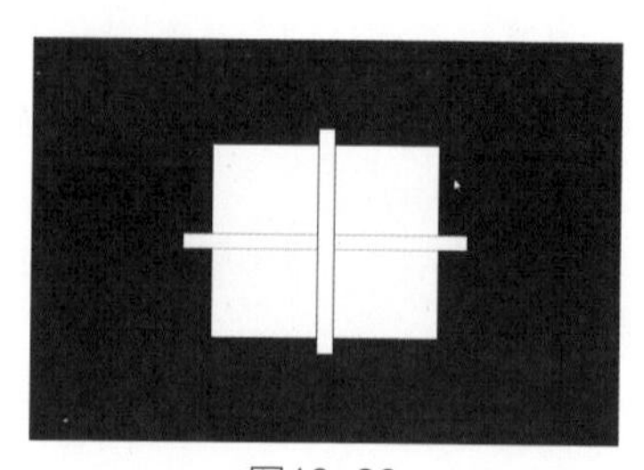

图10-26

为了更清楚地看到三个相互垂直交叉的三块板，继续旋转，输入代码如下：

```
1  void setup() {
2    size(900, 600, P3D);
3  }
4  void draw() {
5    background(20);
6    lights();
7    translate(width/2, height/2, -400);
8    rotateY(PI/6);                               //沿y轴旋转30°
9    rotateX(-PI/9);                              //沿x轴旋转-20°
10   box(600, 30, 400);
11   rotateX(PI/2);
12   box(600, 30, 500);
13   rotateZ(PI/2);
14   box(600, 30, 400);
15 }
```

运行该程序(example10_24)，查看效果，如图10-27所示。

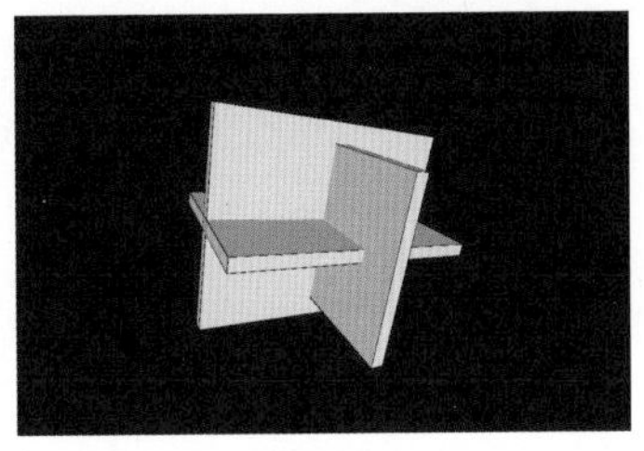
图10-27

对于球体来说，因为不同的描边和填充方式会呈现不同的样式，输入代码如下：

```
1  void setup() {
2    size(900, 600, P3D);
3  }
4  void draw() {
5    background(100);
6    lights();
7    translate(width/2, height/2, -400);
8    sphere(200);
9  }
```

运行该程序(example10_25)，查看线框样式的球体，如图10-28所示。

图10-28

修改代码如下：

```
1  void draw() {
2    background(100);
3    noStroke();                //设置不描边
4    lights();
5    translate(width/2, height/2, -400);
6    sphere(200);
7  }
```

运行该程序(example10_26)，查看效果，如图10-29所示。

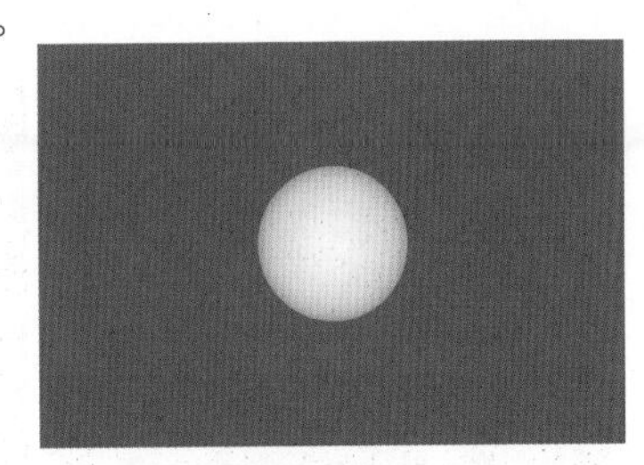
图10-29

通过fill()函数改变球体的颜色，修改代码如下：

```
1  void draw() {
2    background(100);
3    noStroke();                //设置不描边
4    fill(200, 10, 10);         //填充红色
5    lights();
6    translate(width/2, height/2, -400);
7    sphere(200);
8  }
```

运行该程序(example10_27)，查看效果，如图10-30所示。

如果不填充，就会绘制一个镂空的球体。

图10-30

如果在场景中有多个物体，为了使每次变换的效果独立并且互不影响，可以使用pushMatrix()和popMatrix()函数。当pushMatrix()函数运行的时候，它保存一个当前坐标

系的备份，然后调用popMatrix()函数之后还原。当希望变换的效果应用在一个图形上并不希望影响其他图形的时候，这是非常有用的。

下面在三维环境中创建一个几何体的矩阵，输入代码如下：

```
1  void setup() {
2    size(900, 600, OPENGL);
3    noStroke();
4    fill(0, 100, 200);
5  }
6  void draw() {
7    background(0);
8    lights();
9    translate(width/2, height/2, -height);
10   rotateY(map(mouseX, 0, width, 0, PI));
11   rotateX(map(mouseY, 0, height, 0, PI));
12   for(int i=-1; i<=1; i++) {
13     for(int j=-1; j<=1; j++) {
14       for(int k=-1; k<=1; k++) {
15         pushMatrix();
16         translate(400*i, 400*j, -400*k);
17         box(50);
18         popMatrix();
19       }
20     }
21   }
22 }
```

运行该程序(example10_28)，查看效果，如图10-31所示。

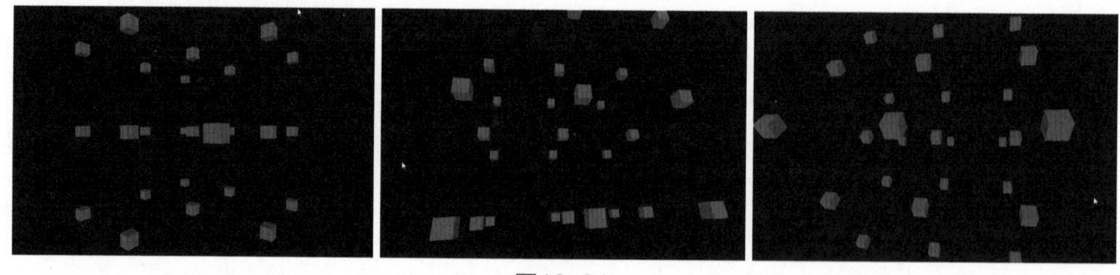

图10-31

10.3.2 三维灯光

在真实的自然环境中，物体表面由于受到光线的照射，会产生不同的明暗变化，从而可以感觉到它在空间中的立体结构。

在Processing中，默认状态下灯光是关闭的，需要调用lights()函数开启默认灯光效果。在一个场景中可以加入各种类型的光，可以通过创建和设置它们对几何体进行光照计算，从而使几何体产生不同明暗变化的视觉效果。Processing提供了一些灯光函数，见表10-1。

表10-1

函数	作用
ambientLight()	创建环境光
pointLight()	创建点光源
directionalLight()	创建方向光
spotLight()	创建聚光灯
lightFalloff()	设置灯光的衰减方式

1. 环境光

对于三维空间中的物体来说，环境光完全没有方向，它的位置只会影响其衰减程度。所有自然的白天场景都有相当多的环境光照。当不用表现光的位置时，ambientLight()函数可设定环境光，有三个参数；当要求表现光的位置时，则需要六个参数。输入代码如下：

```
1  void setup() {
2    size(900, 600, P3D);
3  }
4  void draw() {
5    background(0);
6    //设置环境光的颜色
7    ambientLight(0, 160, 200);
8    translate(width/2, height/2, 0);
9    rotateY(PI/4);
10   rotateX(PI/4);
11   box(200);
12 }
```

运行该程序(example10_29)，查看效果，如图10-32所示。

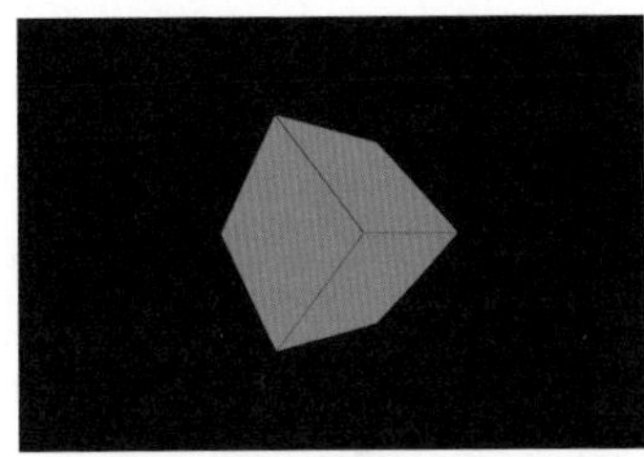

图10-32

2. 点光源

点光源是某一点向四面八方发射光线的一种灯光，它对每一个方向的照明程度都是一样的，例如挂在房间中的电灯。点光源具有位置特性，向四周照射，但在场景中则具有一个特定的方向。

pointLight()函数有六个参数，第一组的三个参数确定灯光的颜色值，第二组的三个参数决定光源的位置。输入代码如下：

```
1  void draw() {
2    background(0);
3    //设置点光源的颜色和位置
4    pointLight(0, 160, 200, 100, 100, 1200);
5    translate(width/2, height/2, 0);
6    rotateY(PI/4);
7    rotateX(PI/4);
8    box(200);
9  }
```

运行该程序(example10_30)，查看效果，如图10-33所示。

图10-33

3. 方向光

方向光是模拟光从某方向发射出来的平行光，它没有具体位置设定。这类光照近似于距离无限远的一个光源，以一个特定的方向照射到场景，无关乎具体位置，光的强度也不会随距离变远而变弱，所以方向光很适合模拟日照。

方向光directionalLight()函数有六个参数定义颜色和方向，第一组的三个参数设定光的颜色，第二组的三个参数则设定光照在*x*、*y*、*z*轴方向上的方位。输入代码如下：

```
1  void draw() {
2    background(0);
3    //设置方向光源的颜色和角度
4    directionalLight(0, 160, 200, 0.2, -0.6, -2.0);
5    translate(width/2, height/2, 0);
6    rotateY(PI/4);
7    rotateX(PI/4);
8    box(200);
9  }
```

运行该程序(example10_31)，查看效果，如图10-34所示。

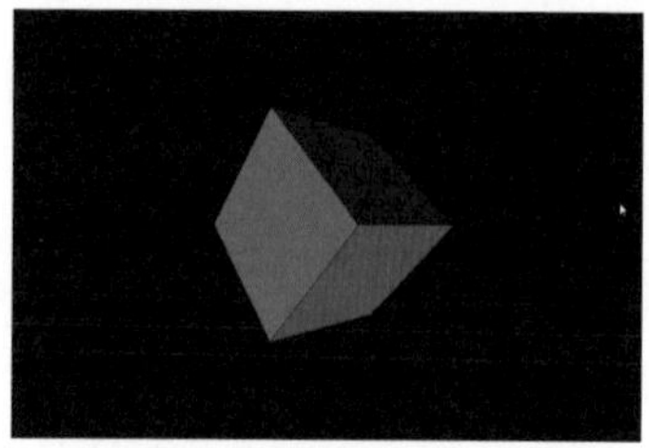

图10-34

4. 聚光灯

聚光灯是一种锥形光，类似舞台的追光灯。

spotLight()函数具有最多11个参数，包括颜色、位置、方向、角度和聚光度。角度影响聚光灯照射的范围，一个微小的角度投射出较窄的光锥，而稍大的角度可以照亮更大的场景。聚光度参数影响光锥边缘衰减程度，光在中心比较明亮，而在边缘则较暗。由于聚光灯最易变换，因此，计算量比其他类型的灯都大，程序运行也相对较慢。输入代码如下：

```
1  void draw() {
2    background(0);
3    //设置聚光灯的参数
4    spotLight(0, 160, 200, 21, 560, 1060, 2.3, -1.2, -2.5, PI/2.0, 8.0);
5    translate(width/2, height/2, 0);
6    rotateY(PI/4);
7    rotateX(PI/4);
8    box(200);
9  }
```

运行该程序(example10_32)，查看效果，如图10-35所示。

在该程序的基础上，还可以添加多个光源，比如添加一个浅紫色的点光源，修改代码如下：

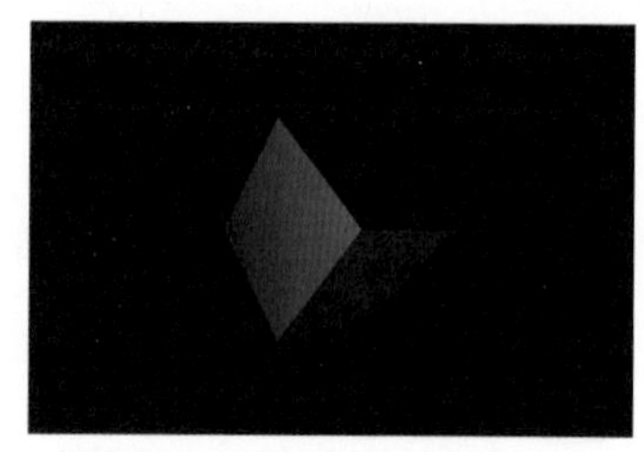

图10-35

```
1  void draw() {
2    background(0);
3    //设置聚光灯的参数
4    spotLight(0, 160, 200, 21, 560, 1060, 2.3,
   -1.2, -2.5, PI/2.0, 8.0);
5    //设置点光源的颜色和位置
```

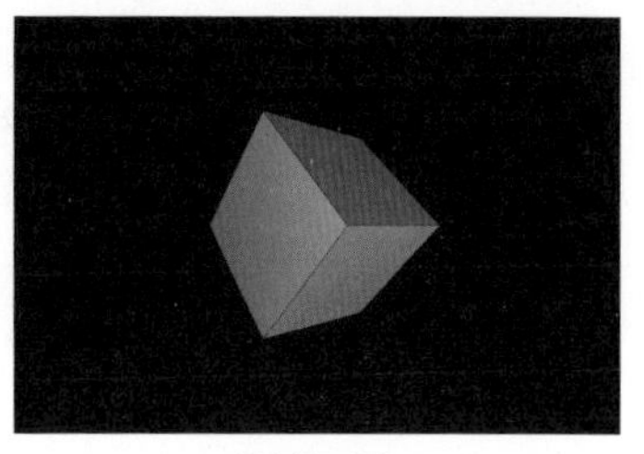
图10-36

```
6    pointLight(200, 150, 220, 800, 400, 1200);
7    translate(width/2, height/2, 0);
8    rotateY(PI/4);
9    rotateX(PI/4);
10   box(200);
11 }
```

运行该程序(example10_33)，查看效果，如图10-36所示。

用户可以同时使用多个灯光，但灯光总数量必须小于8，否则程序会出错。

临时关闭灯光效果，可使用noLights()函数，但必须在绘制图形前调用。输入代码如下：

```
1  void draw() {
2    background(0);
3    //设置聚光灯的参数
4    spotLight(0, 160, 200, 21, 560, 1060, 2.3, -1.2, -2.5, PI/2.0, 8.0);
5    //设置点光源的颜色和位置
6    pointLight(200, 150, 220, 800, 400, 1200);
7    translate(width/2, height/2, 0);
8    rotateY(PI/4);
9    rotateX(PI/4);
10   //关闭灯光效果
11   noLights();
12   box(200);
13 }
```

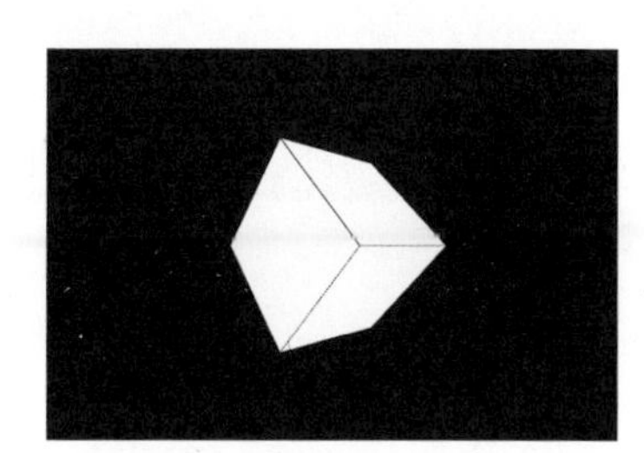
图10-37

运行该程序(example10_34)，查看效果，如图10-37所示。

如果将noLights();这一行代码放在box(200);之后，就不会关闭灯光效果。

10.3.3 摄像机

所有3D图形的渲染都依赖于整个场景中的模型，以及一个观察整个场景的摄像机。Processing通过其所带函数利用模拟摄像机提供了清晰的图像，这源于OpenGL。OpenGL和Processing中使用的透视摄像机可以通过几个参数定义：焦距、近剪切平面和远剪切平面。

焦距决定了摄像机的视野，它表示摄像机到其聚焦的画面之间的距离；焦距越长，视野越窄，这就好比用长焦镜头收窄视角，如图10-38所示。

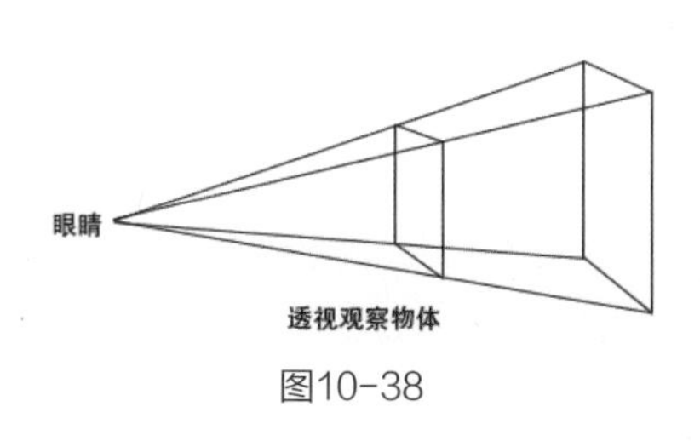

图10-38

camera()函数用于设置摄像机的位置和朝向。通过9个参数(分成3组)控制摄像机的位置、指向的方向和朝向。在下面的实例中，摄像机指向一个立方体的中心，mouseY控制其高度。当鼠标向下移动时，立方体往后退。输入代码如下：

```
1  void setup() {
2    size(900, 600, P3D);
3    fill(0, 200, 250);
4    strokeWeight(2);
5  }
6  void draw() {
7    lights();
8    background(100);
9    camera(mouseX*2, mouseY*2, 120, 0, 0, 0, 0, 1, 0);
10   noStroke();
11   box(200);
12   stroke(255);
13   line(-100, 0, 0, 200, 0, 0);
14   line(0, -100, 0, 0, 200, 0);
15   line(0, 0, -100, 0, 0, 200);
16 }
```

运行该程序(example10_35)，查看效果，如图10-39所示。

图10-39

10.3.4 应用OBJ模型

OBJ是很常用的文件格式，用于存储3D矢量几何图形，可以加载顶点坐标，对每一个顶点添加法线以存储材质数据坐标。

下面使用接触过三维制作工具的朋友都认识的犹他茶壶，加载并在屏幕上显示这只茶壶模型。要注意的是，在size()函数中使用了第三个参数P3D，用于绘制三维图形。输入代码如下：

```
1  PShape pot;
2  void setup() {
3    size(800, 600, P3D);
4    pot=loadShape("teapot.obj");
5  }
6  void draw() {
7    background(0);
8    shape(pot, 400, 300, pot.width*2, pot.height*2);
9  }
```

运行该程序(example10_36_1)，查看效果，如图10-40所示。

图10-40

添加代码使其在不同角度旋转对象以查看完整的模型。这就提供了不同的函数确定如何让模型在屏幕上定位、缩放和旋转等。当坐标改变到(0,0)时，使用shape()函数可以让模型绕内部左边中心进行旋转，使用translate()函数可以将模型移动到屏幕上的目标位置，使用scale()函数可以改变对象的大小。修改代码如下：

```
1  void draw() {
2   background(0);
3   pushMatrix();
4   translate(width/2, height/2, 100);
5   rotateZ(radians(180));
6   rotateX(radians(30));
7   shape(pot, 0, 0, pot.width*2, pot.height*2);
8   popMatrix();
9  }
```

运行该程序(example10_36_2)，查看效果，如图10-41所示。

图10-41

现在呈现的立体感较弱，再添加灯光，在draw()函数中添加代码如下：

```
1  lights();
2  ambientLight(200, 100, 0);
```

运行该程序(example10_36_3)，查看效果，如图10-42所示。

图10-42

下面再添加一个方向光，并通过上下移动鼠标旋转茶壶，观看立体效果，添加代码如下：

```
1  lights();
2  ambientLight(200, 100, 0);
3  directionalLight(50, 150, 220, 0, 0, -1);
4  pushMatrix();
5  translate(width/2, height/2+50, 100);
6  scale(2);
7  rotateZ(radians(180));
8  rotateX(radians(mouseY/10));
9  shape(pot, 0, 0);
10 popMatrix();
```

运行该程序(example10_36_4)，查看效果，如图10-43所示。

图10-43

在前面的实例中，缩放和旋转函数可以影响茶壶的模型，也可以使用内在的变换方法改变茶壶的模型，实际上，每个PShape对象都有自己的方式进行旋转、变换和缩放，输入代码如下：

```
1  void setup() {
2    size(800, 600, P3D);
3    pot=loadShape("teapot.obj");
4    pot.scale(2);                    //缩放茶壶
5  }
6  void draw() {
7    background(0);
8    lights();
9    ambientLight(200, 100, 0);
10   directionalLight(50, 150, 220, 0, 0, -1);
11   pushMatrix();
12   translate(width/2, height/2+50, 100);
13   //scale(2);
14   rotateZ(radians(180));
15   rotateX(radians(mouseY/10));
16   pot.rotateY(0.02);               //沿y轴旋转茶壶
17   shape(pot, 0, 0);
18   popMatrix();
19 }
```

运行该程序(example10_36_5)，查看效果，如图10-44所示。

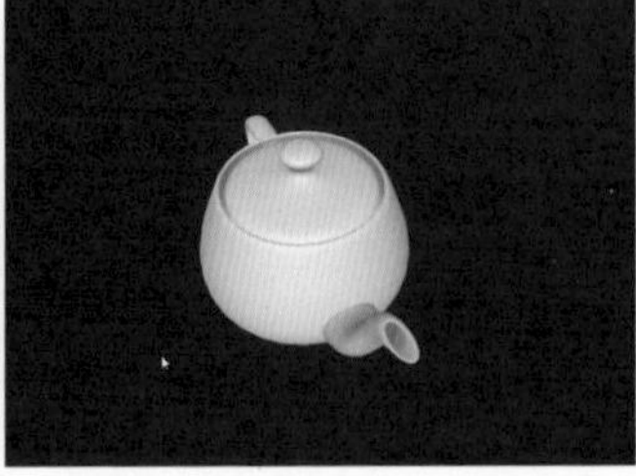

图10-44

如果在导出OBJ格式文件时，包含材质和材质库，存储在data文件夹中，如图10-45所示。

图10-45

在setup()函数中修改代码如下：

```
1 pot=loadShape("teapot1.obj");
```

运行该程序(example10_36_6)，查看效果，如图10-46所示。

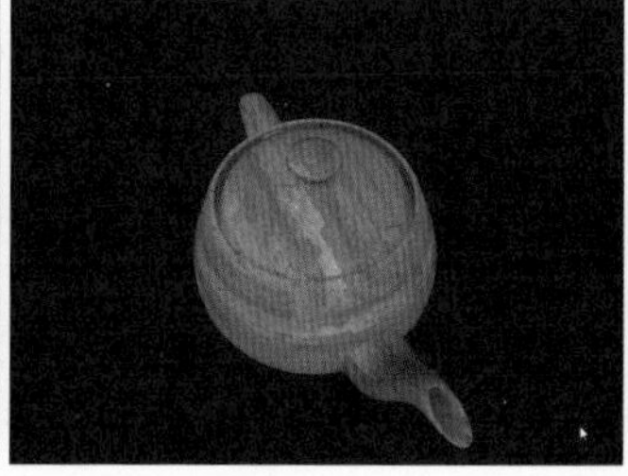

图10-46

用户也可以使用在三维软件中制作的模型，比如一个立体字，修改代码如下：

```
1  void setup() {
2    size(800, 600, P3D);
3    pot=loadShape("logo1.obj");
4    pot.scale(2);
5  }
6  void draw() {
7    background(0);
8    lights();
9    ambientLight(200, 114, 77);
10   directionalLight(0, 100, 220, 12, 1, 0);
11   pushMatrix();
12   translate(width/2, height/2+150, 100);
13   //scale(2);
14   rotateZ(radians(180));
15   rotateX(radians(mouseY/10));
16   pot.rotateY(0.01);
17   shape(pot, 0, 0);
18   popMatrix();
19 }
```

运行该程序(example10_36_7)，查看效果，如图10-47所示。

图10-47

10.4 实时动态影像实战

10.4.1 动态笔画效果

本例在视频捕捉程序的基础上，继续创建动态笔画的效果，修改代码如下：

```
1  import processing.video.*;
2  int cellSize=4;
3  int cols, rows;
4  Capture video;
5  void setup() {
6    size(1280, 720);
7    frameRate(30);
8    cols=width/cellSize;
9    rows=height/cellSize;
10   video=new Capture(this, width, height);
11   video.start();
12   background(0);
13   rectMode(CENTER);
14   noStroke();
15 }
16 void draw() {
17   fill(0, 2);
18   rect(width/2, height/2, width, height);
19   if(video.available()) {
20     video.read();
21     video.loadPixels();
22     for(int i=0; i<cols; i++) {
23       for(int j=0; j<rows; j++) {
24         int x=i*cellSize;
25         int y=j*cellSize;
26         int loc=(video.width-x-1)+y*video.width;  //镜像图像，手势与绘画同方位
27         //根据亮度捕捉手势
28         if(brightness(video.pixels[loc])>150) {
29           pushMatrix();
30           translate(x, y);
31           rotate((2*PI*brightness(video.pixels[loc])/255.0));
32           fill(200, 0, 0);
33           rect(0, 0, cellSize*1.5, cellSize*1.5);
34           popMatrix();
35         }
36       }
37     }
38   }
39 }
```

运行该程序(example10_37)，查看手势绘画的效果，如图10-48所示。

 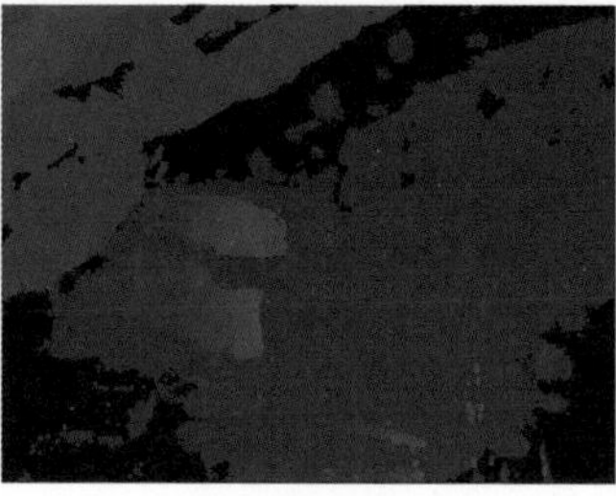 

图10-48

本程序运行的效果受环境亮度的影响比较大，用户可以根据具体情况适当调整像素对比亮度的数值大于150或者小于150。

10.4.2　音乐变幻背景

本例主要运用背景音乐关联弧形的大小，单击鼠标能够随机改变颜色，并创建跟随音乐变幻的图像背景。

首先导入并分析音频的音量，输入代码如下：

```
1  import processing.sound.*;
2  SoundFile song;
3  Amplitude amp;
4  float scl;                                //定义一个缩放变量
5  void setup() {
6    size(1280, 720);
7    frameRate(30);
8    background(0);
9    song=new SoundFile(this, "Home.mp3");
10   song.play();
11   amp=new Amplitude(this);                //音量赋值
12   amp.input(song);
13 }
14 void draw() {
15   scl=map(amp.analyze(), 0, 1, 0, 8);     //映像音量值
16   if(scl>6) {
17     scl -=1;
18   }
19 }
```

保存该程序(example10_38_1)。

继续创建一个绘制弧形函数，输入代码如下：

```
1  //绘制弧形函数
2  void drawarc(float ang, float scl, float rm) {
3    noFill();
```

```
4    stroke(255, 0, 0, 150);
5    for(int i=0; i<8; i++) {
6      push();
7      translate(width/2, height/2);
8      rotate(rm*i);
9      scale(scl);
10     strokeWeight(2);
11     circle(0, 0, 600*i);
12     strokeWeight(3);
13     arc(0, 0, 100*i, 100*i, ang, ang+PI/6);
14     strokeWeight(6);
15     stroke(255-col, col, 0);
16     point(100*i*cos(ang), 100*i*sin(ang));
17     point(100*i*cos(ang+PI/6), 100*i*sin(ang+PI/6));
18     pop();
19   }
20 }
```

创建新的变量，添加代码如下：

```
1  float rm;
2  float col;
```

添加函数，初始化这两个变量，输入代码如下：

```
1  public void setting() {
2    rm=random(-PI/2, PI/2);
3    col=random(250);
4  }
```

修改draw()函数的代码如下：

```
1  void draw() {
2    fill(0, 30);
3    noStroke();
4    rect(0, 0, width, height);
5    scl=map(amp.analyze(), 0, 1, 0, 8);           //映像音量值
6    if(scl>6) {
7      scl -=1;
8    }
9    drawarc(radians(20), scl, rm);
10   drawarc(radians(130), scl, rm);
11   drawarc(radians(-135), scl, rm);
12   drawarc(radians(-75), scl, rm);
13 }
```

运行该程序(example10_38_2)，查看动态图形的效果，如图10-49所示。

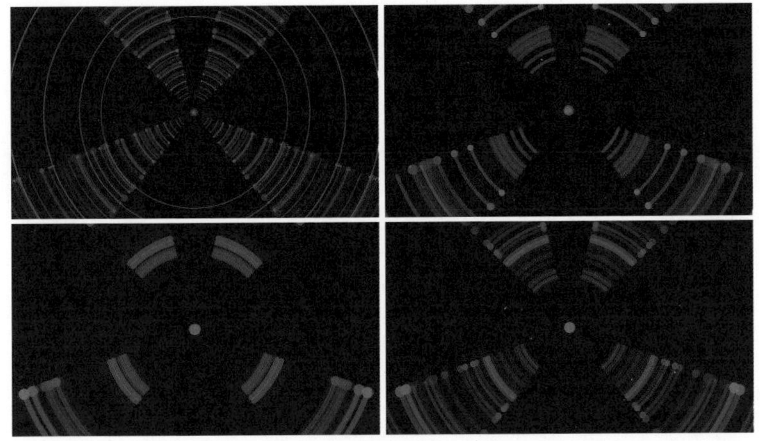

图10-49

最后创建鼠标单击改变颜色和角度随机值的函数，在最后添加代码如下：

```
1  void mouseClicked() {
2    setting();
3  }
```

运行该程序(example10_38)，查看效果，如图10-50所示。

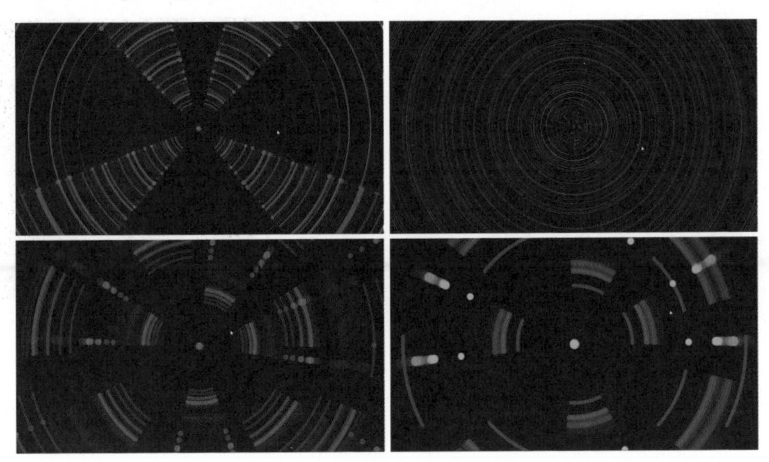

图10-50

10.4.3　旋转空间粒子

本例主要通过在三维空间中分布粒子，并用3D模型替代后，应用QueasyCam库实现三维空间的浏览。

首先使用数组创建一个立方体中分布的粒子，输入代码如下：

```
1  int amount=300;                              //定义一个变量设定粒子的数量
2  //用数组定义粒子坐标的数量
3  int[] x=new int[amount];
4  int[] y=new int[amount];
```

```
5  int[] z=new int[amount];
6  void setup() {
7    size(800, 600, P3D);
8    noFill();
9    stroke(255);
10   strokeWeight(3);
11   for(int i=0; i<amount; i++) {
12     x[i]=int(random(-150, 150));
13     y[i]=int(random(-150, 150));
14     z[i]=int(random(-150, 150));
15   }
16 }
17 void draw() {
18   background(0);
19   translate(width/2, height/2);
20   box(300);
21   for(int i=0; i<amount; i++) {
22     point(x[i], y[i], z[i]);
23   }
24 }
```

运行该程序(example10_39_1)，查看在立方体中粒子分布的效果，如图10-51所示。

导入两个石榴籽3D模型，替代立方体中的粒子，修改代码如下：

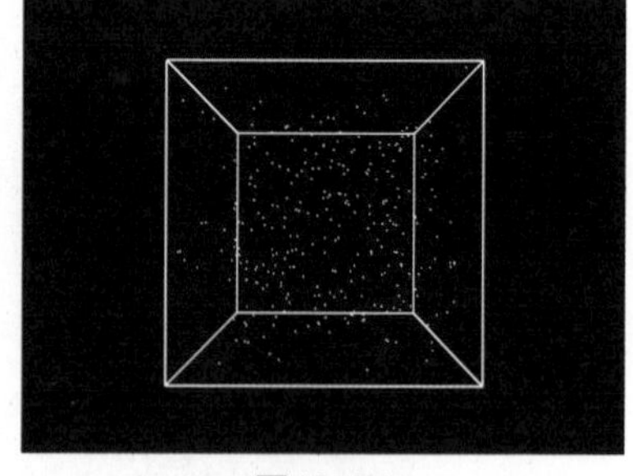

图10-51

```
1  PShape seed, seed2;    //声明形状变量
2  int amount=30;
3  int[] x=new int[amount];
4  int[] y=new int[amount];
5  int[] z=new int[amount];
6  int[] ang=new int[amount];
7  int[] x2=new int[amount];
8  int[] y2=new int[amount];
9  int[] z2=new int[amount];
10 int[] ang2=new int[amount];
11 void setup() {
12   size(900, 600, P3D);
13   seed=loadShape("slz01.obj");       //加载3D模型
14   seed.scale(50);
15   seed2=loadShape("slz02.obj");
16   seed2.scale(45);
17   noFill();
18   stroke(255);
19   strokeWeight(3);
20   for(int i=0; i<amount; i++) {
21     x[i]=int(random(-200, 200));
22     y[i]=int(random(-200, 200));
23     z[i]=int(random(-200, 200));
```

```
24      ang[i]=int(random(-200, 200));
25      x2[i]=int(random(-220, 220));
26      y2[i]=int(random(-220, 220));
27      z2[i]=int(random(-220, 220));
28      ang2[i]=int(random(-220, 220));
29    }
30  }
31  void draw() {
32    background(0);
33    lights();                                      //开启灯光
34    ambientLight(0, 100, 60);                      //添加环境光
35    pointLight(250, 160, 200, 100, 600, 1200);     //添加点光源
36    pushMatrix();
37    translate(width/2, height/2, 0);
38    rotateY(frameCount/100.0);                     //整体旋转动画
39    box(450);
40    for(int i=0; i<amount; i++) {
41      pushMatrix();
42      translate(x[i], y[i], z[i]);
43      rotate(radians(ang[i]));
44      shape(seed, 0, 0);
45      popMatrix();
46      pushMatrix();
47      translate(x2[i], y2[i], z2[i]);
48      rotate(radians(ang2[i]));
49      shape(seed2, 0, 0);
50      popMatrix();
51    }
52    popMatrix();
53  }
```

运行该程序(example10_39_2)，查看旋转的立方体和石榴籽矩阵效果，如图10-52所示。

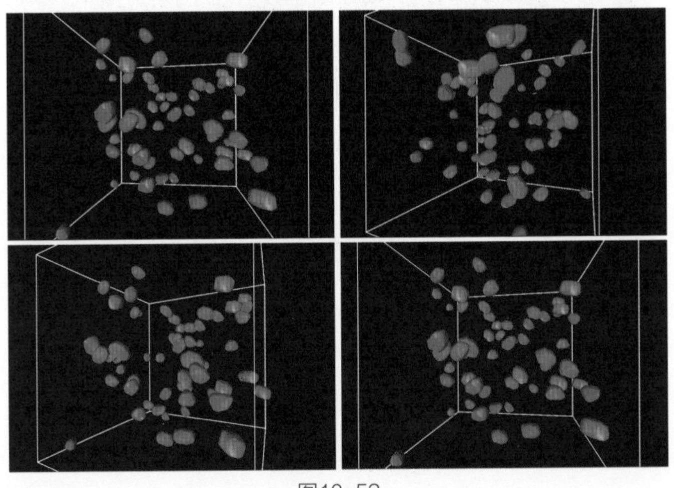

图10-52

最后应用PeasyCam库，实现鼠标自由拖曳旋转视角的效果。执行菜单【文件】|【范例程序】命令，在打开的窗口中选择范例程序Contributed Libraries\PeasyCam\HelloPeasy，然后将前面的程序进行整合。修改代码如下：

```
1  import peasycam.*;
2  PeasyCam cam;
```

在setup()函数部分添加代码如下：

```
1  cam=new PeasyCam(this, 1200);
```

在draw()函数部分将代码：

```
1  translate(width/2, height/2, 0);
```

修改为如下：

```
1  translate(0, 0, 0);
```

运行该程序(example10_39_3)，查看手动旋转视角的立方体和石榴籽矩阵效果，如图10-53所示。

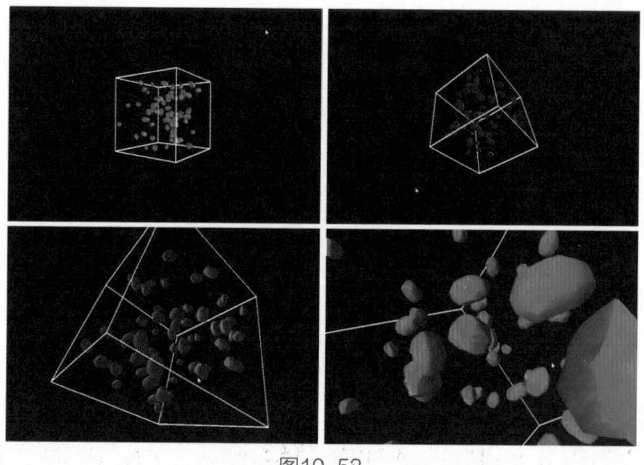

图10-53

10.5 本章小结

本章主要讲解Processing中实时显示视频、实时渲染粒子和三维动画的特性，这极大地满足了互动视觉的基本要求，通过实时特效呈现和实时交互反馈，保障了观者参与互动的兴致和操控的顺畅。

第11章

互动海报招贴设计

在人们的生活中，各类公共场所都会张贴不同类型的海报，人们可以从中获取自己想要了解的信息。海报设计是视觉传达的表现形式之一，通过版面的构成在第一时间内将人们的目光所吸引，这要求设计者将图片、文字、色彩、空间等要素进行完美结合，以恰当的形式向人们展示宣传信息。一幅好的海报可以提升商品的销量，或者提高企业的知名度。

11.1 海报设计基础知识

海报是极为常见的一种招贴形式，是为达到某种宣传效果或传递信息而进行的艺术设计，具有远视性强、富含创意和文字简洁明了等特点，其语言要求简明扼要，形式要求新颖美观。海报设计是由图片、文字与色彩所构成的画面，海报的风格、色彩、种类都起着决定性的所用。风格是构成画面创意的隐形元素，色彩决定着海报给人的感觉，种类则是海报的大体分类。

1. 海报的类型

海报按其用途不同大致可以分为商业海报、文化海报、影视海报和公益海报等。下面对其进行介绍。

- **商业海报：**是指宣传商品或商业服务的广告性海报，主要为了提高企业或商品的知名度，此类海报要恰当地配合商品的定位和受众对象进行设计。
- **文化海报：**是指各种社会文娱活动及各类展览的宣传海报，如演唱会、戏剧演出、体育比赛或各种展会等。不同的活动有其各自的特点，设计师需要了解活动的内容，才能运用恰当的方法进行表现，让观众可以身临其境地了解活动，此类海报设计要新颖别致，引人入胜。

- **影视海报：** 这种海报通过介绍电影、电视剧的主要角色和故事情节起到宣传的效果。例如，电影海报中将展示影剧院上映影片的名称、时间、地点及内容介绍等，一般会配上简单的宣传画，形象地展现电影中的主要人物，以扩大宣传的力度，起到吸引观众注意力、刺激电影票房收入的作用。
- **公益海报：** 这种海报具有特定的对公众的教育意义，其主题包括各种社会公益、道德的宣传，或政治思想的宣传，弘扬爱心奉献、共同进步的精神等。

2. 海报的设计原则

海报是一种比较大众的宣传方式，如何使自己设计的海报在众多的海报中脱颖而出，吸引人们的眼球呢?

一般要遵循五个基本法则，一要新奇，因为海报要在短时间内起到宣传作用，特别需要具有视觉传达的亮点，以快速吸引观者的注意力；二要简洁，越是简洁的海报，主题越突出，焦点越集中，内容表现力越强；三要夸张，因为海报要在远距离发挥强烈的信息传达作用，所以必须调动夸张、幽默、特写等手法来表现主题，激发观者的兴趣；四要冲突，也就是对比，包括形式节奏上的冲突和内容矛盾上的冲突；五要直接，有些艺术形式要求含蓄地表现，而海报则要求直接表现主题。

3. 海报的设计技巧

为了更好地突出海报的吸引力和冲击力，在设计时要非常注重构图的技巧，除了要注意色彩运用的对比技巧外，还需考虑几种对比关系，如粗细对比、远近对比、疏密对比、静动对比、中西对比和古今对比等。下面对其进行逐一介绍。

- **构图技巧的粗细对比：** 有些是主体图案与陪衬图案的对比；有些是中心图案与背景图案的对比；有些是一边粗犷，而另一边则细腻；有些则以狂草的书法取代图案使用。
- **构图技巧的远近对比：** 在国画构图中讲究近景、中景和远景，而在海报图案设计中，也应有近、中、远几种画面的构图层次，兼顾人们审视一个静物画面习惯中从上至下、从右至左的同时依次突出想要表达的主题，使设计的海报紧紧吸引观者的视线。
- **构图技巧的疏密对比：** 这与色彩使用的繁简对比很相似，也与国画中的留白很相似，即图案中该集中的地方要有扩散的陪衬，不宜都集中或都扩散，从而显得疏密协调，节奏分明，有张有弛，同时主题突出。
- **构图技巧的静动对比：** 在一幅海报主题名称处的背景或周边表现出的爆炸性图案看上去漫不经心，实则是故意涂沫的几笔疯狂的粗线条，或飘带形的英文或图案等，都表现出一种动态的感觉，主题名称则端庄稳重，大背景轻淡平静，这种组合便是静和动的对比，从而避免了画面过于花哨或呆板，让观者感觉很舒服。
- **构图技巧的中西对比：** 指在设计海报时结合使用国外的卡通手法和中国的传统手法，或结合使用中国汉字艺术和英文，或直接以写实的手法将人物照片或某个画面突出表现，形成中西方文化的强烈对比。
- **构图技巧的古今对比：** 为了体现文化品位，古代经典的纹饰、书法、人物、图案经常被用在海报中，这种古今对比能给人一种古色古香、格调高雅的感觉。

11.2 国风海报

国风元素的海报不仅色彩具有鲜明的特点，图案和图形元素也很有代表性。

11.2.1 准备图片素材

首先将使用到的云纹、云、鸟等素材导入画布并进行排列，输入代码如下：

```
1  PImage pic1, pic2, pic3, bird;           //声明位图变量
2  float posx=450;                          //位置变量
3  void setup() {
4    size(900, 600);
5    smooth();
6    pic1=loadImage("cloud.png");           //加载位图
7    pic2=loadImage("love_cloud.png");
8    pic3=loadImage("cloud2.png");
9    bird=loadImage("bird.png");
10   imageMode(CENTER);
11 }
```

在setup()函数中添加语句，调整pic1的大小，代码如下：

```
1  pic1.resize(1200, 240);
```

在draw()函数部分编写代码如下：

```
1  void draw() {
2    background(225, 230, 230);
3    image(pic2, 100, 300, 150, 70);        //祥云1
4    image(pic2, 663, 197, 220, 100);       //祥云2
5    image(pic2, 275, 101, 100, 42);        //祥云3
6    image(pic2, 780, 327, 67, 28);         //祥云4
7    image(pic1, posx, 500);                //近景的云
8  }
```

运行该程序(example11_01_1)，查看效果，如图11-1所示。

图11-1

11.2.2 创建动画天空

绘制红色的太阳，定义其坐标变量，代码如下：

```
1 float sun_y=500;
```

在setup()函数中添加代码如下：

```
1 noStroke();
```

在draw()函数中添加代码如下：

```
1 fill(220, 80, 15);
2 circle(450, sun_y, 60);                    //绘制太阳
```

运行该程序(example11_01_2)，查看效果，如图11-2所示。

图11-2

创建红日升起和前景云横向飘动的动画，添加代码如下：

```
1 //声明两个速度变量
2 float speed=0.1, speed2=0.1;
```

在draw()函数中添加代码如下：

```
1 posx+=speed;
2 if(posx>600||posx<300) {
3   speed=-speed;
4 }
5 sun_y -=speed2;
6 if(sun_y<0) {
7   sun_y=600;
8 }
```

运行该程序(example11_01_3)，查看动画效果，如图11-3所示。

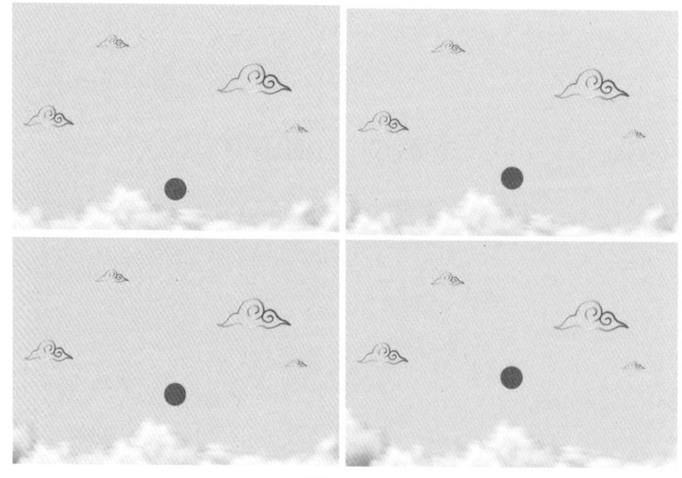

图11-3

11.2.3 创建群山

创建一个绘制山形的函数，输入代码如下：

```
1  void mountain(float op, float x, float y, float scl) {
2   fill(0, op);
3   push();
4   translate(x, y);
5   scale(scl);
6   triangle(-240, 600, 240, 600, 0, 200);
7   pop();
8  }
```

在draw()函数中添加执行绘制山形的代码如下：

```
1  mountain(140, 450, 0, 1.0);
2  mountain(53, 29, 299, 0.5);
3  mountain(123, 135, 389, 0.3);
4  mountain(65, 290, 159, 0.7);
5  mountain(116, 275, 292, 0.6);
```

运行该程序(example11_01_4)，查看效果，如图11-4所示。

图11-4

调整前景云的透明度，添加飞鸟到画面中。

在draw()函数中添加代码如下：

```
1  tint(255, 220);
2  image(pic1, posx, 500);          //近景的云
3  noTint();
4  image(bird, 530, 380, 200, 52); //显示飞鸟
```

运行该程序(example11_01_5)，查看效果，如图11-5所示。

图11-5

在红日附近添加遮日的云素材，添加代码如下：

```
1 //声明一个缩放变量
2 float scl;
```

在draw()函数中添加代码如下：

```
1 push();
2 translate(450, 300);
3 scale(scl, 1);
4 image(pic3, 0, 180, 700, 140);                //遮日的云
5 pop();
6 scl=posx/450;
```

运行该程序(example11_01_6)，查看效果，如图11-6所示。

图11-6

11.2.4 添加标题文字

这也是这幅海报的最后一个步骤，添加代码如下：

```
1 //声明一个字体变量
2 PFont myfont;
```

在setup()函数中定义字体，添加代码如下：

```
1 myfont=createFont("STZHONGS.TTF", 24);
```

在draw()函数中添加代码如下：

```
1 fill(248);
2 textFont(myfont);
3 textSize(28);
4 text("我爱中国", 392, 353);
```

运行该程序(example11_01_7)，查看完成的国风海报效果，如图11-7所示。

图11-7

11.3 交互图形海报

本例是一个公益海报，在测试阶段主要是用鼠标的水平位置确定门打开并改变光照的效果，在最后落地时运用了体感摄像头Kinect v2.0，感知观众向前走近的过程，门逐渐开大，同时将人的剪影合并在光照环境下，将观众融于场景中，成为交互海报很重要的设计元素。

11.3.1　准备素材

首先准备好渐变背景素材和宣传语标题，输入代码如下：

```
1  PImage title;
2  int tt=300;
3  void setup() {
4    size(1280, 720);
5    title=loadImage("title.png");
6  }
7  void draw() {
8    background(255);
9    for(int i=0; i<tt; i++) {
10     stroke(255-(tt-i)*255/tt);
11     line(0, height-i, width, height-i);
12   }
13   image(title, -20, 0);
14 }
```

运行该程序(example11_02_1)，查看效果，如图11-8所示。

图11-8

11.3.2　鼠标交互的多边形

绘制一个多边形，并与鼠标位置进行关联，添加代码如下：

```
1  //声明一个变量
2  float ht;
```

在draw()函数部分修改代码如下：

```
1  noStroke();
2  fill(0);
3  beginShape();
4  vertex(0, 0);
5  vertex(width, 0);
6  vertex(width, height);
7  vertex(620+ht*0.5, height);        //影右下角
8  vertex(900+ht, 480);               //门右下角
9  vertex(900+ht, 240);               //门右上角
10 vertex(860, 240);                  //门左上角
11 vertex(860, 480);                  //门左下角
12 vertex(250-ht*3, height);          //影左下角
13 vertex(0, height);
14 endShape(CLOSE);
15 image(title, -20, 0);
```

运行该程序(example11_02_2)，查看门及拉长的光影效果，如图11-9所示。

图11-9

接下来创建多边形与鼠标位置的关联，在draw()函数部分添加代码如下：

```
1  ht=map(mouseX, 0, width*0.6, -20, 80);
2  if (mouseX>width*0.6) {
3    ht=80;
4  }
```

运行该程序(example11_02_3)，查看拖动鼠标门开与合的动画效果，如图11-10所示。

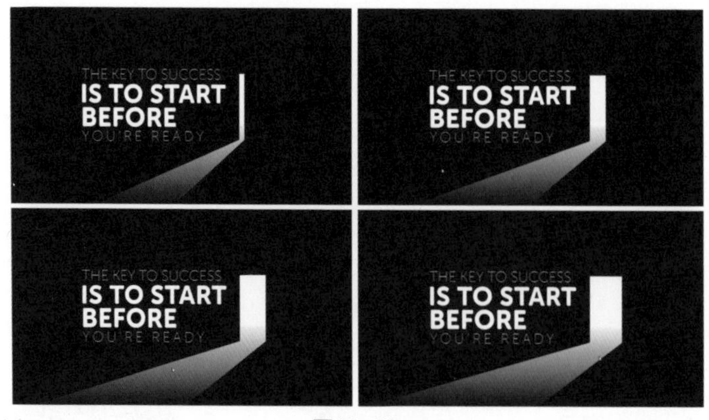

图11-10

11.3.3 实时合成人像

现在已经做好了开门与鼠标横向滑动的关联，下面连接Kinect v2。

选择并打开一个范例程序Kinect v2 for processing\Mask test，运行该程序，查看效果，如图11-11所示。

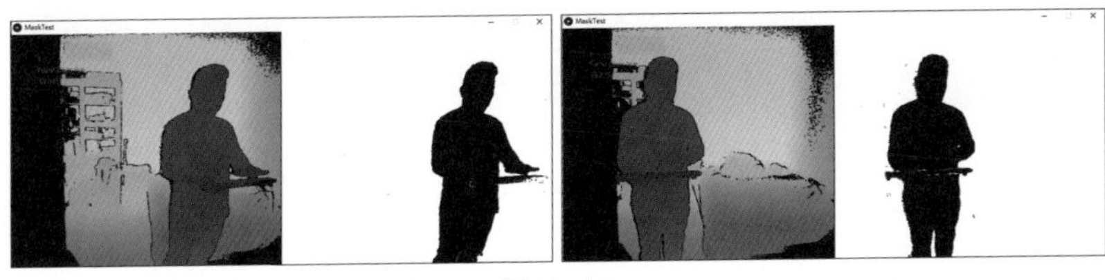

图11-11

复制一部分代码到该程序中，如下：

```
1  //首先要加载KinectPV2库
2  import KinectPV2.*;
3  KinectPV2 kinect;
4  boolean foundUsers=false;
```

在setup()函数部分添加代码如下：

```
1  kinect=new KinectPV2(this);
2  kinect.enableDepthImg(true);
3  kinect.enableBodyTrackImg(true);
4  kinect.init();
```

在draw()函数部分添加代码如下：

```
1  //image(kinect.getDepthImage(), 0, 0);
2  image(kinect.getBodyTrackImage(), 512, 0);
3  int[] rawData=kinect.getRawBodyTrack();
4  foundUsers=false;
5  for(int i=0; i<rawData.length; i+=5) {
6    if (rawData[i]!=255) {
7      foundUsers=true;
8      break;
9    }
10 }
```

运行该程序(example11_02_4)，查看人物与海报的合成效果，如图11-12所示。

图11-12

接下来将Kinect获取的白底黑色人像进行加工，作为一个动态蒙版，添加代码如下：

```
1  //声明变量
2  PGraphics poly, mask;
```

在setup()函数中添加代码如下：

```
poly=createGraphics(1280, 720);
mask=createGraphics(1280, 720);
```

在draw()函数部分添加代码如下：

```
mask.beginDraw();
mask.background(0);
mask.fill(255);
mask.rect(0, 0, 1280, 720);
mask.image(kinect.getBodyTrackImage(), 500, 200);
mask.endDraw();
poly.beginDraw();
poly.background(0);
poly.fill(255, 0, 0);
poly.rect(0, 0, 1280, 720);
poly.endDraw();
......
//image(kinect.getDepthImage(), 0, 0);
//image(kinect.getBodyTrackImage(), 512, 0);
mask.filter(INVERT);
poly.mask(mask);
image(poly, 0, 0);
......
```

运行该程序(example11_02_5)，查看人物与海报合成的效果，如图11-13所示。

图11-13

下面对颜色和剪影的大小进行调整。在draw()函数中修改代码如下：

```
mask.image(kinect.getBodyTrackImage(), 540, 450, 256, 212);
```

运行该程序(example11_02_6)，查看完成的镜头前与观众交互的动态海报效果，如图11-14所示。

图11-14

11.3.4 扩展练习

当人在摄像头前行走时，如何将人的位置与鼠标位置进行关联有两种办法，最方便的一种就是在地面上使用一个雷达，可以直接将人脚的位置替换鼠标位置，在项目实际落地时也更加方便。

也可以继续使用Kinect v2，找到人的位置数据。选择并打开范例程序kinect v2 fro processing\skeletonMaksDepth，运行该程序，查看效果，如图11-15所示。

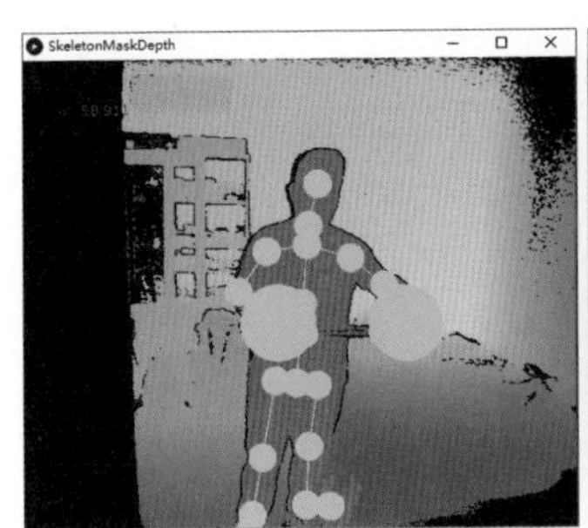

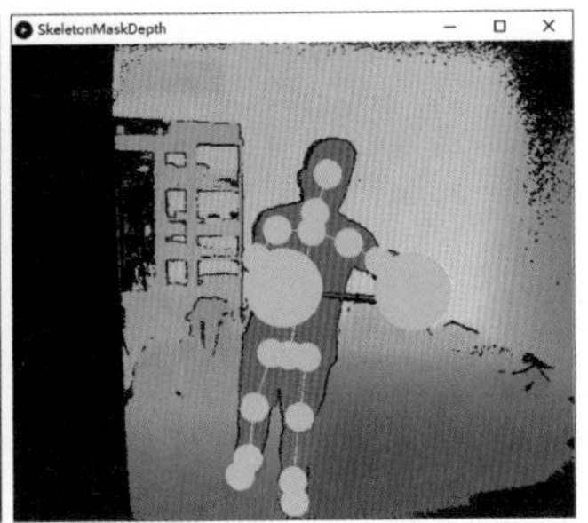

图11-15

在程序中找到人体位置的相关代码，如下：

```
1  //draw a single joint
2  void drawJoint(KJoint[] joints, int jointType) {
3    pushMatrix();
4    translate(joints[jointType].getX(), joints[jointType].getY(),
   joints[jointType].getZ());
5    ellipse(0, 0, 25, 25);
6    popMatrix();
7  }
8  //draw a bone from two joints
9  void drawBone(KJoint[] joints, int jointType1, int jointType2) {
10   pushMatrix();
11   translate(joints[jointType1].getX(), joints[jointType1].getY(),
   joints[jointType1].getZ());
12   ellipse(0, 0, 25, 25);
13   popMatrix();
14   line(joints[jointType1].getX(), joints[jointType1].getY(),
   joints[jointType1].getZ(),
15   joints[jointType2].getX(), joints[jointType2].getY(), joints[jointType2].getZ());
16 }
17 //draw a ellipse depending on the hand state
18 void drawHandState(KJoint joint) {
19   noStroke();
20   handState(joint.getState());
21   pushMatrix();
22   translate(joint.getX(), joint.getY(), joint.getZ());
23   ellipse(0, 0, 70, 70);
24   popMatrix();
25 }
```

这里既有身体位置的数据，也有手位置的数据。下面创建一个位置变量，并在控制台中显示身体位置的数值。

```
1  //创建位置变量
2  float pos;
```

修改关节函数的代码如下：

```
1  //draw a single joint
2  void drawJoint(KJoint[] joints, int jointType) {
3    pushMatrix();
4    translate(joints[jointType].getX(), joints[jointType].getY(),
   joints[jointType].getZ());
5    ellipse(0, 0, 25, 25);
6    popMatrix();
7    pos=joints[jointType].getX();
8  }
```

在draw()函数中添加代码如下：

```
1  println(pos);
```

运行该程序(example11_02_7)，查看控制台中数值跟随身体左右走动而变化，如图11-16所示。

图11-16

用户可以使用前面编辑代码的方法，复制相关的代码，将身体位置的数据替换掉鼠标位置的数据，此操作由读者进行拓展练习，效果如图11-17所示。

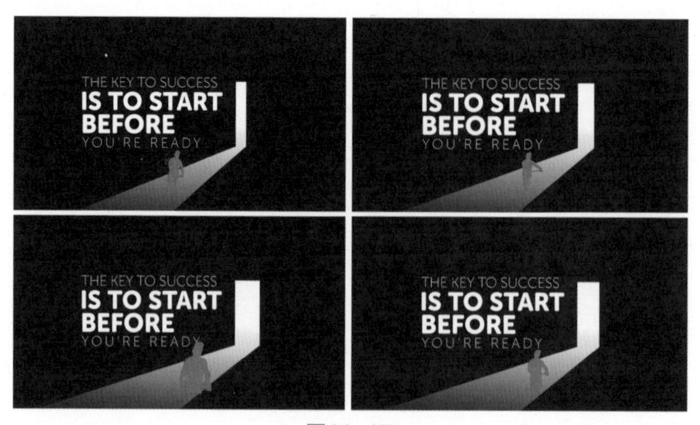

图11-17

11.4 地面互动海报

本例为互动海报，是在运用了一个扩展库程序的基础上进行编辑的，添加了文字和其他的位图元素。

11.4.1　编辑范例程序

选择范例程序ControlP5\ControlP5matrix，运行该程序，查看效果，如图11-18所示。

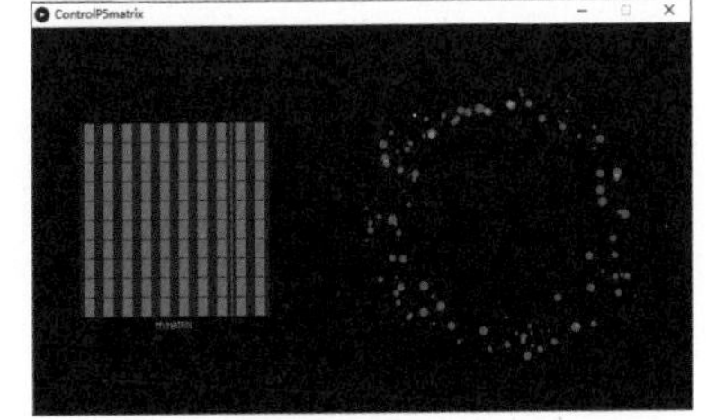

图11-18

下面将这个程序分成两部分，左侧为控制部分，右侧为海报内容。修改画布的尺寸、矩阵的行列数和粒子的颜色等，添加代码如下：

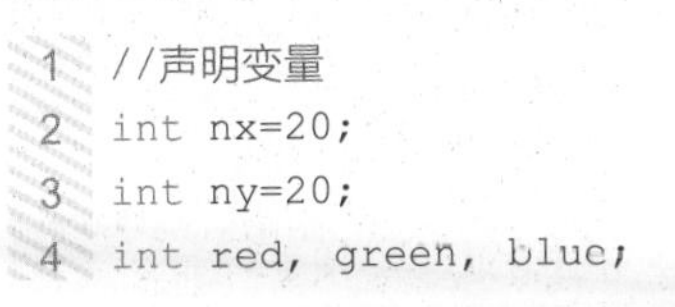

```
1  //声明变量
2  int nx=20;
3  int ny=20;
4  int red, green, blue;
```

在setup()函数中修改代码如下：

```
1  size(1920, 720);
```

修改myMatrix函数代码如下：

```
1  void myMatrix(int theX, int theY) {
2    println("got it: "+theX+", "+theY);
3    d[theX][theY].update();
4    red=theX*60;
5    green=theY*60;
6  }
```

修改draw()函数部分的代码如下：

```
1  void draw() {
2    background(0);
3    fill(red, 255-green, random(100,
   255), 200);
4    pushMatrix();
5    translate(width/2+332, height/2);
6    rotate(frameCount*0.002);
7    for(int x=0;x<nx;x++) {
8      for(int y=0;y<ny;y++) {
9        d[x][y].display();
10     }
11   }
12   popMatrix();
13 }
```

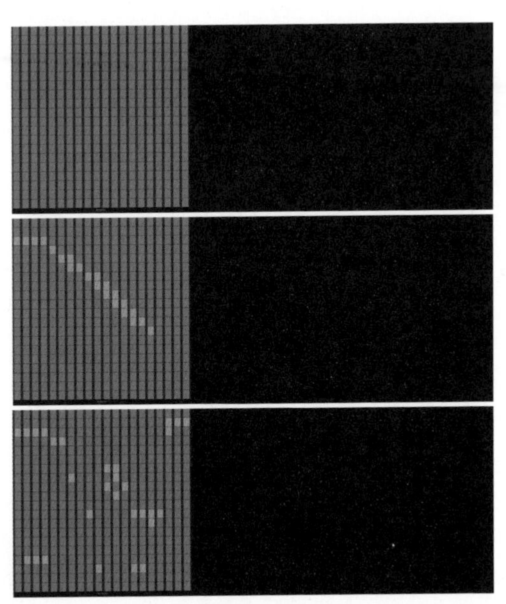

图11-19

运行该程序(example11_03_1)，在左侧随意单击鼠标，查看右侧的粒子效果，如图11-19所示。

11.4.2 调整粒子效果

调整粒子的大小和位置，在draw()函数部分修改代码如下：

```
void draw() {
  background(0);
  fill(red, 255-green, random(100, 255), 200);
  push();
  translate(30, 50);
  scale(1.0, 0.8);
  pushMatrix();
  translate(width/2+332, height/2);
  rotate(frameCount*0.002);
  for(int x=0; x<nx; x++) {
    for(int y=0; y<ny; y++) {
      d[x][y].display();
    }
  }
  popMatrix();
  pop();
}
```

调整粒子的形状，修改display()函数代码如下：

```
void display() {
  s1+=(s0-s1)*0.5;
  ellipse(x, y, s1*0.8, s1);
}
```

运行该程序(example11_03_2)，查看效果，如图11-20所示。

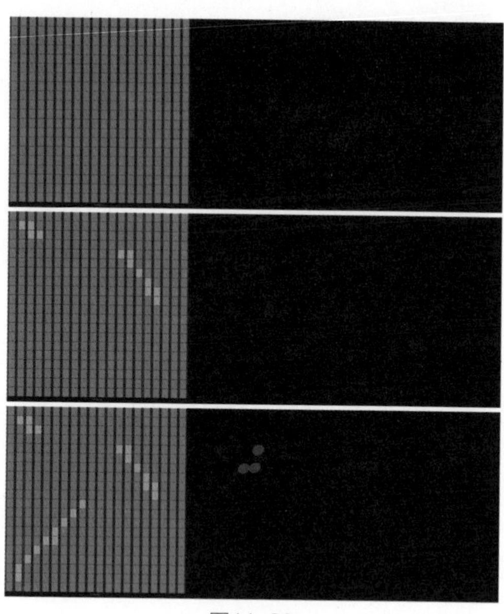

图11-20

11.4.3 导入位图素材

导入位图素材，声明位图变量，如下：

```
PImage bg, earth;
```

在setup()函数中添加代码如下：

```
bg=loadImage("bg.jpg");
earth=loadImage("earth.png");
imageMode(CENTER);
```

在draw()函数部分中添加代码如下：

```
background(0);
tint(255, 120);
image(bg, 1320, 600, 1200, 1200);
noTint();
push();
translate(1320, -300);
```

```
7  rotate(frameCount*0.001);
8  image(earth, 0, 0, 1100, 1100);
9  pop();
10 ......
```

运行该程序(example11_03_3)，查看效果，如图11-21所示。

在draw()函数的结尾添加混合模式的代码如下：

```
1  blendMode(ADD);
```

运行该程序(example11_03_4)，查看效果，如图11-22所示。

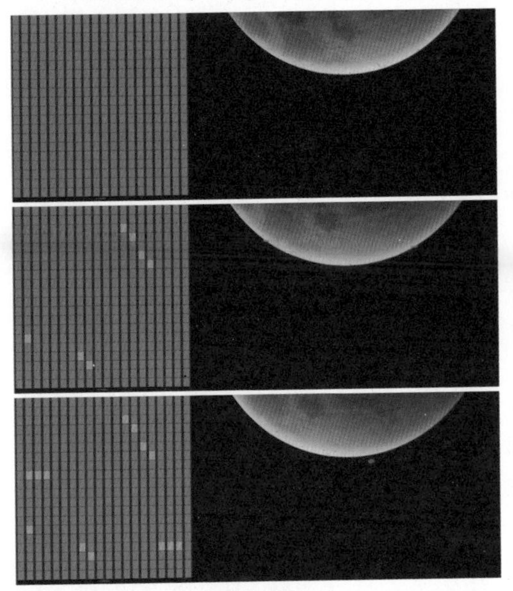

图11-21

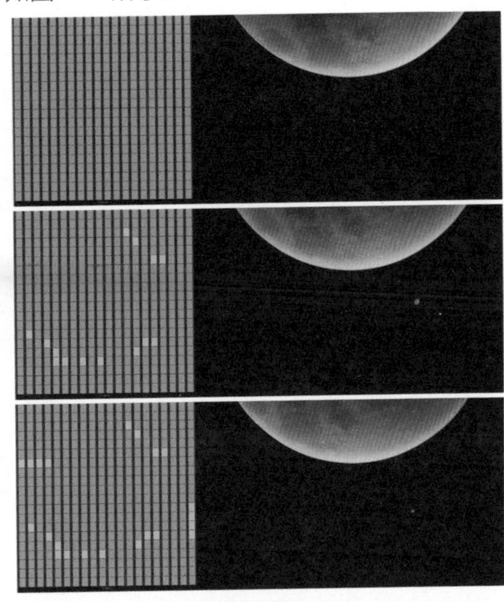

图11-22

11.4.4 添加光效和标题

添加一个模拟光柱的多边形，使背景更有层次。

在draw()函数部分添加代码如下：

```
1  ......
2  fill(200, 50);
3  quad(868, 0, 1775, 0, 1360, 720,
   1300, 720);
4  noTint();
5  ......
```

运行该程序(example11_03_5)，查看效果，如图11-23所示。

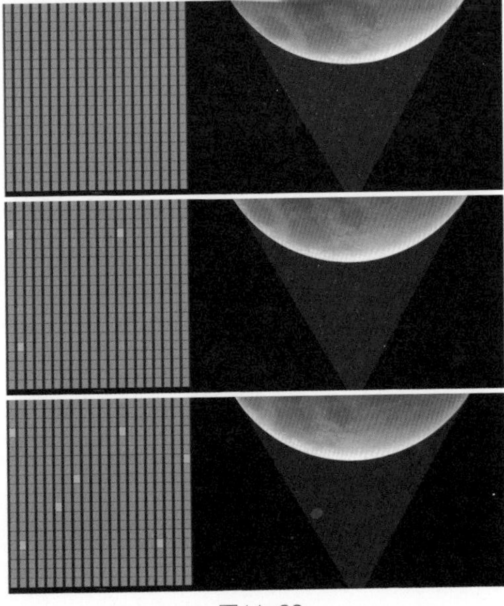

图11-23

添加标题文字。首先声明一个字体变量，添加代码如下：

```
1  PFont myfont;
```

在setup()函数中初始化字体变量，添加代码如下：

```
1  myfont=createFont("SIMYOU.TTF", 24);
```

在draw()函数的结尾添加代码如下：

```
1  textFont(myfont);
2  textSize(42);
3  text("心向宇宙", 1310, 310, 60,
   400);
```

运行该程序(example11_03_6)，查看效果，如图11-24所示。

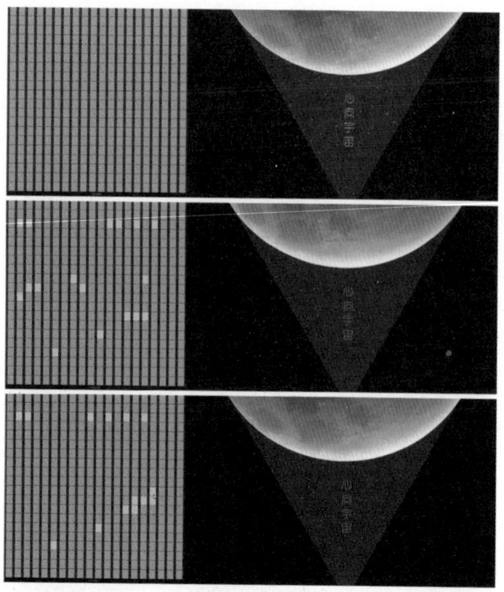

图11-24

这是在计算机中编辑程序的阶段，如果在展厅中，还要设置画布尺寸，分配给两个显示器，左侧画面显示在地面上，右侧画面显示在墙壁上或竖立的大屏幕上，通过雷达检测观众在地面的位置，也就相当于鼠标的位置，单击在左侧矩阵中的小方块，直接影响到右侧星空、文字的颜色和粒子的动态。

11.4.5 扩展练习

读者可以尝试前面讲解过的内容，通过摄像头或者Kinect将观众的影像采集并与星空的画面进行合成，效果如图11-25所示。

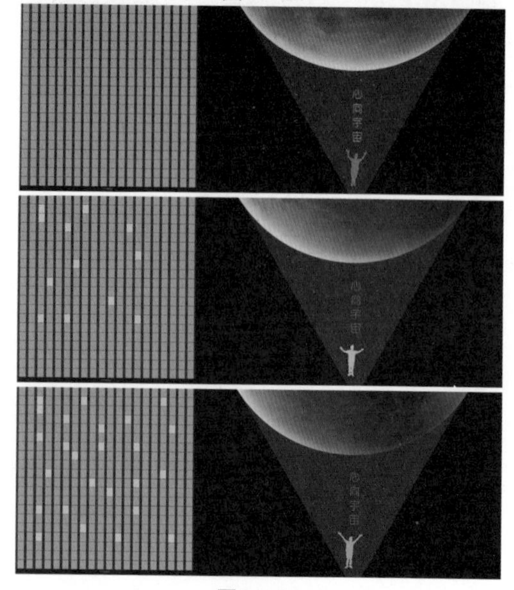

图11-25

11.5 手势互动流体海报

本例是为青年画展设计的动态海报，没有使用某个画家的代表画作，也没有罗列很多画作，而是采用多颜色流动混合的效果来表达多彩青春和绘画的主题。流体混合并不是提前设计好的效果，而是需要观众任情挥舞手臂，从而产生随机、不可重复的颜料混合效果。

11.5.1 编辑范例程序

选择并打开范例程序PixelFlow\Fluid2D\Fluid_LiquidPainting，运行该程序，查看效果，如图11-26所示。

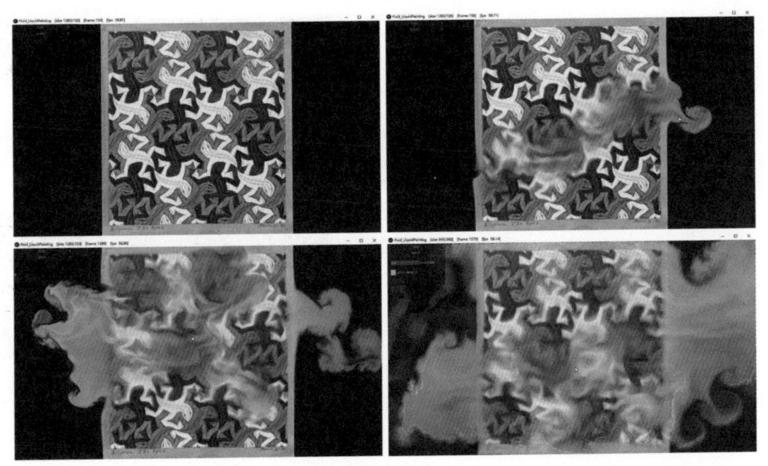

图11-26

下面按照一张竖幅海报的尺寸重新设置画布，更换背景画面。首先将一张新的图片bg.jpg放置于data文件夹中，然后修改代码如下：

```
1  int viewport_w=600;
2  int viewport_h=900;
3  int viewport_x=600;
4  int viewport_y=0;
```

在setup()函数中修改位图初始化语句如下：

```
1  image=loadImage("bg.jpg");
```

运行该程序(example11_04_1)，查看效果，如图11-27所示。

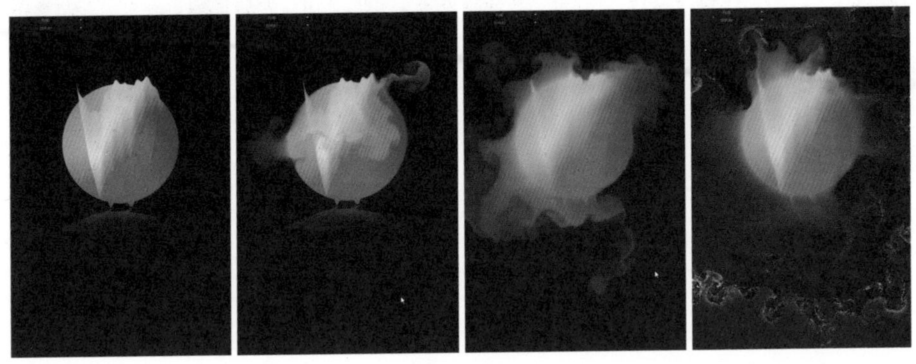

图11-27

作为手势互动的一张海报，取消菜单的选择功能，直接设置好流体参数就可以了。在setup()函数中注释掉创建GUI的语句，修改代码如下：

```
1  //createGUI();
```

运行该程序(example11_04_2)，查看效果，如图11-28所示。

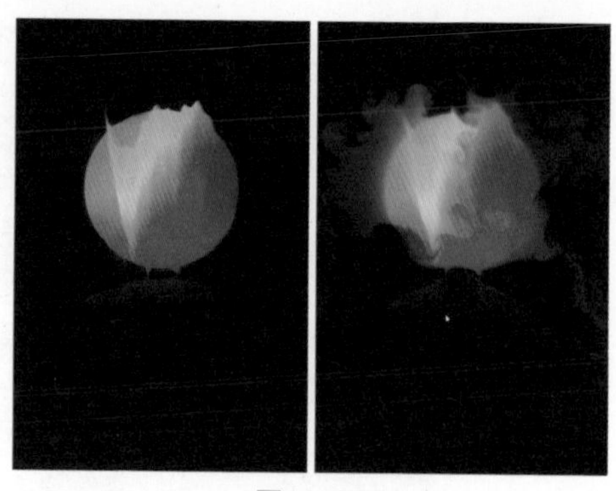

图11-28

11.5.2 添加海报图形元素

下面添加边框元素，完善静止时的画面，使其看起来更像海报。在draw()函数部分的结尾添加代码如下：

```
1  //半透明黑色蒙版
2  fill(0, 80);
3  noStroke();
4  rect(0, 0, 600, 220);
5  rect(0, 580, 600, 320);
6  rect(0, 220, 120, 360);
7  rect(480, 220, 120, 360);
8  //添加白色画框
9  noFill();
10 stroke(240);
11 strokeWeight(16);
12 rect(120, 220, 360, 360);
```

运行该程序(example11_04_3)，查看效果，如图11-29所示。

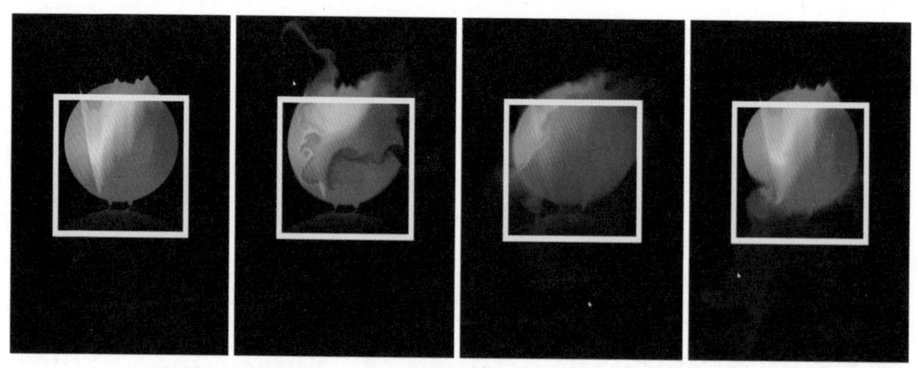

图11-29

添加文字元素，先要声明字体变量，添加代码如下：

```
1  ......
2  PImage image;
3  PFont myfont1, myfont2;
4  ......
```

在setup()函数中初始化字体变量，添加代码如下：

```
1  myfont1=createFont("simhei.ttf", 18);
2  myfont2=createFont("LSANS.TTF", 18);
```

在draw()函数中绘制画框的后面继续添加代码如下：

```
1  //文字内容
```

```
2  fill(255);
3  textFont(myfont1);
4  textSize(48);
5  text("多彩青春 青年画展", 208, 420, 245, 600);
6  textFont(myfont2);
7  textSize(28);
8  text("JUNE 25/2022", 200, 666);
9  textSize(20);
10 text("AT THE D-FORM CLUB/STARTING AT 10PM", 81, 709);
11 textSize(12);
12 text("FIND YOUR DREAMS COME TRUE", 200, 76);
13 ......
```

运行该程序(example11_04_4)，查看效果，如图11-30所示。

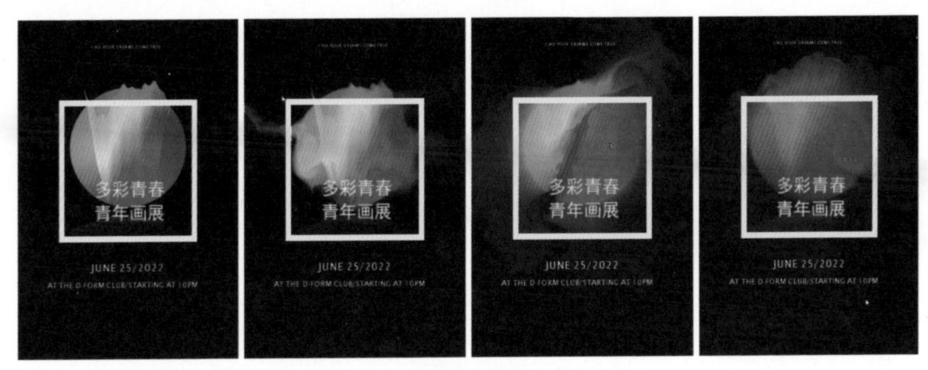

图11-30

11.5.3 调整流体效果参数

现在我们已经关闭了源范例程序的GUI部分，需要调整的选项没有留给观众，但作为设计师是可以调整的，比如流体扩散的速度等。

在setup()函数部分找到这些代码，如下：

```
1 //some fluid parameters
2 fluid.param.dissipation_density=1.00f;
3 fluid.param.dissipation_velocity=0.95f;
4 fluid.param.dissipation_temperature=0.70f;
5 fluid.param.vorticity=0.50f;
```

下面尝试调整dissipation(消散)和vorticity(涡旋)的参数，修改代码如下：

```
1 //some fluid parameters
2 fluid.param.dissipation_density=1.00f;
3 fluid.param.dissipation_velocity=0.90f;
4 fluid.param.dissipation_temperature=0.60f;
5 fluid.param.vorticity=0.60f;
```

运行该程序(example11_04_5)，查看效果，如图11-31所示。

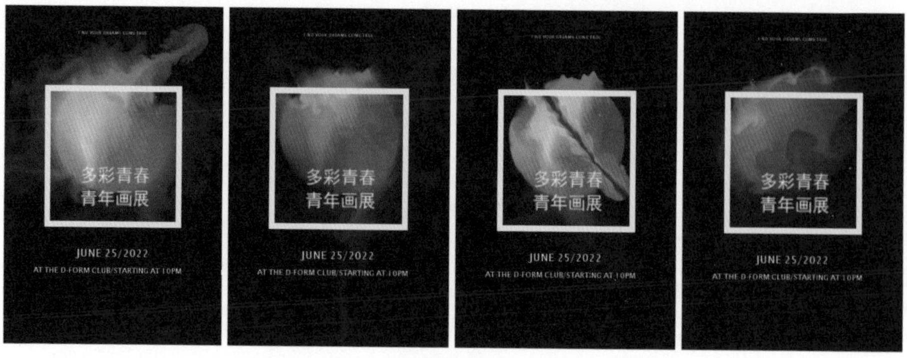

图11-31

其实可以在代码中调整原本在GUI中调整的选项，如下：

```
1  //some state variables for the GUI/display
2  int BACKGROUND_COLOR=0;
3  boolean UPDATE_FLUID=true;
4  boolean DISPLAY_FLUID_TEXTURES=true;
5  boolean DISPLAY_FLUID_VECTORS=false;
6  int DISPLAY_fluid_texture_mode=0;
7  boolean DISPLAY_PARTICLES=false;
```

如果要显示粒子，修改其中的代码如下：

```
1  boolean DISPLAY_PARTICLES=true;
```

运行该程序(example11_04_6)，查看效果，如图11-32所示。

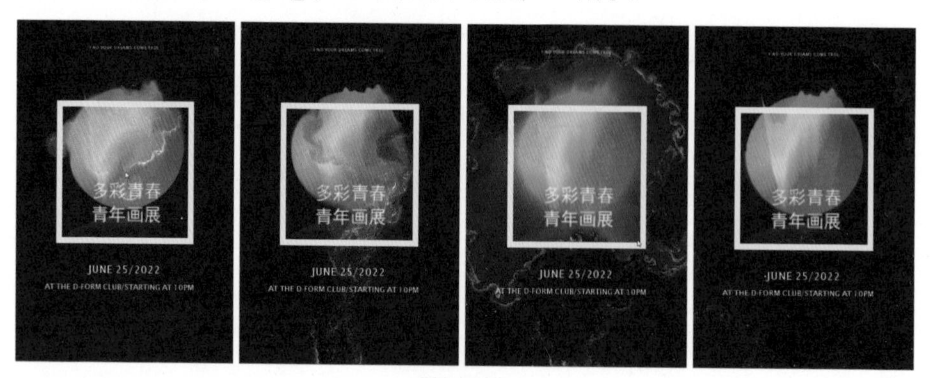

图11-32

至此完成鼠标控制流体动效的程序，读者有兴趣可以进一步深入思考，运用前面讲解过的摄像头跟踪或使用Kinect识别观众的手的运动，从而完成真正意义上的手势互动效果。

11.6 本章小结

本章作为本书的综合实战部分，集合了前面的多项交互编程的技巧，引导读者设计更为复杂和更具实用性的作品，包含很多非常具有商业用途的拓展技能，希望读者举一反三，创作出更多更好的互动视觉作品。